变压器局部放电
内置式声电联合检测

国网上海市电力公司电力科学研究院
西北工业大学　组　编

司文荣　主　编

傅晨钊　虞益挺　副主编

内 容 提 要

局部放电是变压器油纸绝缘缺陷故障产生的主要原因，可作为绝缘劣化程度的评估手段。超声波法与特高频法局部放电测量技术是带电条件下检（监）测的主流方法，而内置传感器的布置方式对提升局部放电测量的抗干扰能力与灵敏度具有显著优势。但是，目前还没有成熟的基于内置式传感器布置方式的超声波传感耦合技术用于变压器局部放电检（监）测。本书以推动内置式超声波、特高频一体化传感耦合技术在变压器局部放电监测方面的工程应用为目的，介绍了局部放电光纤非本征法珀型超声波传感耦合技术，阐述了局部放电光纤非本征法珀型超声波传感器制造工艺，最终介绍了研制的变压器内置式局部放电超声波、特高频一体化传感器。

本书共5章，分别为变压器局部放电内置式超声波、特高频一体化传感耦合技术，基于MEMS敏感结构膜片的局部放电EFPI超声波传感耦合技术，微米级敏感膜片的局部放电EFPI超声波传感器制造工艺及影响因素，基于多物理场耦合的变压器局部放电内置式传感器工作特性仿真分析，变压器局部放电内置式超声波、特高频一体化传感器研制、试验及应用。

本书可供从事电力设备局部放电试验与诊断的工程技术人员，以及高等院校电气专业的教师和研究生阅读。

图书在版编目（CIP）数据

变压器局部放电内置式声电联合检测/国网上海市电力公司电力科学研究院 西北工业大学组编；司文荣主编．—北京：中国电力出版社，2023.3

ISBN 978-7-5198-7262-5

Ⅰ.①变…　Ⅱ.①国…　②司…　Ⅲ.①变压器－局部放电－检测　Ⅳ.①TM401

中国版本图书馆CIP数据核字（2022）第220465号

出版发行：中国电力出版社
地　　址：北京市东城区北京站西街19号（邮政编码100005）
网　　址：http://www.cepp.sgcc.com.cn
责任编辑：陈　丽
责任校对：黄　蓓　常燕昆
装帧设计：赵姗姗
责任印制：石　雷

印　　刷：三河市万龙印装有限公司
版　　次：2023年3月第一版
印　　次：2023年3月北京第一次印刷
开　　本：710毫米×1000毫米　16开本
印　　张：15.25
字　　数：277千字
印　　数：0001—1000册
定　　价：88.00元

编　委　会

主　　编　司文荣

副 主 编　傅晨钊　虞益挺

参编人员　吴旭涛　鞠登峰　杨　剑　周　秀　苏　磊

倪鹤立　何宁辉　药　炜　陈　川　李秀广

钱　森　梁基重　王逊峰　顾丽鸿　朱　峰

沈晓峰　卢　晶　倪　浩　殷　展　吴欣烨

宋人杰　贺　林　胡海敏　朱　炯　刘家好

序

电力变压器是电网中最重要的设备，其安全可靠性直接影响电力系统的安全稳定运行，是影响现代国家能源安全的重要关键设施。绝缘可靠性是电力变压器最重要的可靠性指标，国内外大多数变压器事故是由绝缘事故而导致。局部放电（partial discharge，PD）是大型电力设备绝缘系统可靠性的最重要的指标之一。

无论是新型变压器的型式试验、出厂试验，还是在运变压器的检测、监测和评估，局部放电试验都是检测变压器绝缘水平的最重要方法。目前，在变压器的厂内实验室试验中，局部放电的测量采用的是脉冲电流法，它也是自20世纪六七十年代以来一直采用的方法，目前的IEC 60270和国标都对其使用进行了标准化的规定。但对于在运变压器局部放电的检测、监测，由于脉冲电流法抗干扰能力不足，检测灵敏度不高，无法在这类应用中得到有效使用。在这类应用中，超声波（acoustic emissions，AE）检测法和特高频（ultra - high - frequency，UHF）检测法这两种以局部放电的机械效应和电磁效应为检测目标的场量检测法是应用最广泛的测量方法。但是，这两种方法对局部放电的检测各有优点和不足，对不同类型的局部放电也各有不同的检测灵敏度。例如，AE法在局部放电的定位和传感器的安装方式上具有优势，而UHF法在检测灵敏度和抗变电站现场干扰上更具优势。目前将两种方法联合使用进行现场变压器的局部放电带电检测或在线监测及定位已成为一种趋势。在当前的主流应用中，AE传感器的安装方式为外置式，存在安装位置有限、易受其他信号干扰以及变压器外壳对声波的衰减和不同介质声阻抗引起的传输多路径畸变等众多问题，大大影响了PD测量的灵敏度与信号质量。UHF传感器的安装从最初开始使用就出现了借助介质窗的外置式以及通过油阀伸入变压器油箱的内置式两种方式。如果能将AE和UHF传感器在结构上合二为一，显然可以大大提高两种方法的使用范围和使用效果，达到事半功倍的作用。一体化传感耦合技术提供了解决上述难题的途径饱和可能性。出于这一设想，针对现场应用的迫切需求，本书作者在多年变压器局部放电测量和非本征法珀干涉（extrinsic fabry - perot interferometer，EFPI）光纤传感器研究的基础上，利用最新的设计理念，通过深入细致的实验室研究和现场应用研究，制作出一种基于变压器放油阀引入的、基于 EFPI AE 和 UHF 的一体化的局部放电检测传感器，并据此编写《变压器局部放电内置式声电联合检测》一书。该书详细叙述了这一传感器的基本原理、构成、性能以及应用效果，同时该书也介绍了两种局部放电测试方法的基本原理。该书既是一本基于作者科研成果的专著，又是一本具有普及、介绍性质的著作，相信该书的出版会对该领域的科研工作者、仪器仪表开发工程师和现场应用工程师以及初入门者带来帮助。

本书首先对国内外在用和在研的 AE 法、UHF 法变压器局部放电测量方法及相关传感器技术进行了全面回顾，分析了内置式 AE 法传感器以及将 AE 法传感器和 UHF 法传感器进行一体化综合设计、研制、试验和工程应用的巨大必要性和技术可能性，在此基础上详细介绍了 EFPI 光纤 AE 传感器以及与油阀接入式 UHF 传感器相结合的设计研制思路。

沿着这一思路，作者对法珀腔和微米级敏感膜片的性能及其影响因素进行理论分析，提出针对 EFPI 传感器静态工作点漂移的超声波信号自补偿措施，给出一套完整的面向 EFPI 传感器的光强解调表征系统设计及试验验证。通过有限元仿真，分析敏感膜片结构参数对固有频率和声压灵敏度这两项主要传感器指标的影响，提出敏感膜片的参数设计方法，介绍基于 MEMS 工艺的膜片制造过程，并分析制造过程中残余应力对膜片性能的主要影响。在明确设计方法及制造流程的基础上，提出相应的法珀腔组装及探头封装方法。考虑到变压器内置式 PD 传感器的特殊工作环境，在膜片固体力学的基础上，分析温度场、变压器油黏性对敏感膜片性能参数的影响，探讨传感器布置与信号采集的基本关系，进而通过传感器与变压器内电磁场间的相互作用机制，优化变压器内置式 PD 传感器的布置方案。最后，介绍基于变压器放油阀接入的采用 EFPI AE 及 UHF 的一体化 PD 传感器及信号异频同步采集装置，给出在典型油纸缺陷模型及实际变压器中安装与应用的测试结果。

该书对基本知识的介绍及一体化传感器研制过程的详细阐述，具有典型的教科书式的学术性，同时又具有工程书籍的应用特点。相信本书的出版会受到广大读者的欢迎，也相信读者能够在本书成果基础上在变压器局部放电一体化检测传感器的应用、开发和创新中作出更好成绩。

李彦明

2022 年冬

于西安交通大学

前　言

电力变压器是直接影响电网运行可靠性的关键输变电设备之一，而局部放电（partial discharge，PD）测量是评估变压器内部绝缘水平的重要手段，其中，超声波（acoustic emissions，AE）和特高频（ultra - high - frequency，UHF）法是两类已经得到广泛应用的 PD 测量方法。但是，目前 AE 法、UHF 法的传感器安装方式均为外置式，存在安装位置有限、信号干扰、外壳对声波的衰减和不同介质声阻抗引起的传输多路径等众多问题，大大影响了局部放电测量的灵敏度与评价效果，而局部放电内置式超声波、特高频一体化传感耦合技术可顺利解决上述难题。针对这种现场需求，编者在多年对变压器局部放电测量和非本征法珀干涉（extrinsic Fabry - Perot interferometer，EFPI）光纤传感器研究的基础上，编写了《变压器局部放电内置式声电联合检测》。相信该书的出版将给现场变压器工程师带来帮助，取得显著的社会经济效益。

编者在对法珀腔和微米级敏感膜片性能开展理论分析的基础上，提出了一种针对 EFPI 传感器静态工作点漂移的超声波信号自补偿措施，设计了一套完整的面向 EFPI 传感器的光强解调表征系统，并通过搭建测试模块开展了验证。通过提出的自补偿措施及光强解调表征系统，EFPI 传感器在现场运用过程中的稳定性可以得到保证，有助于现场工程师提升对超声信号的解读效果。

通过有限元仿真，编者分析了敏感膜片结构参数对固有频率和声压灵敏度这两项主要指标的影响程度，提出了敏感膜片的参数设计方法，介绍了基于 MEMS 工艺的膜片制造过程，并分析了制造过程中残余应力对膜片性能的主要影响。在明确设计方法及制造流程的基础上，编者提出了相应的法珀腔组装及探头封装方法。

考虑到变压器局部放电内置式传感器的特殊工作环境，编者在膜片固体力学的基础上，分析了温度场、变压器油黏性对敏感膜片性能参数的影响，探究了传感器布置位置与信号采集的基本关系，进而通过传感器与变压器内电磁场间的相互作用机制，优化了变压器局部放电内置式传感器的布置方案。相关研究结果有助于工程师优化现场测试方案、提升传感器的测量准确性。

为进一步强化读者对变压器内置式声电联合检测的理解和使用，在本书的最后，编者介绍了实际研制的基于放油阀的变压器用 EFPI AE、UHF 侵入式局部放电一体化传感器及信号异频同步采集装置，给出了在典型油纸缺陷模型及实际工程项目中开展安装与应用的测试结果。

本书可供从事电力变压器局部放电试验与诊断的工程技术人员，以及高等院校电气专业的教师和研究生参考使用。

作者

2022年12月

目 录

第一章

变压器局部放电内置式超声波、特高频一体化传感耦合技术

第一节 概　　述

一、局部放电超声波和特高频法

随着我国智能电网快速建设与发展，电网运行的可靠性和安全性逐步提高，电力变压器作为输变电关键设备之一，其运行状态直接影响到整个电网的稳定运行。目前，油纸复合绝缘是大型电力变压器通用的绝缘方式，主要由绝缘油、绝缘纸板和其他固体绝缘材料等构成。油纸绝缘虽在设计时要求具有足够的电气强度和力学性能，但不可避免的，在生产制造、装备和运行过程中的偶发因素会引起绝缘系统形成缺陷，进而导致设备出现故障。局部放电（partial discharge，PD）是变压器油纸绝缘缺陷故障产生的主要原因，可作为绝缘劣化程度评估手段。因此对油浸式电力变压器开展局部放电检（监）测，获得放电信息，将有助于掌握在运变压器的绝缘状况，保证其安全稳定运行。

数十年来，为了提高变压器局部放电现场检（监）测精度及效果，国内外学者开展了大量的理论探索、实验室试验与现场实测等工作，目前用于离线试验（出厂试验、现场试验等）、带电检测和在线监测的方法主要有脉冲电流法、高频/射频法、超声波法、特高频法、光测法以及化学检测法等。

其中，超声波（acoustic emissions，AE）法和特高频（ultra-high-frequency，UHF）法涉及传感器设计和布置、信号传播、测量和分析等理论和方法，主要现状如下。

（一）超声波法

变压器局部放电一般是油中的气泡或绝缘纸板的气隙产生的，放电过程中气体分子间剧烈碰撞，宏观上瞬间形成一种压力，产生脉冲式超声波，超声波在油和绝缘纸板中传播到达变压器外壳，在外壳上也产生一定压力波动，因此

图 1-1 变压器局部放电超声波、特高频传感器布置方式

可通过贴附在变压器外壳上的 AE 传感器来检测变压器内部的局部放电情况，如图 1-1 所示。AE 法可检测频率范围大致为 20kHz～300kHz（不同的标准规定略有差异）的变压器内部局部放电情况，具有一定的抗干扰能力，通常采用 mV 或 dB 作为信号强度的表征单位。变压器内放电量较大时，测得的声压信号幅值与放电量成正相关性，故可用 AE 法定性判断放电强弱。在局部放电类型识别方面研究，可对超声波参数如到达时间、放电次数、幅度、能量和持续时间等进行特征参数提取，形成算子或放电指纹，不同的放电类型有着不同的相位分布特征以及不同的频谱特征；另外，基于局部放电超声波特征参数统计，可建立超声信号典型图谱，用于初步实现局部放电的模式识别。但由于 AE 信号在变压器内部的传播过程异常复杂，目前尚无法实现准确的放电类型判断和定量分析，局部放电外置式 AE 法在现场仍为一种辅助测量手段。

（二）特高频法

油纸绝缘内部发生局部放电时，还会激发频率高达吉赫兹的电磁波，此信号在金属箱体内的衰减比在自由空间慢，在设备内部传播并通过箱体与套管连接缝隙传出。基于此，可采用天线类传感器对变压器内部局部放电产生的 UHF 电磁波信号进行检测，获得局部放电的相关信息，实现对变压器绝缘状态诊断。根据安装方式的不同，如图 1-1 所示，变压器 UHF 传感器可分为安装于设备内部的内置型传感器（放油阀侵入内置式）和安装于箱体上的 UHF 外置传感器（介质窗外置式）两种，此外还有预置式内置型传感器，其外观与图 1-1 所示介质窗外置式相似，只是传感器直接与变压器油接触而无绝缘挡板。UHF 法可检测到频率范围为 300MHz～3GHz 的局部放电信号，经合理选择频带，可有效避开现场干扰。另外，UHF 传感器具有瞬态响应好、线性度高、灵敏度高等优势。目前，实验已证明脉冲电流参数与 UHF 参数有相同的变化趋势，可用 UHF 法参量（dB）近似反映放电的强弱，但变压器内部结构相当复杂，UHF 测量机理与传统脉冲电流法截然不同，不同位置和不同类型缺陷的局部放电电磁波强度、传播路径和衰减程度的差异对 UHF 放电量的标定带来较大难度。

二、内置式局部放电超声波传感耦合

目前局部放电超声波测量时，主要采用压电式传感器固定在变压器壳体上，即传感器安装方式为外置式，这种方式存在信号干扰、外壳对声波的衰减和不同介质声阻抗引起的传输多路径等问题。

为了消除或尽量避免上述问题，需要一种不受环境噪声干扰，甚至能够在电工设备内部可靠工作，探测微弱的超声波，从而对局部放电进行检测和定位的传感器。当然，这类传感器还需要满足如下苛刻的条件：在电力设备内部特定条件下与绝缘介质（油或气体）不发生化学反应、高绝缘性能、长久稳定工作以及很小的尺寸。大量的研究资料表明，基于光纤耦合传感技术的光纤传感器满足上述条件，在电工设备局部放电检测中具有很好的应用前景。

经过相关技术多年的发展和探索，基于光纤耦合传感技术的局部放电超声波检测原理示意图如图 1-2 和表 1-1 所示，开展研究和初步应用的主要有六种方法：光纤耦合器法、光纤迈克尔逊（Michelson）传感器法、光纤马赫-曾德尔（Mach-Zehnder）传感器法、光纤布拉格光栅（fiber Bragg grating，FBG）法、本征型法珀干涉仪（intrinsic Fabry-Perot interferometer，IFPI）传感器法和非本征型法珀干涉仪（extrinsic Fabry-Perot interferometer，EFPI）传感器法。

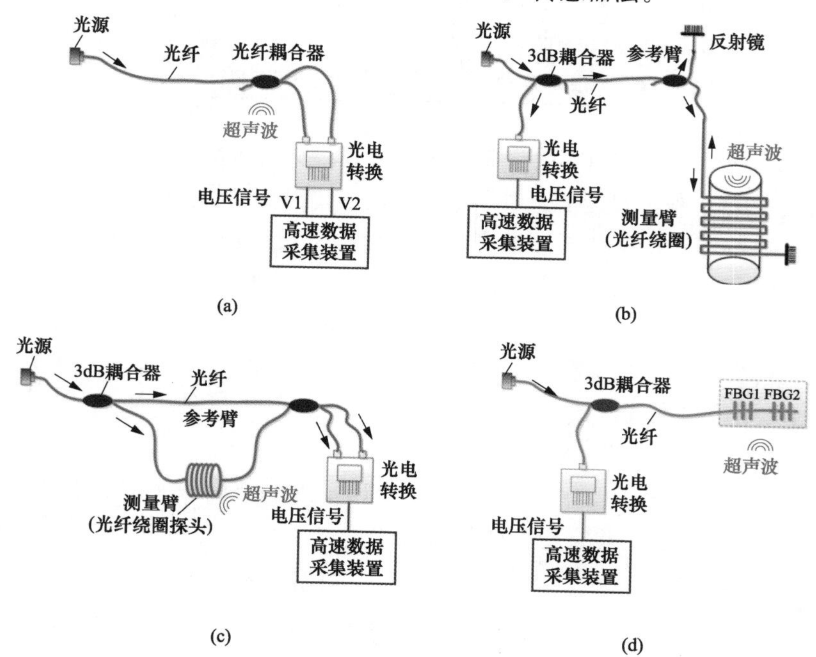

图 1-2　基于光纤耦合传感技术的局部放电超声波检测原理示意图（一）

（a）光纤耦合器法；（b）Michelson 法；（c）Mach-Zehnder 法；（d）FBG 法

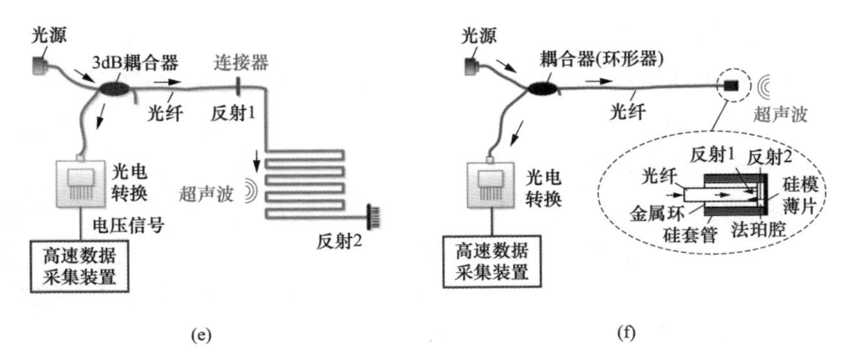

图 1-2　基于光纤耦合传感技术的局部放电超声波检测原理示意图（二）

（e）IFPI 法；（f）EFPI 法

表 1-1　　基于光纤耦合传感技术的局部放电超声波检测

方法	传感器类型	敏感元件	灵敏度	稳定性	定位能力	初步研究情况
光纤耦合器	功能型	光纤耦合器	低	高	高	变压器壳体上
Michelson	功能型	光纤（多圈）	高	低	低	GIS 模型，等
Mach-Zehnder	功能型	光纤（多圈）	高	低	低	变压器套管等
FBG	功能型	Bragg 光栅	低	低	高	变压器内部等
IFPI	功能型	法珀腔（多圈光纤）	高	低	低	变压器内部等
EFPI	非功能型	法珀腔（敏感膜片）	高	高	高	变压器内部等

图 1-2（f）所示 EFPI 法为基于非功能型光纤传感器的局部放电光测法。该 EFPI 传感器工作原理是：超声波改变了法珀腔两个反射面之间的光程（谐振腔腔长），导致干涉相位和干涉强度发生变化，通过光信号的调制解调可还原出超声波信号。EFPI 传感器中的光纤仅起光信号传导作用，法珀腔的膜片（即敏感元件）将 AE 信号转换为光信号的变化，使得 EFPI 传感器比表 1-1 所示其他方法具有更高的灵敏度、稳定性和定位能力。2001 年，美国弗吉尼亚理工大学首次提出其用于检测局部放电产生的 AE 信号，但限于当时的加工工艺等条件限制导致灵敏度等重要性能参数不理想。随着微机电系统（micro-electromechanical systems，MEMS）工艺的成熟发展，EFPI 传感器已成为目前的研究热点，近几年均有文献报道实验室研究的相关成果。

三、 局部放电内置式超声波、特高频一体化传感耦合

最新颁布的 IEC TS 62478—2016《高电压试验技术 电磁和声学法测量局部放电》（*High-voltage test techniques-measurement of partial discharges by electromagnetic and acoustic methods*），对用于变压器局部放电检（监）测的描述

如下：油中出现的局部放电，除可以通过测量脉冲电流外，还可以测量频带内为20kHz～1MHz的超声波以及300MHz～3GHz频段的电磁波信号；以局部放电为测量对象的现场测试或在线监测，超声波和特高频法是可行的，有用的并且有优势的。图1-3给出了基于超声波、电磁波局部放电测试方法在标准中的方法示例，AE测量是基于变压器外壳的外置式压电传感器，测量频段为10～300kHz，测量电磁波的内置式UHF传感器工作频段为200MHz～2GHz。该IEC标准没有关于超声波、特高频一体化传感器的描述。

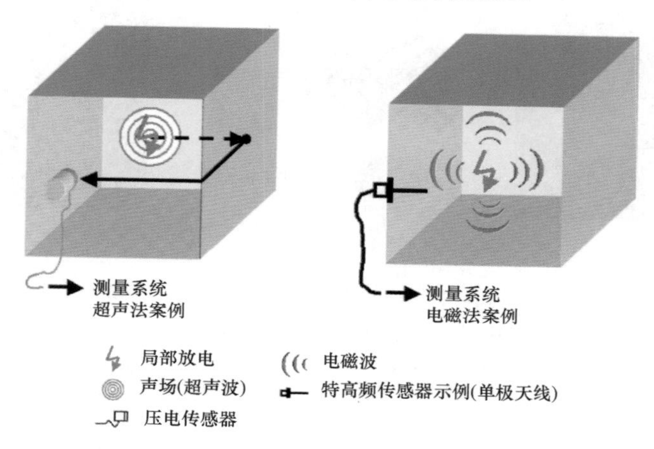

图1-3　IEC 62478—2016对用于变压器局部放电超声波和特高频测试方法的描述

IEEE Std. C57. 127—2007《油浸式电力变压器和电抗器中局部放电超声检测和定位用IEEE导则》（*IEEE Guide for the detection and location of acoustic emissions from PDs in oil-immersed power transformers and reactors*）是用于变压器局部放电超声波测量和定位的标准，技术内容是基于变压器外壳的压电传感器进行描述的，AE测量工作频段为20kHz～500kHz。该标准对于内置式传感器进行了简单描述：一种利用玻璃纤维棒作为波导管、伸入变压器内部的传感器探头；另一种是在研的新技术，即基于光干涉仪的薄膜探头传感器，即光纤EFPI超声波传感器。CIGRE D1. 33 444—2010《非常规局部放电测量导则》（*Guidelines for unconventional partial discharge measurements*）对变压器用内置式UHF传感器和外置式AE传感器进行了详细介绍，如图1-4所示。

CIGRE报告对于AE超声波测量用传感器描述为opto-acoustic sensors（in development），即借助于光纤技术的AE传感器还处于研究阶段。同样，上述IEEE标准和GIGRE报告中均没有AE、UHF一体化传感器的相关内容描述。

综上所示，由于基于光纤耦合传感技术的内置式AE传感器还处于研究阶段，内置式AE、UHF一体化传感器的相关研究和应用还处于探索阶段，相关

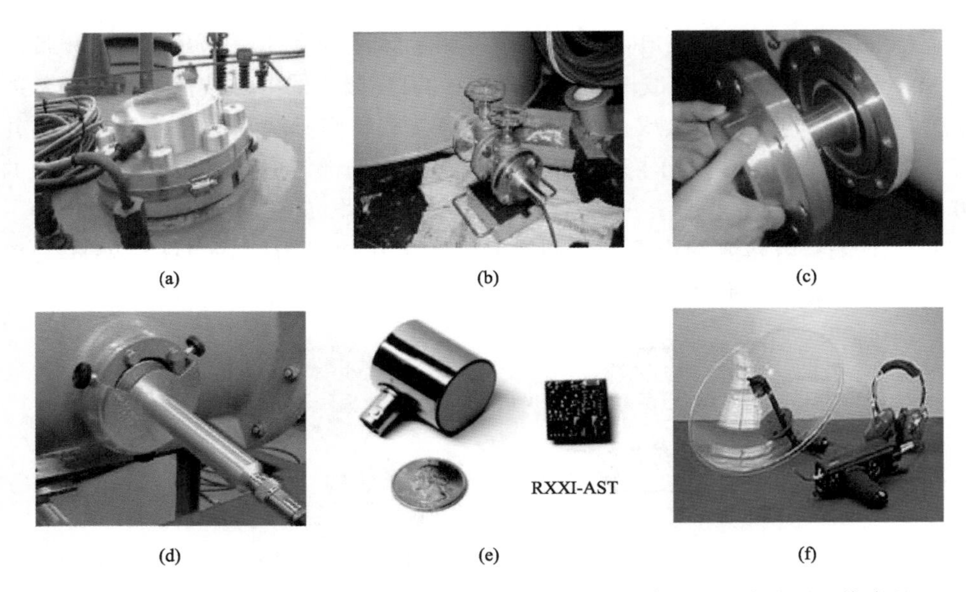

(a) (b) (c) (d) (e) (f)

图 1-4 CIGRE D1.33 444 中介绍的用于变压器 PD 特高频和超声波测试传感器
(a) UHF-1；(b) UHF-2；(c) UHF-3；(d) UHF-4；(e) AE-1；(f) AE-2

标准还需要在系统研究和大量工程应用之后给予规定。

四、 应用与推广途径

目前，国内外对内置式 AE 法的研究并未取得突破性的进展，因此 AE—UHF 一体化综合传感器的设计、研制、试验和工程应用几乎没有开展。外置式 AE 的应用已被认可，相关标准均已出版，比外置式更适合用于变压器局部放电超声波信号检（监）测的内置式传感器势必需要通过系统研究、工程应用和推广。可在已有研究基础和工程应用基础上，解决外置式超声波传感器在变压器局部放电检（监）应用时存在信号干扰、外壳对声波的衰减和不同介质声阻抗引起的传输多路径等问题。本书提出的内置式局部放电超声波、特高频一体化传感器，可补充 IEC、IEEE 等标准以及 CIGRE 报告所涉及的相关内容，将光纤 EFPI 超声波传感器的优势得以充分发挥，并在变压器局部放电的带电检测、在线监测业务中落地应用。从而推动变压器设备状态传感器与本体一体化融合设计制造。

第二节 国内外研究和应用情况

一、局部放电 EFPI 超声波传感耦合

光纤法珀传感器是根据多光束干涉原理而制成，标准的法布里珀罗干涉仪

实质上是一个光学谐振腔，由两个相隔一定距离且互相平行的反射面构成。法珀传感系统的传感核心是外界信号作用于法珀腔上，导致腔长发生变化，从而反射光谱发生变化。

光纤法珀传感器分为本征型（intrinsic Fabry-Perot interferometric，IFPI）和非本征型（extrinsic Fabry-Perot interferometric，EFPI）。IFPI 传感器以光纤介质作为谐振腔，但其结构复杂、稳定性较低，此外，光纤绕圈结构体积较大，存在正负半波声压抵消、灵敏度降低等问题，故局部放电定位准确度较低。EFPI 传感器以非光纤介质作为谐振腔，谐振腔体积小、膜片厚度薄（一般为微米级），灵敏度高，并且对于横向应力不敏感，目前已有成功定位的实验研究结论，相比较而言具有一定的优势。非本征型光纤法珀压力传感器可以分为传统光纤法珀压力传感器和膜片式光纤法珀压力传感器，如图 1-5 所示。传统非本征型传感器是通过毛细管固定两个光纤端面构成一个法珀传感腔，主要用于压力与温度等静态信号的传感；膜片式 EFPI 传感器是以膜片作为法珀腔的一个反射平板，膜片受压内陷，则法珀腔腔长变短。其中研究较多的是膜片式 EFPI，它是以微型薄膜作为 EFPI 的一个反射面，这种结构消除了传统 EFPI 的自由端易受到温度干扰的影响，进一步降低了系统的温度交叉敏感性，除了可以用于压力等准静态信号的传感，还可以用于声音、加速度等动态信号的传感。膜片式 EFPI 传感器由于其优良性能，同时随着 MEMS 工艺的成熟发展，已成为目前的研究热点。本书后续提到 EFPI 均指膜片式 EFPI 传感器。

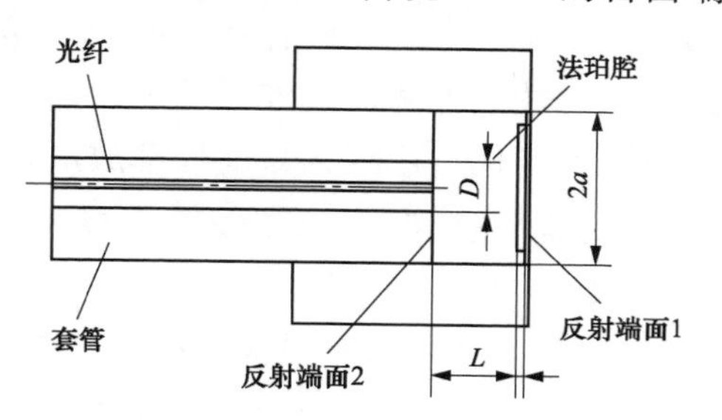

图 1-5　非本征型（EFPI）传感器结构

基于法珀干涉原理的 EFPI 传感器采用光纤作为传感器载体，利用光的干涉原理来检测局部放电发生时产生的超声波信号。此种方法靠光信号进行传输，与周围环境中的电磁干扰无关，EFPI 传感器可以深入电力设备内部的绝缘介质中（比如变压器绝缘油）来检测局部放电发出的微弱超声波信号，灵敏度高，不受高压电位的影响，而且结构简单、安装方便，是一种有效的内置式电工设备局部放电在线监测或带电检测用传感耦合技术。1991 年，美国弗吉尼亚理工州立大学墨菲（K. A. MURPHY）等人首次报道了用于检测动态应力的光纤超声波 EFPI 传感器，传感器法珀腔由空心光纤包裹固定的两根对准的、有一定间隙的单模光纤和多模光纤组成。1999 年，伦敦大学学院的彼尔德（P. C. BEARD）等人设计的 EFPI 超声波传感器，利用具有弹性效应的聚乙二醇酯（PET）薄膜作为敏感元件感应超声波信号，带宽可达 25MHz，系统测试灵敏度为 25mV/MPa，最小可检测声压 20kPa，其不适用于局部放电产生的微弱超声波信号。2009 年，上海大学孙国庆等也曾研究膜片耦合方式的光纤 EFPI 传感器测量超声波，信号源控制的 PZT 和高压电极分别作为超声波信号源验证了该传感器的可行性。2012 年，美国斯坦福大学阿克卡娅（O. C. AKKAYA）等人利用光子晶体膜作为敏感元件制作 EFPI 传感器，并且通过多个传感器的实验证明所有样本具有几乎完全相同的灵敏度，解决了由于工艺原因造成的各传感器样品参数稳定性的问题。2013 年，武汉理工大学的朱小龙等人设计了一套 EFPI 传感器的制备方案，并制备出 50～300μm 多个传感器用于局部放电超声波信号的检测以及距离衰减试验，再次得出了 EFPI 传感器用于变压器局部放电在线监测的可行性。2014 年，华北电力大学王伟等人研制了响应频率 101.5kHz、灵敏度 60nm/kPa 的 EFPI 传感器，试验验证了传感器检测的局部放电信号幅值与局部放电放电量的关系，以及不同检测角度下 EFPI 传感器检测超声波信号的幅值响应。2016 年，国网电力科学研究院、国网内蒙古电力以及哈尔滨理工大学等组建的研究团队，提出了采用石英膜片的全电介质结构的 EFPI 传感器设计方法，在绝缘油中采用信号源驱动压电传感器（piezolelectric transducer，PZT）获得了 3 种不同结构尺寸 EFPI 传感器的幅频特性，对法珀腔腔长是否影响局部放电检测灵敏度开展了研究。总之，EFPI 传感器凭借抗干扰能力强、灵敏度高等优点已成为目前局部放电检测研究领域的热点，随着其不断完善、试点应用以及后期相关标准的出台，有望成为监测电力设备局部放电的主要手段之一。

二、 EFPI 超声波传感器制造工艺

EFPI 光纤超声传感器是基于法珀干涉仪制作的，因此可将 EFPI 光纤超声传感器简化为法珀干涉仪模型。法珀干涉仪的构件较少，主体是两块镜面及两者之间的空腔。

敏感膜片是光纤法珀干涉仪感测超声波的核心部件，在超声波的作用下发生弹性形变而来回振动，导致传感器法珀腔内的光谱不断变化、反射光光强发生变化。目前，应用于光纤 EFPI 超声波传感器敏感结构制造上的技术主要包括干法刻蚀、湿法腐蚀工艺、硅片键合技术、气相沉淀等工艺。

1. 干法刻蚀

干法刻蚀是用等离子体进行薄膜刻蚀的技术。当气体以等离子体形式存在时，它具备两个特点：①等离子体中的这些气体化学活性比常态下时要强很多，根据被刻蚀材料的不同，选择合适的气体，就可以更快地与材料进行反应，实现刻蚀去除的目的；②利用电场对等离子体进行引导和加速，使其具备一定能量，当其轰击被刻蚀物的表面时，会将被刻蚀物材料的原子击出，从而达到利

用物理上的能量转移来实现刻蚀的目的。因此，干法刻蚀是晶圆片表面物理和化学两种过程平衡的结果。干法刻蚀分为物理性刻蚀、化学性刻蚀、物理化学性刻蚀三种。

（1）物理性刻蚀。物理性刻蚀又称为溅射刻蚀，该溅射刻蚀靠能量的轰击打出原子的过程和溅射非常相像。这种极端的刻蚀方法方向性很强，可以做到各向异性刻蚀，但不能进行选择性刻蚀。

（2）化学性刻蚀。化学性刻蚀利用等离子体中的化学活性原子团与被刻蚀材料发生化学反应，从而实现刻蚀目的。由于刻蚀的核心还是化学反应（只是不涉及溶液的气体状态），因此刻蚀的效果和湿法刻蚀有些相近，具有较好的选择性，但各向异性较差。

（3）物理化学性刻蚀。物理化学性刻蚀技术是通过对这两种极端过程进行折中得到的一种刻蚀方法，具有更广泛的应用。例如反应离子刻蚀（reactive ion etching，RIE）和高密度等离子体刻蚀（high density plasma，HDP）。这些工艺通过活性离子对衬底的物理轰击和化学反应双重作用实现刻蚀效果，同时兼有各向异性和选择性好的优点。RIE 已成为超大规模集成电路制造工艺中应用最广泛的主流刻蚀技术。

2. 湿法腐蚀工艺

湿法腐蚀工艺即将晶片置于液态的化学腐蚀液中进行腐蚀，在腐蚀过程中，腐蚀液将把它所接触的材料通过化学反应逐步浸蚀溶掉。湿法腐蚀是最早用于微机械结构制造的加工方法。用于化学腐蚀的试剂很多，有酸性腐蚀剂、碱性腐蚀剂以及有机腐蚀剂等。根据所选择的腐蚀剂，又可分为各向同性腐蚀剂和各向异性腐蚀剂。

（1）各向同性腐蚀剂。各向同性腐蚀剂很多，包括各种盐类（如 CN 基、NH 基等）和酸，但是由于受到能否获得高纯试剂，以及希望避免金属离子的玷污这两个因素的限制，因此广泛采用 $HF—HNO_3$ 腐蚀液体系。

（2）各向异性腐蚀剂。各向异性腐蚀是指对硅的不同晶面具有不同的腐蚀速率。基于这种腐蚀特性，可在硅衬底上加工出各种各样的微结构。各向异性腐蚀剂一般分为两类：①有机腐蚀剂，包括 EPW（乙二胺、邻苯二酚和水）和联胺等；②无机腐蚀剂，包括碱性腐蚀液，如 KOH、NaOH、NH_4OH 等。

与干法刻蚀比较，湿法刻蚀的腐蚀速率快、各向异性差、成本低，腐蚀厚度可以达到整个硅片的厚度，具有较高的机械灵敏度，但控制腐蚀厚度困难，难以与集成电路进行集成，且图形刻蚀保真效果不理想，刻蚀图形的最小线宽难以掌控，精度仍有待提高。

3. 硅片键合技术

硅片键合技术是指通过化学和物理作用将硅片与硅片、硅片与玻璃或其他材料紧密地结合起来的方法。硅片键合往往与表面硅加工和体硅加工相结合，用在 MEMS 的加工工艺中。常见的硅片键合技术包括金/硅共熔键合、硅/玻静电键合和硅/硅直接键合等。

（1）金/硅共熔键合。金/硅共熔键合常用于微电子器件的封装中，用金硅焊料将管芯烧结在管座上。在工艺上使用时，金硅焊料一般被用作中间过渡层，置于欲键合的两片之间，将它们加热到稍高于金硅共熔点的温度。在这种温度下，金硅混合物将从与其键合的硅片中夺取硅原子以达到硅在金硅二相系中的饱和状态，冷却以后就形成了良好的键合。利用这种技术可以实现硅片之间的键合。然而，使用金/硅共熔键合技术进行键合有着诸多局限：金在硅中是复合中心，会使硅中的少数载流子寿命大大降低；许多微机械加工是在低温下处理的，一般硅溶解在流动的金中，而金不会渗入到硅中，硅片中不会有金掺杂；退火以后，由于热不匹配会带来应力等。

（2）硅/玻静电键合。静电键合又称场助键合或阳极键合，由沃利斯（Wallis）和波梅兰茨（Pomerantz）于 1969 年提出，可以将玻璃与金属、合金或半导体键合在一起而不用任何粘结剂。硅/玻静电键合工艺流程为：把将要键合的硅片接电源正极，玻璃接负极，电压为 500～1000V。将玻璃－硅片加热到 300～500℃。在电压作用时，玻璃中的 Na 离子将向负极方向漂移，在紧邻硅片的玻璃表面形成耗尽层，耗尽层宽度约为几微米。耗尽层带有负电荷，硅片带正电荷，硅片和玻璃之间存在较大的静电引力，使二者紧密接触。这样外加电压就主要加在耗尽层上。通过电路中电流的变化情况可以反映出静电键合的过程。刚加上电压时，有一个较大的电流脉冲，后电流减小，最后几乎为零，说明此时键合已经完成。这种键合温度低、键合界面牢固、长期稳定性好，但对材料要求较高：两静电键合材料的热膨胀系数要近似匹配，键合表面要有良好的平整度和清洁度等。

（3）硅/硅直接键合。硅/硅直接键合通过高温处理可以直接键合在一起，不需要任何粘结剂和外加电场，这种键合技术称为硅/硅直接键合（silicon direct bonding，SDB）技术，由拉斯基（Lasky）首先提出，其工艺流程为：将两抛光硅片（氧化或未氧化均可）先经含氢氟酸的溶液浸泡处理；在室温下将两硅片抛光面贴合在一起；贴合好的硅片在氧气或氮气环境中经数小时的高温处理，这样就形成了良好的键合。硅/硅直接键合工艺简单，键合较牢固，并且在适当条件下可以实现较低温度的键合，应用范围较广，但对环境、材料表面粗糙度要求高，还需精确的温度把控。

4. 气相沉积技术

气相沉积技术是利用气相中发生的物理、化学过程，在工件表面形成功能性或装饰性的金属、非金属或化合物涂层。气相沉积技术按照成膜机理，可分为化学气相沉积、物理气相沉积和等离子体气相沉积。物理气相沉淀技术能够满足制备金属、半导体、绝缘体等多种材料的要求，而磁控溅射是该技术中最具代表性的方法。磁控溅射的工作原理是指电子在电场的作用下，在飞向基片过程中与氩原子发生碰撞，使其电离产生出 Ar 正离子和新的电子；新电子飞向基片，Ar 离子在电场作用下加速飞向阴极靶，并以高能量轰击靶表面，使靶材发生溅射。在溅射粒子中，中性的靶原子或分子沉积在基片上形成薄膜，而产生的二次电子会受到电场和磁场作用，产生 E（电场）$\times B$（磁场）所指的方向漂移，简称 $E\times B$ 漂移，其运动轨迹近似于一条摆线。若为环形磁场，则电子就以近似摆线形式在靶表面做圆周运动，它们的运动路径不仅很长，而且被束缚在靠近靶表面的等离子体区域内，并且在该区域中电离出大量的 Ar 离子来轰击靶材，从而实现高的沉积速率。随着碰撞次数的增加，二次电子的能量消耗殆尽，逐渐远离靶表面，并在电场的作用下最终沉积在基片上。由于该电子的能量很低，传递给基片的能量很小，致使基片温升较低。磁控溅射具有设备简单、易于控制、镀膜面积大和附着力强等优点，20 世纪 70 年代发展起来的磁控溅射法更是实现了高速、低温、低损伤。真空蒸镀简称蒸镀，是指在真空条件下，采用一定的加热蒸发方式蒸发镀膜材料（或称膜料）并使之气化，粒子飞至基片表面凝聚成膜的工艺方法。蒸镀是使用较早、用途较广泛的气相沉积技术，具有成膜方法简单、薄膜纯度和致密性高、膜结构和性能独特等优点。

EFPI 传感器的整体制造目前主要有氢氟酸腐蚀、激光微加工、MEMS 工艺和手工切割拼接四种方法。2005 年，美国弗吉利亚理工大学的研究人员利用氢氟酸刻蚀石英光纤获得了石英薄膜，制作了完全由熔融石英构成的光纤法珀压力探头。氢氟酸腐蚀的方法虽然可以通过控制溶液浓度和腐蚀时间控制法珀腔腔长等参数，但精度不好控制，且腔体质量不高。激光微加工在材料控制和材料广泛的适应性上具有优势，但激光加工设备成本较高，且对操作人员的经验要求较多。MEMS 工艺是在微电子半导体制造技术基础上发展起来的，融合了光刻、刻蚀、薄膜生长、减薄、封装、键合、划片等一系列工艺步骤，是一项革命性新技术，广泛应用于高新技术产业。南京师范大学的葛益娴等利用光刻、反应离子刻蚀等工艺在单晶硅背面直接刻蚀出一定深度的腔体，然后将该结构和硼硅玻璃（pyrex）结合形成 MEMS 法珀压力传感器，该传感器在 0.2～1.0MPa 的范围内，具有 10.075nm/MPa 的灵敏度。国内也有多家单位针对 EFPI 声压传感器的制作方法展开了研究。其中，大连理工大学王巧云等人将构成

EFPI 的毛细管进行研磨成为一个通气孔，这种结构保证了法珀腔内外的压强平衡，减小了由于腔内空气受热膨胀等带来的腔长漂移。基于这种结构的声波传感器在 100Hz～10kHz 的频率范围内具有较为平坦的灵敏度响应。基于 MEMS 工艺可以实现规模化制造膜片（特别是微米级甚至是纳米级的膜片）以及法珀腔腔长和安装平行度的精确控制，但对加工工艺所需设备等有较高要求。手工切割拼接的方法由于大部分为人工操作，在制作过程中容易出现端面损坏、污染等问题，导致传感器重复性差，但对于在实验室研制阶段，需加工多种尺寸结构传感器且数量不大的情况下，具有容易实现、成本较低的优势。

三、局部放电超声波、特高频一体化传感耦合

澳大利亚西门子研究机构基于 AE 和 UHF 联合检测技术开展了变压器局部放电监测研究，研制了包括 AE 传感器和 UHF 传感器两部分的复合传感器探头的监测系统。该系统运行的关键依据是：超声波和电磁波在变压器介质中的传播速度是不一致的，因而可以测量两种波到达传感器的时间间隔。探头有永久性安装型和暂时性可重复安装型两种，通过变压器壁顶或伸入油孔或观察窗伸入变压器油中，并与壁顶齐平。这样做可有效屏蔽变电站其他设备的噪声干扰，也避免了变压器壁传播导致传播的路径复杂化和衰减。该复合传感器探头使用的是一种特殊组成成分的 AE 传感器，其在压电陶瓷周围填满环氧树脂，在传感器后面充满比例为 1∶3 的环氧树脂和钨粉的混合物。这种传感器符合以下要求：对变压器中传播的振动表现出低频磁致伸缩性；具有很低的横向耦合系数；可有效抵制接收变压器箱壁变向传播产生的横波。

法国阿尔斯通（ALSTOM）输配电局使用内置式 UHF 传感器和外置式压电陶瓷 AE 传感器（即 PZT），对变压器局部放电“声－电”联合检测技术开展了研究。相关研究人员通过对变压器中的典型局部放电在开放式油容器和有层压板屏障下的比较研究，得出 AE 在有屏障下比没有屏障时在检测的信号幅度和灵敏度上有很大衰减，而屏障对 UHF 信号检测实际没有影响，能检测到 10pC 以下的局部放电。研究人员还试图用一个 UHF 传感器和几个 AE 传感器对 220kV 终端绝缘绕组模型中的局部放电定位，并认为由于硬件简单和良好的定位算法和测量系统，AE 检测在变压器的离线和在线评估中仍继续作为常用技术使用。

西安交通大学高压教研室基于外置式压电陶瓷 AE 传感器阵列和内置式 UHF 传感器开展一体化复合传感器在变压器油纸绝缘局部放电监测和定位的实验室研究，如图 1-6 所示。AE 传感器采用平面阵，其基本结构主要包括：①压电晶体平面阵列；②吸声背衬；③声匹配层；④其他，如电极引线、外壳等。上述四部分在传感器中起着各自的作用，形成一个有机的整体。其中压电晶体

平面阵列是声电转换器件，由压电材料如压电陶瓷、压电薄膜或复合压电材料等制成，按设计要求排列成阵列。

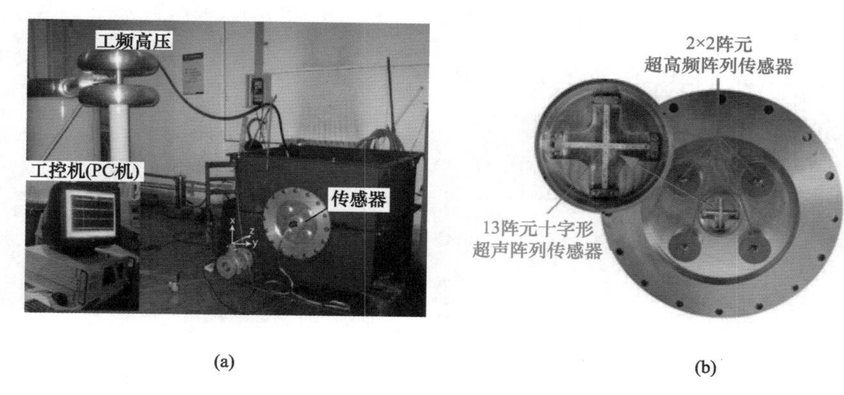

图 1-6 西安交通大学开展的 AE、UHF 一体化复合传感器实验室研究
（a）实验室试验；（b）复合传感器

华北电力大学开展了变压器局部放电超声波检测中内外置传感器方式的研究，如图 1-7 所示。为了可以在变压器内外进行 AE 检测，采用了外置式和内置式两种探头封装的形式。外置式 AE 探头吸附在变压器壳体外壁上进行检测，一般在探头的前端有一块环形磁铁围绕在 AE 传感器周围；内置式探头去掉了探头前端的环形磁铁，改在后端加一块圆板形磁铁，以便于吸附在油箱内壁上。内置式和外置式的主要差别在于：为了匹配不同介质的声阻抗，压电陶瓷前端起保护层材料厚度有所不同。

图 1-7 华北电力大学研制的不同封装形式的 AE 传感器
（a）外置式；（b）内置式

此外，国内外开展的许多基于多种测量技术如高频电流、特高频、超声波、光学等联合监测（见表 1-2），均是采用相互独立的传感器，AE、UHF 一体化传感器在变压器局部放电检（监）测中的应用鲜有报道。

表 1-2　　目前用于变压器的多种局部放电检（监）测技术比较

方法	检（监）测对象	信号单位	传感器安装方式	测量灵敏度	应用方式	类型	抗干扰性	综合诊断能力	标准情况
脉冲电流法	电流	pC	外置式	0.1pC	单独使用	定量	差	放电存在性/放电类型判断	IEC、国标、行标
高频/射频法	电流	pC	外置式	0.2～1pC	配合使用	定量	差	放电存在性/放电类型判断	GIGRE 报告、国网企标
超声波法	声波	dB	外置式	＞50pC	辅助使用	定性	一般	放电存在性/放电类型	IEC、IEEE、GIGRE 报告
特高频法	电磁波	mV 或 dB 等	内置式或外置式	＞10pC	单独使用	定性	最强	放电存在性/放电类型	IEC、GIGRE 报告、行标
光测法	光信号	mV	内置式	＜1pC	配合使用	定性	强	放电存在性初步判断	无
油色谱分析	油中气体含量	μL/L	外置式	/	单独使用	定性	强	放电存在性/放电类型	IEC、国标、行标

参考文献

［1］WU Q，OKABE Y，YU F. Ultrasonic structural health monitoring using fiber bragg grating［J］. Sensors，2018，18（10）：3395.

［2］栾桂冬．压电 MEMS 超声换能器研究进展［J］. 应用声学，2012，31（3）：161-170.

［3］乔学光，邵志华，包维佳，等．光纤超声传感器及应用研究进展［J］. 物理学报，2017（7）：128-147.

［4］李自亮，廖常锐，刘申，等．光纤法布里-珀罗干涉温度压力传感技术研究进展［J］. 物理学报，2017，66（7）：87-103.

［5］LEE C，TAYLOR H. Interferometric optical fibre sensors using internal mirrors［J］. Electronics Letters，1988，24（4）：193-194.

［6］ALCOZ J，LEE C，TAYLOR H. Embedded fiber-optic Fabry-Perot ultrasound sensor［J］. IEEE Transactions on Ultrasonics Ferroelectrics & Frequency Control，1990，37（4）：302-306.

第二章

基于 MEMS 敏感结构膜片的局部放电 EFPI 超声波传感耦合技术

本章在局部放电非本征法珀光纤传感检测技术研究现状分析工作的基础上，介绍微米级膜片参数以及法珀腔长等结构尺寸参数对局部放电超声波检测固有频率、灵敏度等特性的影响，分析光纤 EFPI 传感器静态工作点漂移影响测量精度因素规律及自补偿措施方案，并介绍由输出光源、MEMS 超声波探头、光电转换模块、数据采集模块及显示模块组成的整套光纤 EFPI 超声波传感检测系统试验平台。

第一节 微米级敏感膜片法珀腔结构参数对局部放电超声波检测影响

一、法珀腔的理论和仿真分析

（一）组成结构

光纤法珀局部放电传感器的主要结构如图 2-1 所示，传感系统由探头（包含法珀腔、振动膜片、套筒）、光源、光纤环形器、低噪声的光电探测器和单模光纤组成。由激光光源发出的光通过连接光纤进入光纤环形器，从光纤探头反射回来的光被耦合输入到光电探测器。基于法珀干涉仪的传感器探头由一个反射薄膜和单模光纤的端面组成。超声波作用于膜片时，膜片产生振动，改变了谐振腔的长度，导致输出光强的变化。

标准法珀腔可看作一块折射率为 n，厚度为 h 的透明平行平板，周围是折射率为 n_0 的介质，一束光入射后，分为透射光和反射光两部分。透射光在平板两个表面发生来回反射和透射，其结果是在平行平板的两侧分别形成了两组振幅递减

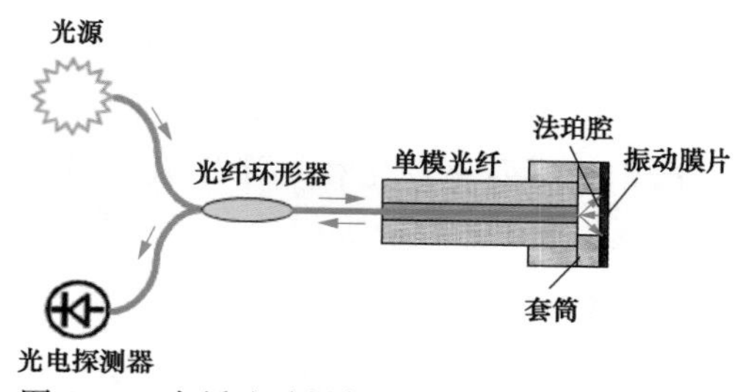

图 2-1 光纤法珀局部放电传感器结构原理图

的平行光束，如图 2-2 所示。A1、A2、A3…为反射的相干光束，形成反射干涉条纹；B1、B2、B3…为透射的相干光束，形成透射条纹。

（二）光源分析

普通的 F-P 激光器（以 F-P 腔为谐振腔，发出多纵膜相关光的半导体发光器件）很难实现单纵膜工作，分布式反馈（distributed feedback，DFB）光源是通过周期光栅进行选模并保持在高速调制下仍具有单纵膜、横模的激光器，其线宽的典型值为 0.1nm。表 2-1 总结了分布式反馈、放大自发辐射（amplified spontaneous emission，ASE）、发光二极管（light-emitting diode，SLD）三种光源的主要特点。

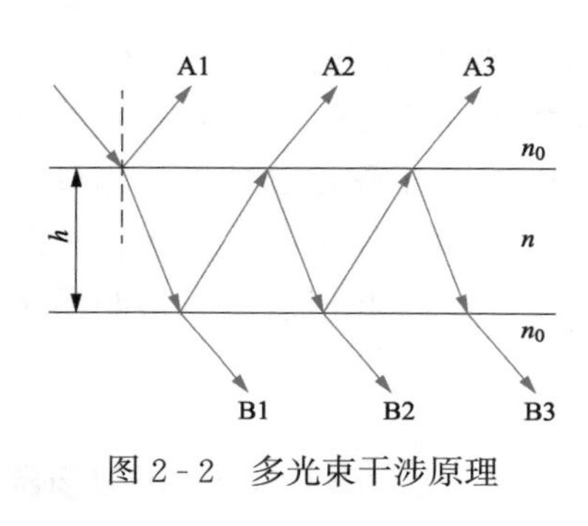

图 2-2　多光束干涉原理

表 2-1　三种主要光源的比较

器件特性参数	SLD	ASE	DFB
输出功率	高	高	较低
相干长度	低	低	高
耦合效率	高	高	高
响应频率	高	高	高
器件寿命	较高	高	较低
价格	高	较低	低

光纤法珀传感器对光源的功率要求不高，但为了满足后期的规模化应用，要求光源的成本低廉，因此，本书介绍的光纤法珀传感器选取 DFB 激光器作为光纤法珀传感系统的光源。

（三）反射率分析

非本征光纤法珀腔由光纤端面（反射率 R_1）和敏感膜片内表面（反射率 R_2）组成，光纤端面反射率为 3.5%～4%。由于在光纤端面制作一层反射膜的工艺十分困难，因此光纤端面反射率很难改变。为了选取最优的非本征光纤法珀腔的反射率，通过式（2-1）计算不同反射率下法珀干涉的强度变化范围，即

$$R_{FP}=\frac{1+R_1+R_2-2\sqrt{R_1R_2}\cos\varphi}{1+R_1R_2-2\sqrt{R_1R_2}\cos\varphi} \tag{2-1}$$

法珀腔反射率变化和干涉光强之间的关系如图 2-3 所示。结果显示：反射膜片的反射率 R_2 为 0.9 左右、光纤端面反射率 R_1 较小时，法珀干涉后光强的变化范围较大。

（四）腔长分析

光纤法珀腔由敏感膜片的内表面和光纤端面组成，其主要设计参数有法珀

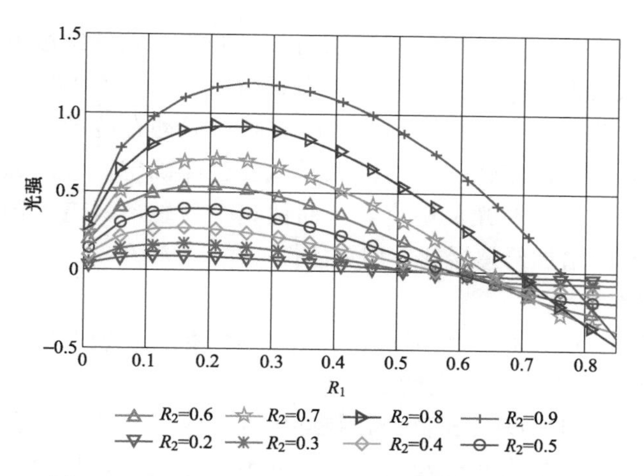

图 2-3 法珀腔反射率变化和干涉光强之间的关系

腔的长度和敏感膜片的内表面反射率。法珀腔的腔长是法珀干涉的核心参数，其选取与光源特性和传感器后端解调方式有关。一般而言，腔长越长，光的损耗越大；腔长越短，会对膜片的装配和腔长的精确控制都带来较大困难。由于光强解调具有低成本和响应速度快等特性，本书选择光强解调作为传感器的信号恢复方式。对于光强解调，理论上只需考虑腔长选择的“临界点”，但在实际应用中，由于光纤端面反射率相对较低，可以通过调节腔长来改变光的损耗，使组成法珀腔的光纤端面反射率与膜片内表面反射率相匹配，从而提高法珀干涉光谱的精细度。通过实验分别测试了金和硅作为反射面时腔长变化和法珀干涉光谱精细度的关系，结果如图 2-4 所示。

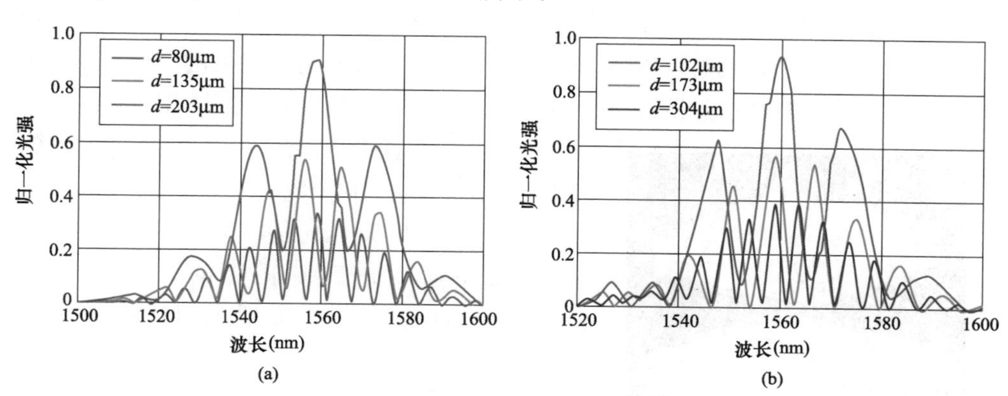

图 2-4 腔长变化和法珀干涉光谱精细度之间的关系

(a) 金作为反射面；(b) 硅作为反射面

从图 2-4 可以得出，无论以硅膜还是金膜作为反射膜片，腔长在 80～

100μm 的范围内，其光谱精细度相对较高。根据法珀腔精细度的定义，法珀腔的精细度主要取决于光纤端面反射率与内表面反射率，反射率越大，精细度越高，半高宽相对越小，光学系统的灵敏度越高，但动态范围相对减少。所以膜片在设计加工完成后，传感系统的机械灵敏度已经确定，可以通过腔长调整光的损耗来改变传感系统的光灵敏度，从而使整个传感器具有不同的灵敏度、不同的动态范围，以增加传感器的应用灵活性。

（五）参数仿真分析

利用 FDTD Solutions 软件对法珀腔进一步参数化建模及仿真。FDTD Solutions 是一款基于三维矢量麦克斯韦（Maxwell）方程组进行求解的软件，其采用时域有限差分（FDTD）法将空间网格化，在时域内分布进行计算。

下面首先介绍参数化建模及仿真的主要流程，之后，再分析反射相移对法珀腔干涉特性的影响，然后选取金、银这两种金属膜，从厚度、平行度等多个角度，逐一分析对法珀腔干涉特性的影响。不失一般性，为了降低仿真运算的内存，利用可见光波段代替传感系统所使用的红外波段进行仿真分析。

1. 参数化建模及仿真流程

（1）创建器件的物理结构。点开 Structures 模块，选择长方体，设置位置尺寸参数与材料属性，逐一创建出器件的物理模型。

（2）设置仿真区（region）。仿真区是仿真时实际进行计算的区域。点开 Simulation 图标，点击 FDTD 来设置仿真区的尺寸和位置、边界条件、网格精度和仿真计算时间等参数。网格的划分直接影响仿真计算的精度，划分更精细的网格的精度可以获得更高精度的计算结果，但会要求计算机的处理器和显卡具有更强的处理能力，所以需要综合权衡。仿真区在 X、Y 方向与器件的实际尺寸相差甚远，在仿真时可以认为器件在 X、Y 方向上是无限大的，所以 X、Y 方向上设置为周期性边界条件（periodic）。Z 方向设置为完善匹配层（perfectly matched layer，PML），完美匹配层是可以实现最小反射的吸收边界条件。

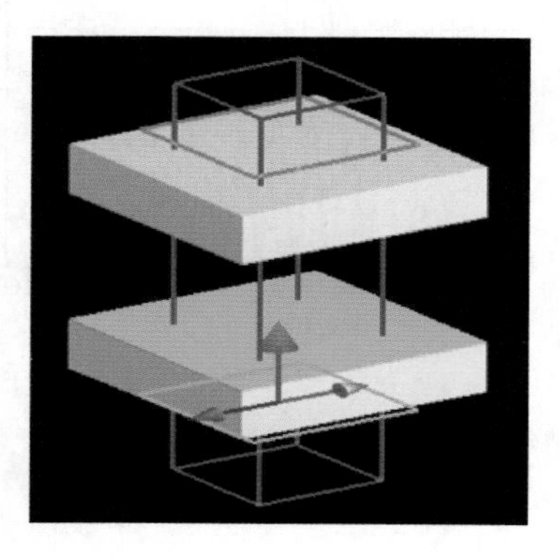

图 2-5　法珀腔参数化仿真模型

（3）设置光源（source）。点开 Sources 图标，添加平面波光源（plane wave）。在 Frequency/wavelength 栏内设置入射波长范围为 350～1100nm。

（4）设置探测器（monitor）。点开 Monitors 图标，选择 frequency domain field and power 探测器，从而得到透射率与波长关系图。至此，成功建立参数化仿真模型，如图 2-5

所示。

（5）对模型进行内存检查。运行仿真模型，得到计算结果。

2. 反射相移对峰值波长的影响

依据法珀腔工作原理，其中两个相邻的透射光线的相位差 α 表示为

$$\alpha = \frac{4\pi}{\lambda} nh\cos\theta \tag{2-2}$$

式中：λ 为入射光波长；n 为折射率；h 为介质厚度；θ 为折射角。

若把法珀腔内反射光线在界面处的相位变化 φ，也就是反射相移，考虑在内，则相邻的两个透射光线的相位差为

$$\alpha = \frac{4\pi}{\lambda} nh\cos\theta + \varphi \tag{2-3}$$

式（2-3）中第一项表示由腔长 l 的存在产生的相邻的两个透射光线的相位差，第二项表示由于反射光线在界面处的相位变化造成的相位差。当法珀腔的腔长 l 远大于光束的波长时，第一项远大于第二项。传统的法珀干涉仪的腔长有时达到毫米级，所以在通常的计算中第二项一般可以忽略，即按照式（2-2）计算。但在腔长只有几十个甚至几个波长的长度时，第二项的影响就不能忽略了，应该用式（2-3）。因此

考虑反射相移 $$\frac{4\pi}{\lambda} nh\cos\theta + \varphi = 2m\pi \tag{2-4}$$

不考虑反射相移时 $$\frac{4\pi}{\lambda} nh\cos\theta = 2m\pi \tag{2-5}$$

式中：φ 为对入射光和透射光线而言的总的反射相移；$m=0$，1，2，3…。

由式（2-4）和式（2-5）可得

$$\delta = 4\pi nh\cos\theta\left(\frac{1}{2m\pi - \varphi} - \frac{1}{2m\pi}\right) \tag{2-6}$$

式中，δ 为由于反射相移的存在导致的峰值波长的偏移量，也就是用式（2-5）计算的峰值波长（忽略反射相移）与仿真值的差值。

根据仿真得到的数据，抽取不同腔长及其对应的一级干涉中心波长偏移量作曲线关系图，直观地展现腔长与偏移量的关系，如图2-6所示。图2-6中数据点为对应不同腔长的一级干涉中心波长的偏移量，曲线为拟合曲线，从图中可以清楚地观察到：随着腔长 l 的增大，一级干涉中心波长的偏移量在逐渐减小。然后，抽取在一定腔长下不同干涉级次对应的一级干涉中心波长偏移量，做曲线关系图，图2-7是腔长为800nm、2000nm和4000nm时，不同的干涉级次对应的峰值波长的偏移量。由图2-7可知，在腔长相同情况下，干涉级次越高，对应峰值波长的偏移量就越小。

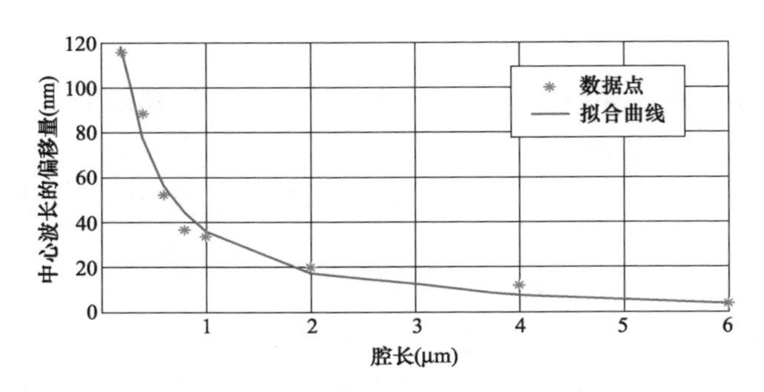

图 2-6　对应不同腔长的一级干涉峰值波长的偏移量

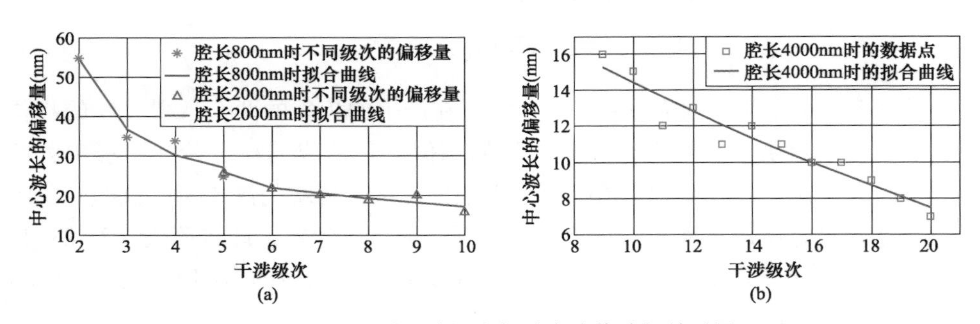

图 2-7　不同干涉级次与对应峰值波长关系图

(a) 腔长为 800nm 和 2000nm；(b) 腔长为 4000nm

最后，抽取在一定腔长下不同干涉级次对应的自由光谱范围，做自由光谱范围变化趋势曲线图，如图 2-8 所示。反射相移对自由光谱范围的影响比较小。由以上分析可得：随着腔长的增加，中心波长偏移量逐渐减小。在腔长为纳米级时，偏移现象非常明显，达到上百纳米，但是当腔长达到微米级时，偏移量逐渐减小至可忽略不计。因此，当腔长为纳米级时，应用式（2-3）进行计算；腔长为微米级时，则用式（2-2）计算。由此可见，在腔长等条件均相同的情况下，在较小的干涉级次，中心波长的偏移量相对较大；反之，在较大的干涉级次，中心波长的偏移量相对较小。因此反射相移导致：随着干涉级次的增加，自由光谱范围变小。但是由仿真结果可知，这种影响很小，几乎可以忽略。随着干涉级次的增加，自由光谱范围变小的趋势是由多光束干涉原理决定的。

3. 腔长与峰值波长的关系

在 FDTD 软件中建立法珀干涉器的参数化模型。法珀腔上下两面反射镜均采用镀银膜玻璃片，设置银膜厚度为 30nm，改变法珀腔长进行仿真，得到一系列透射曲线，如图 2-9（a）所示。之后，银膜的材料重新设置为金，同样，设置金膜厚度为 30nm，改变法珀腔长进行仿真，得到一系列透射曲线，如图 2-9（b）所示。

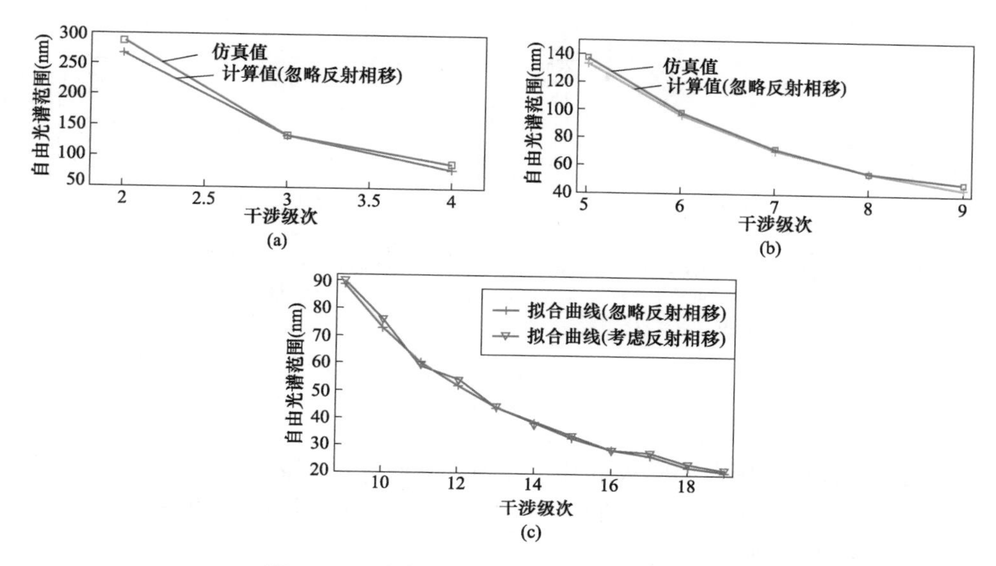

图 2-8　不同干涉级次对应的自由光谱范围

（a）腔长 800nm；（b）腔长 2000nm；（c）腔长 4000nm

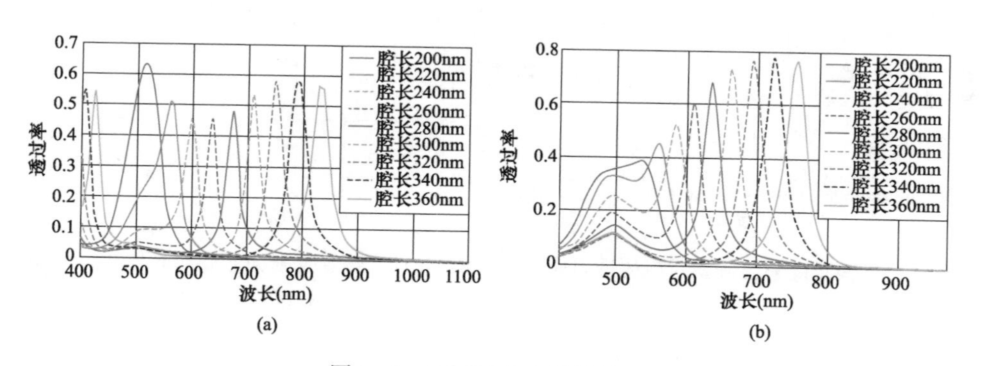

图 2-9　不同腔长的透射曲线

（a）银膜厚度 30nm；（b）金膜厚度 30nm

4. 金属膜厚度与干涉性能的关系

在 FDTD 软件中建立法珀干涉器的参数化模型。法珀腔上下两面反射镜均采用镀金膜玻璃片，改变膜厚，得到一系列透射曲线，如图 2-10（a）所示。之后，采用镀银膜玻璃片并改变膜厚，得到一系列透射曲线，如图 2-10（b）所示。由仿真结果可知，对于金、银表现出了相同的特点，透过率会随着厚度的增加急速下降。

5. 反射镜倾斜对干涉性能的影响

在 FDTD 软件中建立法珀干涉器的参数化模型，腔长为 200nm，法珀腔上

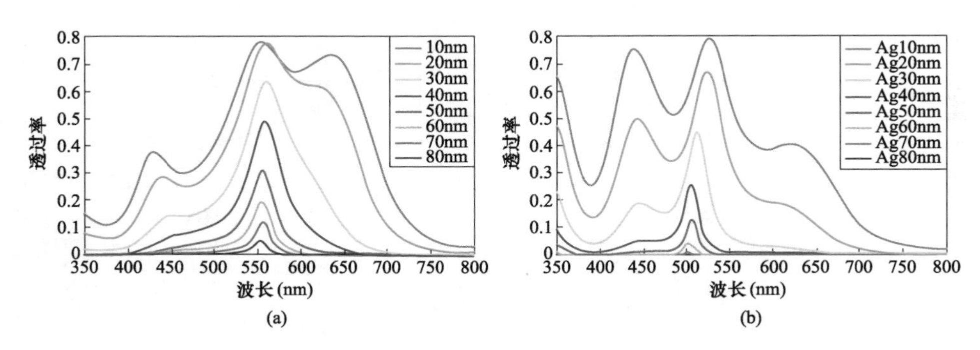

图 2-10　不同金属膜厚度对应的透射曲线

(a) 金膜；(b) 银膜

下两面反射镜均采用镀银膜玻璃片，分别设置两个反射镜倾斜 0°、2°、4°、6°、8°，得到一系列透射曲线，如图 2-11 所示。从仿真数据中抽取相关数据，做曲线图，如图 2-12 所示。

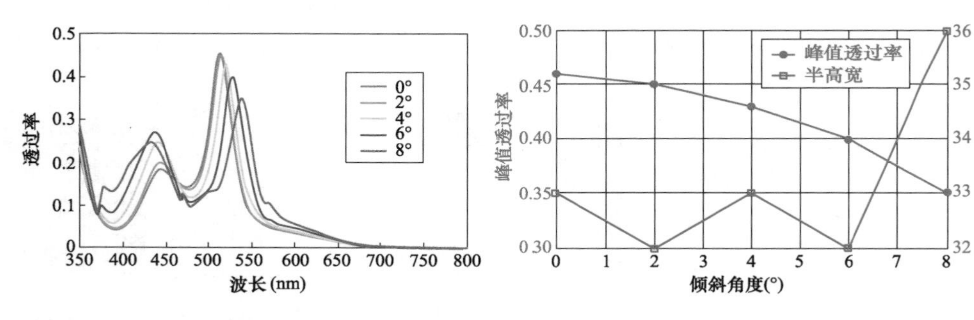

图 2-11　银膜反射镜倾斜对应的透射曲线

图 2-12　银膜反射镜倾斜对峰值透过率和半高宽的影响

在 FDTD 软件中建立法珀干涉器的参数化模型，腔长为 200nm，法珀腔上下两面反射镜均采用镀金膜玻璃片，设置反射镜倾斜 0°、2°、4°、6°、8°、10°，得到一系列透射曲线，如图 2-13 所示。从仿真数据中抽取相关数据，做曲线图，如图 2-14 所示。对金膜、银膜这两种金属膜的仿真结果说明：反射镜发生倾斜时，峰值透过率会随着倾斜的加重而降低，这是因为此时的法珀腔变为了楔形腔所致；同时，反射镜倾斜导致腔长发生了变化，因此峰值波长也会随之发生变化，半高宽的值则出现波动。

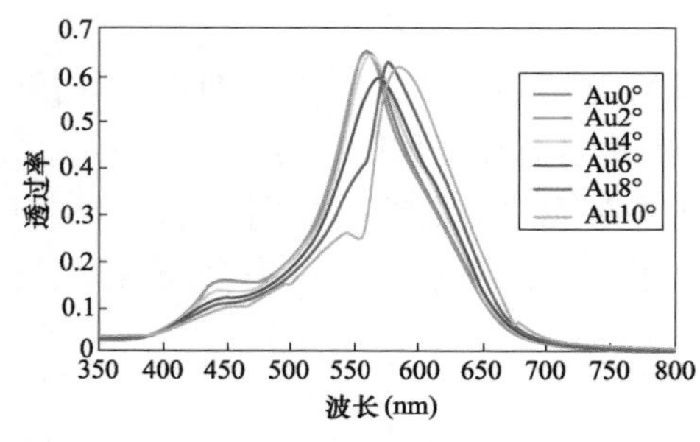

图 2-13　金膜反射镜倾斜对应的透射曲线

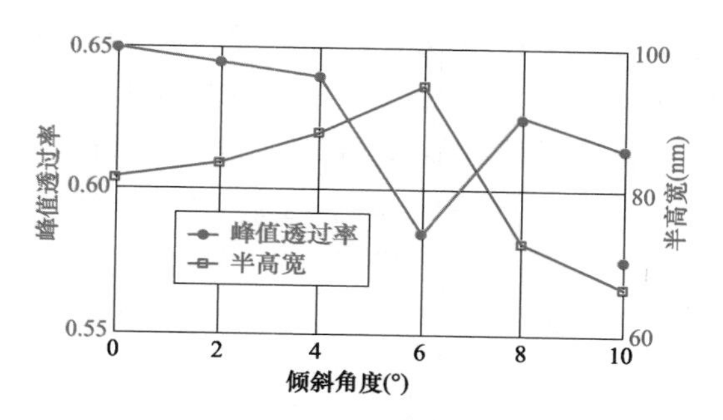

图 2-14　金膜反射镜倾斜对峰值透过率和半高宽的影响

上述探究结果有助于研究人员在测试阶段针对测试结果，分析可能存在的影响因素，有助于有的放矢地提出改进方案，逐步得到理想的干涉效果。

二、敏感膜片的理论和仿真分析

（一）敏感膜片经典理论分析

光纤法珀传感器的敏感膜片作为传感器感应声波的核心器件，其性能在很大程度上决定了整个传感系统的性能，所以对敏感膜片的优化设计是对整个传感系统优化设计的核心。

1. 敏感膜片几何参数的分析

影响传感器灵敏度的主要因素是膜片的几何形状和结构尺寸。在设计膜片结构尺寸时，首先根据超声波频谱的传播和变压器噪声特性，确定所需膜片的固有频率 f，振动膜片的厚度 h 和半径 R 与其固有频率的关系可表示为

$$f=\frac{ah}{4\pi R^{2}}\sqrt{\frac{E}{3\rho(1-\mu^{2})}}=\alpha\frac{h}{R^{2}}$$

$$\alpha=\frac{a}{4\pi}\sqrt{\frac{E}{3\rho(1-\mu^{2})}} \tag{2-7}$$

式中：a 为常数；E 为抗弯刚度；ρ 为膜片材料密度；μ 为材料泊松比。

在超声波压强 p 之下，振动膜片中心产生的位移 y（p）为

$$y(p)=\frac{3(1-\mu^{2})}{16Eh^{3}}p\cdot R^{4}=\beta\cdot R^{4}$$

$$\beta=\frac{3(1-\mu^{2})}{16Eh^{3}}p \tag{2-8}$$

振动膜片中心的位移 y 与固有频率 f 的乘积可表示为

$$f\cdot y(p)=\alpha\frac{h}{R^{2}}\cdot\beta p\frac{R^{4}}{h^{3}}=\alpha\beta p\frac{R^{2}}{h^{2}}=\alpha\beta p\left(\frac{R}{h}\right)^{2} \tag{2-9}$$

由式（2-9）可知，当传感器的设计共振频率一定时，振动膜片的半径 R 与

厚度 h 的比值越大，即 R/h 的值越大，振动膜片的响应位移越大，灵敏度越高。

振动膜片的固有频率与厚度成正比，与膜片半径的二次方成反比，在保持膜片的固有频率不变时，厚度变化量 Δh 和半径变化量 ΔR 满足

$$k\frac{h+\Delta h}{(R+\Delta R)^2}=k\frac{h}{R^2} \tag{2-10}$$

式中：k 为比例系数。

得到

$$\Delta h=\frac{h[2R\Delta R+(\Delta R)^2]}{R^2} \tag{2-11}$$

则

$$\frac{R+\Delta R}{h+\Delta h}=\frac{R}{h}\cdot\frac{R^2+R\Delta R}{R^2+2R\Delta R+(\Delta R)^2}<\frac{R}{h} \tag{2-12}$$

由式（2-12）可知，当传感器的设计共振频率一定时，振动膜片的厚度 h 越薄，振动膜片的响应位移越大，传感器的灵敏度越高，即减少振动膜片的厚度是提高光纤法珀局部放电超声传感器灵敏度的首选措施。

2. 敏感膜片材料的优化分析

敏感膜片的材料主要有硅和二氧化硅，其主要原因有：硅元素在自然界中储存丰富，易提取和制备；硅和二氧化硅的微加工工艺成熟；硅和二氧化硅性能稳定，力学性能良好，适应恶劣环境。

假定膜片的设计频率和外界声压都为 1，将表 2-2 所示的硅和二氧化硅的材料参数代入式（2-8）得到膜片变形 y（p）与 R/h 的关系，如图 2-15 所示。可以看出，无论 R/h 取何值，硅膜的变形都要比二氧化硅的大，结合上述结论可知，如果薄膜尺寸和外界声压相同，硅薄膜的变形要比二氧化硅薄膜的变形大，即硅薄膜的灵敏度更高。

表 2-2　　硅和二氧化硅的材料参数

材料	泊松比 μ	弹性模量 E(GPa)	密度 ρ(kg/m^3)
硅	0.22	163	2330
二氧化硅	0.17	73.1	2200

（二）敏感膜片数值仿真分析

为了进一步表征不同膜结构设计灵活性、固有频率、静压灵敏度、线性范围及平整度等性能，通过 ANSYS 有限元仿真，分别对相同膜片半径和厚度的圆形膜片、梁支撑膜片及膜片—质量块结构进行有限元建模并对比分析仿真结果，进而优化其结构参数。

1. 圆形膜片与梁支撑膜片的比较分析

图 2-16 给出了圆形膜片与梁支撑膜片的结构示意图。以检测局部放电超声信号应用场景为例，考虑到低频噪声影响和高频超声衰减特性，选取固有频率为 180kHz 的圆形膜片作为膜片几何尺寸参照，结合 MEMS 标准化工艺技术及批量制造兼容性，初步选择单晶硅作为敏感膜片材料，且设计膜片厚度 h 为 5～20μm，膜片半径 R 即可由式（2-7）确定并通过 ANSYS 有限元仿真进行验证。对于支撑梁结构，当梁长 L 确定时，中心膜半径 r 受到膜片半径 R 约束，梁宽 w 可以设计的最大值为$\sqrt{2}r$，在仿真中膜片边界条件设为固支。由于所选取的不同厚度圆形膜片固有频率均为 180kHz，图 2-17 仅显示随梁长及梁宽变化的梁支撑膜片的固有频率仿真结果。由仿真结果可得，梁结构几何参数的引入使膜片具有较大的频率设计灵活性和宽波段应用潜力，可通过调节梁结构参数覆盖至 70～150kHz 的频率范围。从图 2-17 可以观察到，当梁长 L 减小时，膜片固有频率略微增长，相比之下，梁宽增加对膜片固有频率的增长影响更为明显，因此梁宽是在设计固有频率时考量的决定性因素。

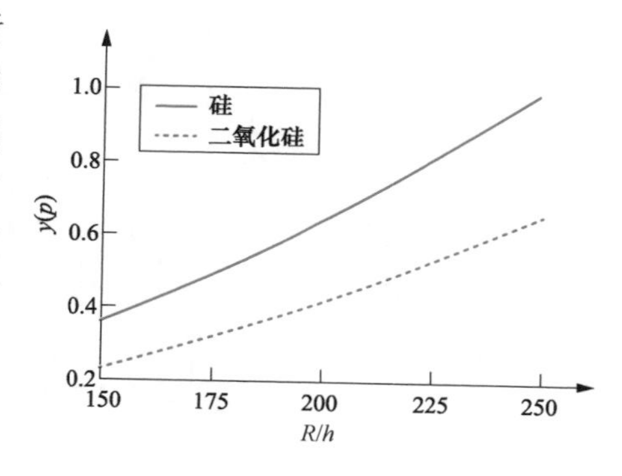

图 2-15 薄膜变形 $y(p)$ 与 R/h 的关系

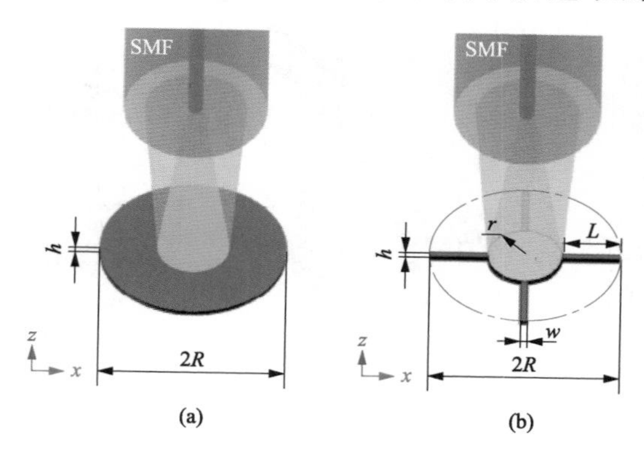

图 2-16 圆形膜片和梁支撑膜片

（a）圆形膜片；（b）梁支撑膜片

膜片的静压灵敏度 S 可表示为单位应力 p 作用下的中心位移量 $y(p)$，即

$$S=\frac{y(p)}{p} \tag{2-13}$$

通过 ANSYS 静力学仿真，圆形膜片及梁支撑膜片的静压灵敏度如图 2-18 所示。图中梁支撑膜片灵敏度明显高于相同结构参数（膜厚 h 和膜片半径 R）的圆形膜片，特别是梁宽 w 较小的梁结构，其灵敏度可达圆形膜片的四倍；同时，可观察到梁长 L 对于结构的静压灵敏度影响不大。由仿真结果可知，当梁宽较小（$w<100\mu$m）时，梁宽的微小变化可导致灵敏度数值剧烈变化，因此在实际加工中也增加了工艺难度，例如，同一膜片的四根支撑梁之间的梁宽加工误差

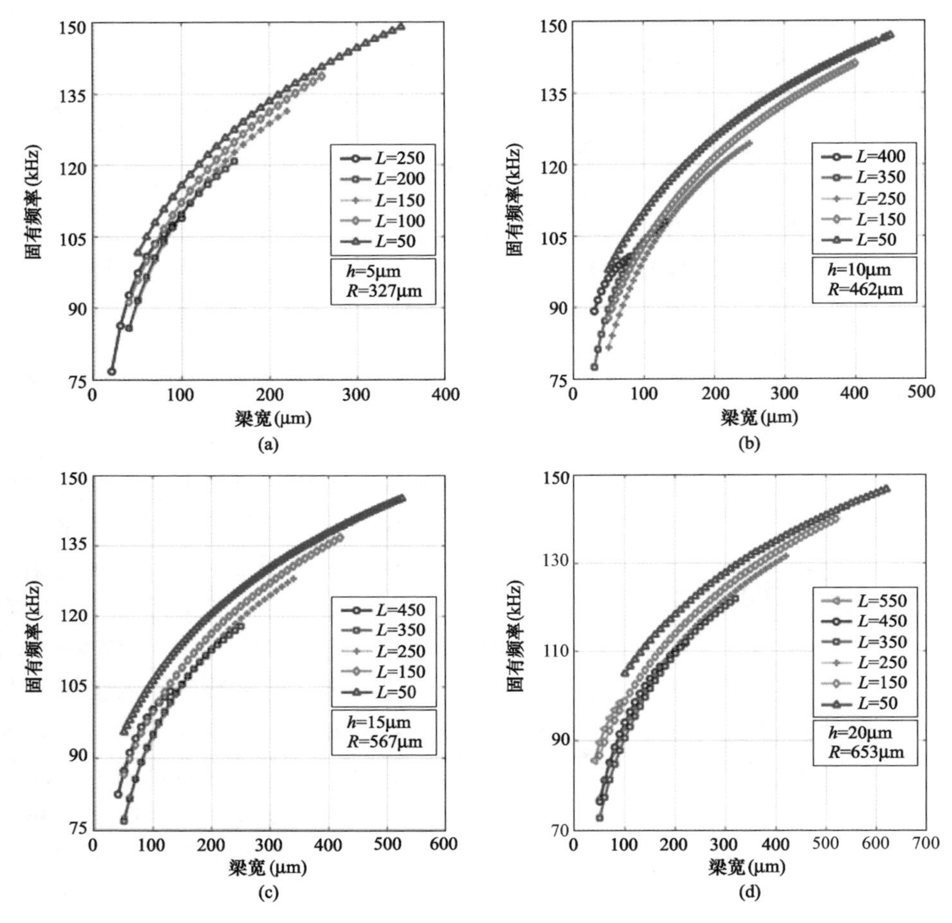

图 2-17 梁支撑膜片固有频率随梁结构参数变化关系

(a) $h=5\mu m$，$R=327\mu m$；(b) $h=10\mu m$，$R=462\mu m$；

(c) $h=15\mu m$，$R=567\mu m$；(d) $h=20\mu m$，$R=653\mu m$

或梁内的残余应力等现象可能会造成中心膜片的不平整或褶皱，反而降低了传感性能并且增加了制造成本。

对于固有频率确定的圆形膜片，具有最小厚度和最小半径的结构灵敏度最高，如图 2-18（a）所示，$h=5\mu m$ 且 $R=327\mu m$ 的结构静压灵敏度为 109.2nm/kPa，是四种同频率不同几何参数中的最高值。另外，随着膜厚 h 的增加，两种膜片结构的灵敏度均大幅下降，因此在实际加工中，应注意膜片厚度均匀性，可采用绝缘体上硅（silicon on insulation，SOI）工艺实现较好的膜厚 h 控制。敏感膜片随压强变化产生的线性位移区间越大，则传感器可应用范围越大，例

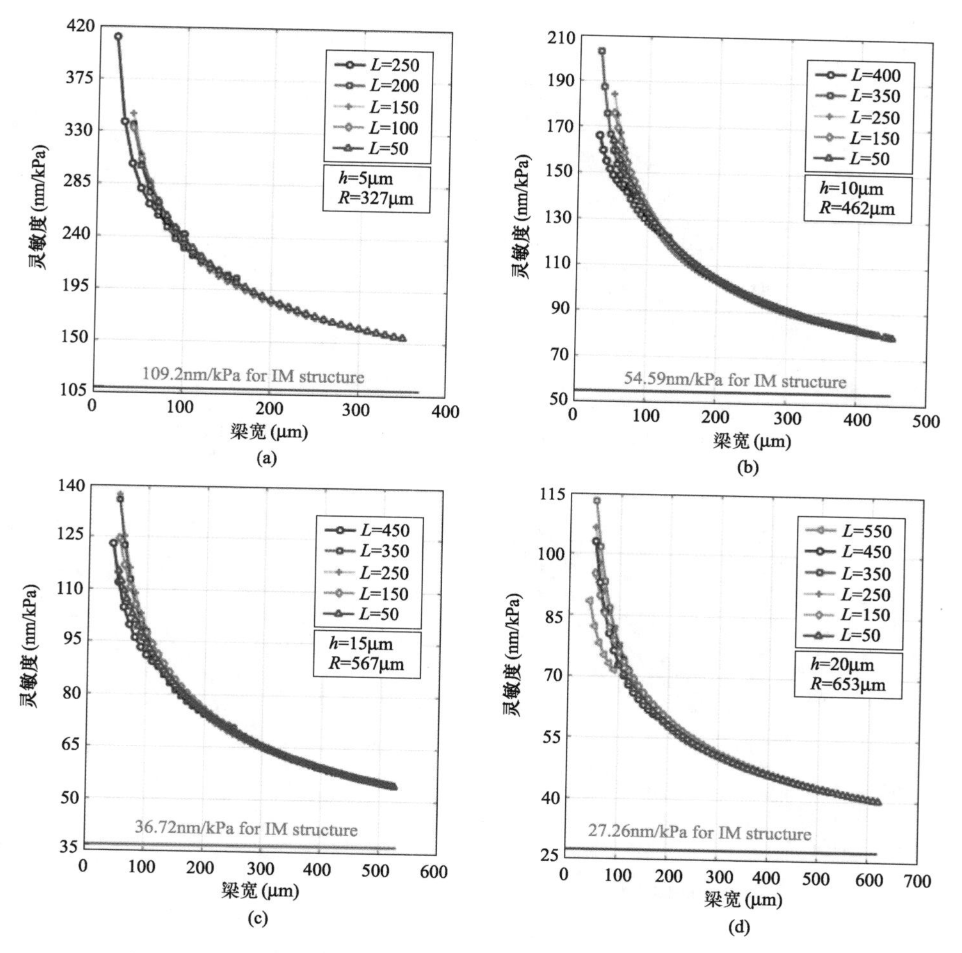

图 2-18　圆形膜片及梁支撑膜片静压灵敏度随结构参数变化关系

（a）h=5μm，R=327μm；（b）h=10μm，R=462μm；

（c）h=15μm，R=567μm；（d）h=20μm，R=653μm

如更有效检测局部放电信号或具有更远的测距范围。当压强从 1Pa 增加到 10kPa 时，两种膜片结构的相应位移变化仿真结果如图 2-19 所示。在使用 ANSYS 有限元模型进行静力学分析时，考虑到膜片中心可能出现的大变形情况，故采用几何非线性分析。如图 2-19 所示，在相同声压作用下，梁支撑膜片产生相比圆形膜片更大的中心位移，灵敏度更高；在膜厚设置为 5μm 结构中，梁支撑膜片中心位移最大，可见其位移曲线在 p>4kPa 时产生一定弯曲，因此实际应用中应折衷考虑膜片灵敏度和检测压强范围。此外，两种膜片结构在整个声压范围内均表现出良好的检测性能。

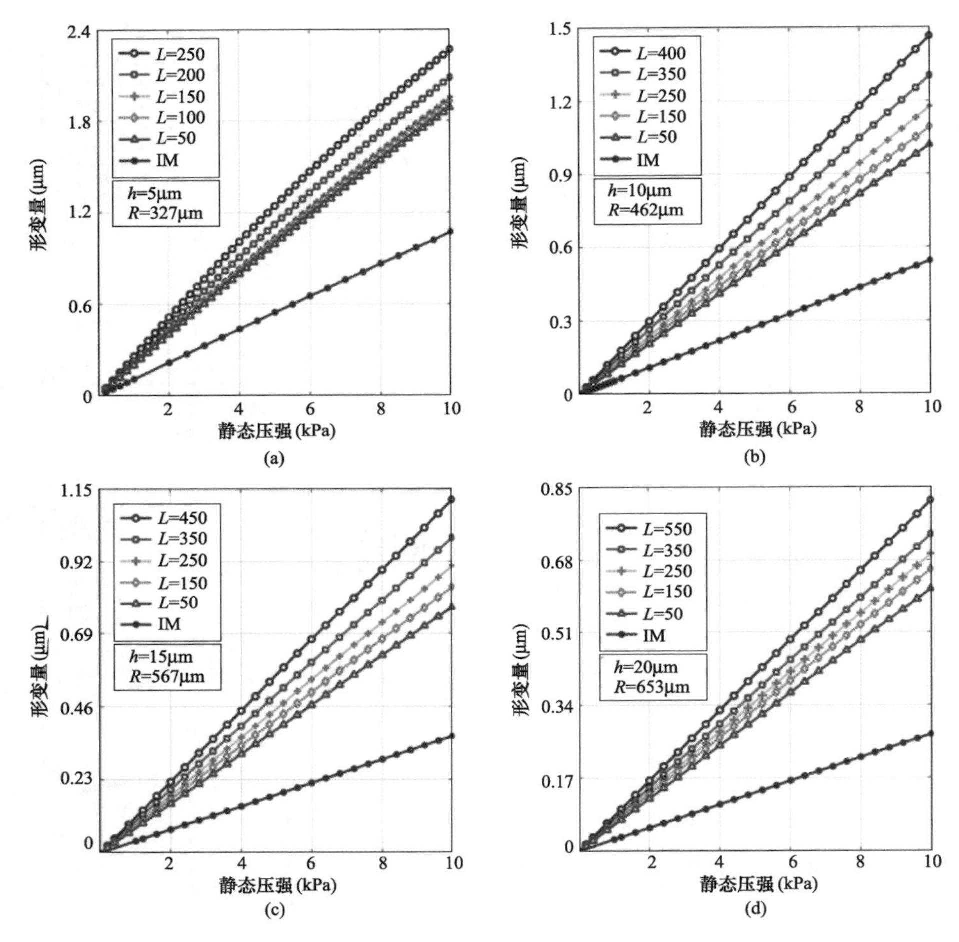

图 2-19　圆形膜片及梁支撑膜片中心位移随压强变化关系

(a) $h=5\mu m$，$R=327\mu m$；(b) $h=10\mu m$，$R=462\mu m$；

(c) $h=15\mu m$，$R=567\mu m$；(d) $h=20\mu m$，$R=653\mu m$

注：IM—intact membrane，完整膜片

为研究两种膜片结构受压产生位移时的中心区域平整度，在进行有限元仿真时，通过施加位移约束使所有结构处于线性范围内的最大变形条件，即通常为膜片厚度的 25%，此时计算得到结构允许的最大不平整度 θ_{max} 如图 2-20 所示。由仿真结果可知，相比于相同结构尺寸的圆形膜片，大部分梁支撑膜片具有更好的平整度，因此梁支撑膜片构成的法珀腔光强输出更高，可使检测探头具有更高的信噪比。在计算梁支撑膜片平整度时，角度值存在一定的波动，可能是由于有限元模型网格化划分导致，但可以清晰地观察到所有曲线的主要趋

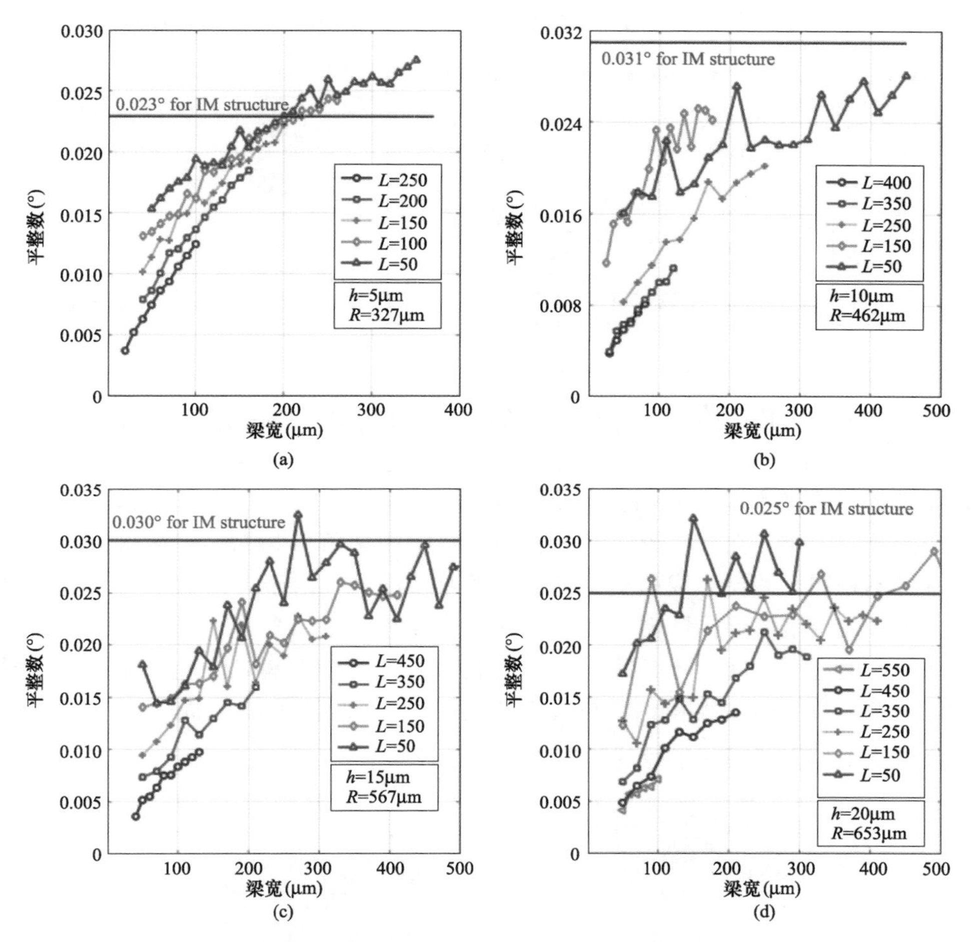

图 2-20　圆形膜片及梁支撑膜片中心反射区域平整度随结构参数变化关系

(a) $h=5\mu m$，$R=327\mu m$；(b) $h=10\mu m$，$R=462\mu m$；

(c) $h=15\mu m$，$R=567\mu m$；(d) $h=20\mu m$，$R=653\mu m$

势，即当梁宽 w 减少，且梁长 L 增加，膜片的变形角 θ 明显降低，显示出一个更平整的法珀腔反射镜面，同时表明可以通过优化支撑梁结构参数，使检测探头的法珀腔获得更优的光学性能。但在实际加工中，由于可能存在的加工误差，如深反应离子刻蚀时，刻蚀深度不均匀性及横向刻蚀引起的几何尺寸变化，同一结构中的支撑梁可能难以实现较好的均匀性，反而会影响中心膜片的平整度。圆形膜片的平整度随膜厚或半径变化规律不明显，但其工艺要求较低，相比于量级为百微米的膜片半径，加工误差对于中心半径为 $9\mu m$ 的反射区域影响较小。表 2-3 列出了圆形膜片及梁支撑膜片各项仿真结果，对比可知，圆形膜片厚度降低时，灵敏度显著提高；与支撑梁相比，膜片中心反射区域更加平整，且结构工艺简单。

表 2-3　圆形膜片、梁支撑膜片几何参数及性能对比

厚度 h (μm)	半径 R (μm)	固有频率 f(kHz)		静压灵敏度 S(nm/kPa)		线性范围		平整度 θ	
		圆膜	梁支撑	圆膜	梁支撑	圆膜	梁支撑	圆膜	梁支撑
5	327	180	152.9～76.81	109.2	411.1～149.6	25%	30%	0.023°	0.028°～0.004°
10	462		146.9～77.53	54.59	202.9～79.75	24%	28%	0.031°	0.028°～0.004°
15	567		145.1～95.58	36.72	115.2～54.48	24%	27%	0.030°	0.032°～0.003°
20	653		146.6～72.75	27.26	137.4～40.13	24%	26%	0.025°	0.032°～0.004°

2. 湿法加工工艺的可行性分析

为了与纯膜片结构性能对比，本节进一步分析膜片厚度为 5μm 且膜片半径为 327μm 的圆形膜片采用湿法加工工艺时，加工所残留的质量块对结构固有频率 f 和静压灵敏度 S 的影响。当使用各向异性湿法腐蚀工艺加工掩膜窗口为正方形的质量块时，在硅片上，晶面和晶面之间的夹角为 54.74°，且晶面的腐蚀速率各不相同，最终形成呈金字塔形的质量块凸台。由于夹角固定，因此湿法工艺加工的金字塔型质量块厚度 T 与边长 l 互相约束。当采用干法刻蚀加工质量块时，通过博世（BOSCH）工艺可保持较好的侧壁形貌，因此可加工棱柱型的质量块，其结构参数厚度 T 与边长 l 互相独立。两种质量块如图 2-21 所示，质量块边长均受到膜片半径的约束，即 $l<\sqrt{2}R$。

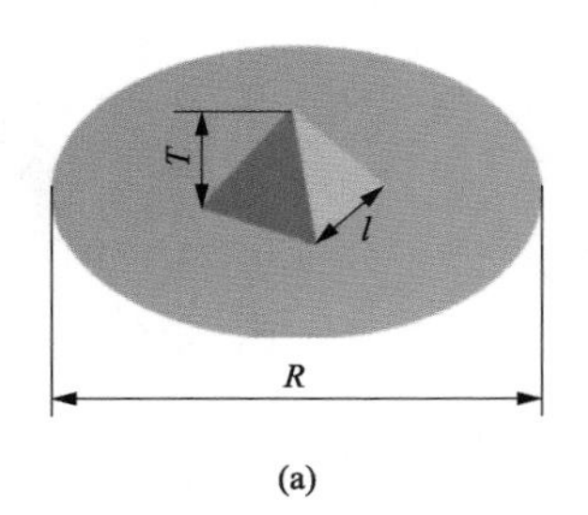

(a)

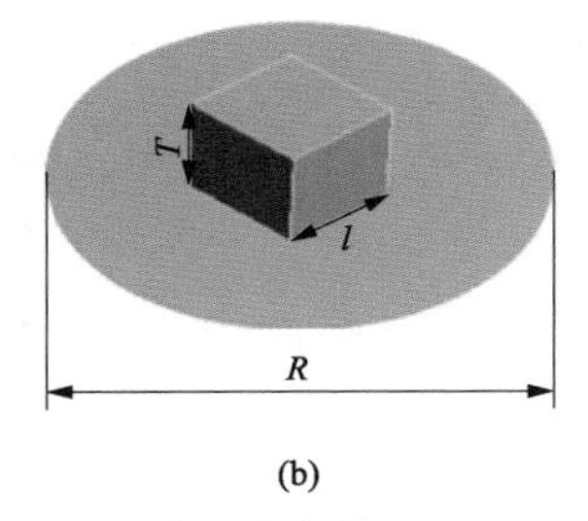

(b)

图 2-21　金字塔型及棱柱型质量块参数

(a) 金字塔型；(b) 棱柱型

通过 ANSYS 仿真建模，金字塔型质量块边长 l 对于结构固有频率及静压灵敏度的影响如图 2-22（a）所示。可以看出，当质量块边长接近圆形膜片半径时，结构的固有频率随质量块边长增加而下降，当边长 l 接近并超过膜片半径时，结构固有频率随边长增加而快速增高。此外，边长增加时，结构的静压灵敏度显著降低，可见质量块结构的引入对于敏感膜片的灵敏度影响较大。如图 2-22（b）和图 2-22（c）所示，棱柱型质量块边长 l 对于结构固有频率和静压灵敏度的影响趋势与金字塔型大致相同。当边长 l 增加时，固有频率缓慢降低后快速增高，且结构静压灵敏度大幅减小。当质量块厚度 T 增加时，结构固有频率降低，相反，静压灵敏度增高；当厚度较厚时，灵敏度随边长变化趋势出现拐点，呈先增加后减少的趋势。

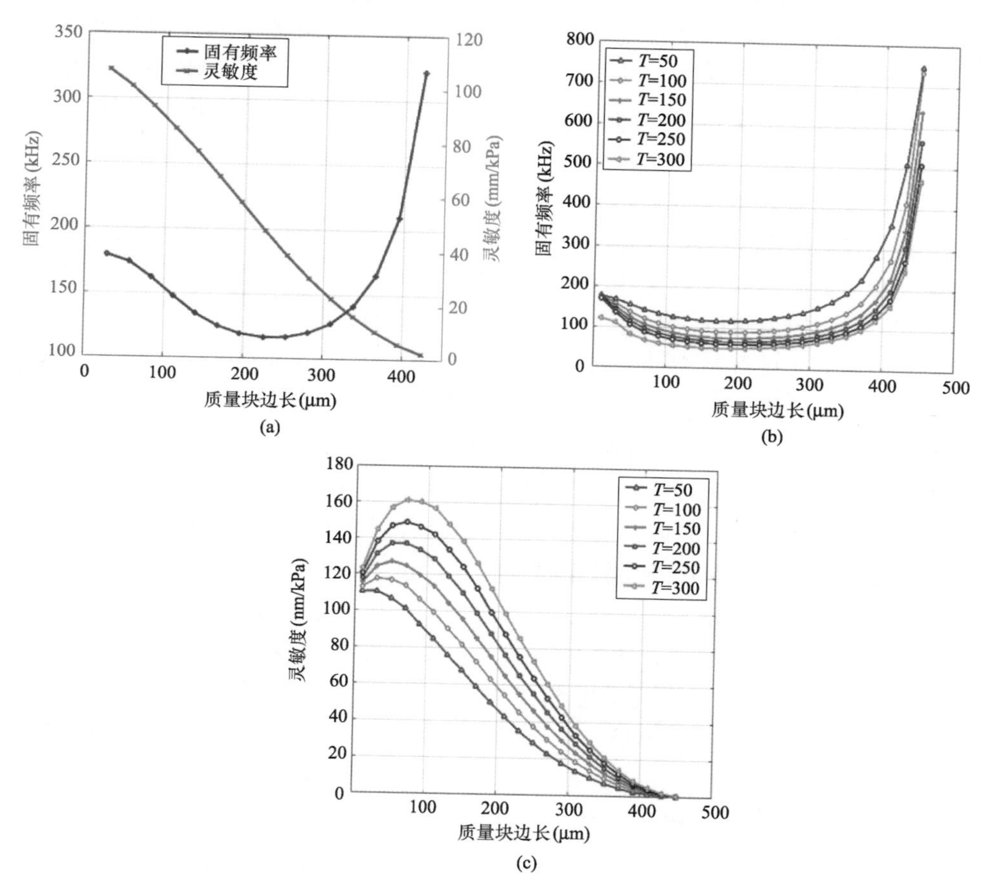

图 2-22　膜片-质量块结构固有频率及静压灵敏度随质量块参数变化关系

(a) 膜片-金字塔型质量块固有频率及静压灵敏度；(b) 膜片-棱柱型质量块固有频率；(c) 膜片-棱柱型质量块静压灵敏度

考虑到除垂直入射的声压外，与法线呈一定夹角入射的声压可以作用于膜片平面外具有一定厚度的质量块结构，从而引起膜片中心位移，因此对膜片-质量块结构的方向性灵敏度进行了仿真分析。通过施加相同大小、不同入射方向的声压，得到不同几何参数的膜片-质量块结构的最大位移，归一化后结果如图 2-23 所示。当膜片上加工有厚度为 300μm 金字塔型质量块时，膜片的方向性灵敏度有所改善，如图 2 - 23（a）所示，在$\pm 60°$的声压入射范围内，膜片产生的最大位移衰减 3.0dB，而纯膜片最大位移衰减为 2.3dB。如图 2 - 23（b）和图 2 - 23（c）所示，当棱柱型质量块边长 l 和厚度 T 分别增加时，膜片在$\pm 60°$的声压入射范围位移衰减减少。需要注意的是，虽然膜片中心的质量块结构可确保反射区域的平整度，但质量块结构的引入会减少膜片静压灵敏度，即厚度越厚边长越大的质量块 - 膜片结构在相同声压下，膜片中心位移越小，对微弱声压信号感应越弱，因此应结合具体应用场合设计并优化质量块 - 膜片结构参数。

3. 敏感结构材料的仿真分析

对完整圆形膜片结构而言，一旦确定了敏感膜片材料，则圆形膜片的固有频率 f 和灵敏度 S 仅受膜片厚度 h 和膜片半径 R 两个设计参数的影响，设计参数较少，结构较为简单。因而，首先对完整圆形膜片结构进行仿真分析。图 2 - 24，为四种不同材料类型的完整圆形膜片结构的仿真结果。可以看出，完整圆形膜片的膜片厚度 h 和膜片半径 R 对敏感膜片相关参数性能的影响与理论计算趋向一致。敏感膜片厚度 h 对膜片固有频率 f 的影响为正相关，对灵敏度 S 的曲线影响为负相关；膜片半径 R 对膜片固有频率 f 的影响为负相关，对灵敏度 S 的影响为正相关。材料属性的不同，导致四种膜片性能曲线幅值不同，但随着 x 轴变量的增加，各曲线的趋势相同。同时，较小的膜片半径会产生极大的固有频率 f 和极小的灵敏度 S，且波动范围较大，不利于参数控制，因此，敏感膜片的半径需要有较大的尺寸，便于控制膜片性能参数。而当膜片厚度较薄时（$h<5\mu m$），可以看到，膜片的灵敏度曲线增量变化较为剧烈，且膜片易发生破损，导致加工难度增大和良品率降低。而当膜片厚度较厚（$h>5\mu m$），膜厚的增加导致的灵敏度的变化较小，且刻蚀成本也会进一步增加。本书中所设计的传感器用于电力设备液体绝缘中，对比上述四种材料的本征参数可以发现，电介质硅基膜片的性能曲线较其他材料的波动小，且基于硅基的标准 MEMS 工艺较为成熟，因此，本书设计的膜片以硅为基底材料。在实际加工中，膜片的半径尺寸可以通过掩膜版得到控制，而膜厚只能在后续刻蚀时进行控制，有较大的不确定性。因此，采用基于 SOI 片的器件层作为膜片基底材料，其属性为硅，可以对膜厚实现较好的控制。

4. 梁支撑膜片结构的优化设计

设计优化的梁支撑膜片结构是以圆形膜片结构为基础的，在完整圆形膜片结构的基础上增加了支撑梁结构，因此梁支撑膜片结构的厚度 h 和中心膜片半径 r 对 f 和 S 的影响也遵循完整圆形结构的仿真结果。本节简化了对梁支撑膜片结构的参数仿真，只考察梁长 L、梁宽 w、支撑梁个数 n。图 2 - 25 是以硅为

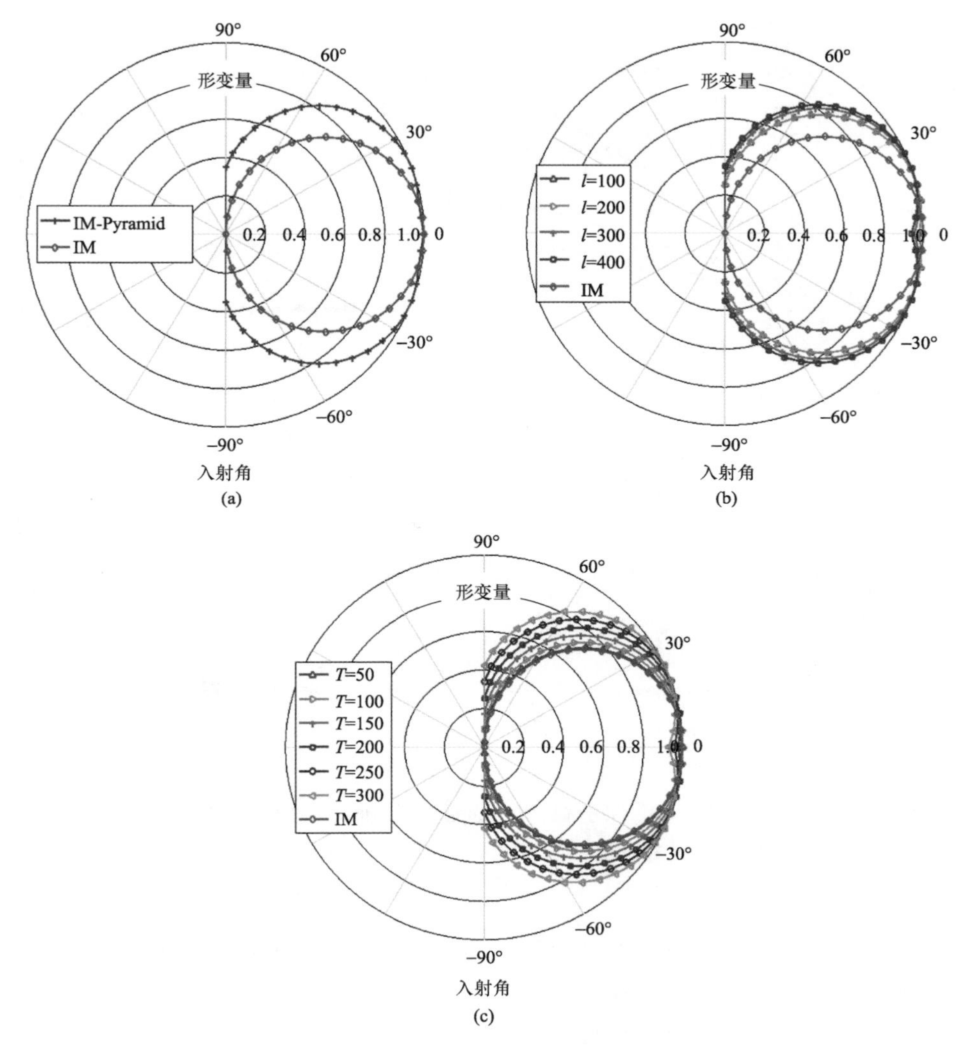

图 2-23 膜片-质量块结构方向性归一化灵敏度

（a）300μm 厚度的金字塔型质量块；（b）方向性随棱柱型质量块边长 l 变化情况；（c）方向性随棱柱型质量块厚度 T 变化情况

敏感膜片材料基底且忽略膜片半径 R 和膜片厚度 h 的情况下，梁支撑膜片结构参数对膜片固有频率 f 和灵敏度 S 的影响曲线。支撑梁个数 n 对膜片性能参数的影响如图 2-25（a）和图 2-25（b）所示，可以看出，支撑梁个数 n 对敏感膜片的固有频率 f 的影响为正相关，对灵敏度 S 的影响为负相关。当支撑梁个数较少（$n<4$）时，支撑梁个数的变化对膜片固有频率 f 和灵敏度 S 的影响较大，曲线变化较为明显，而在大于 4 后，梁个数的增加对固有频率 f 和灵敏度 S 的

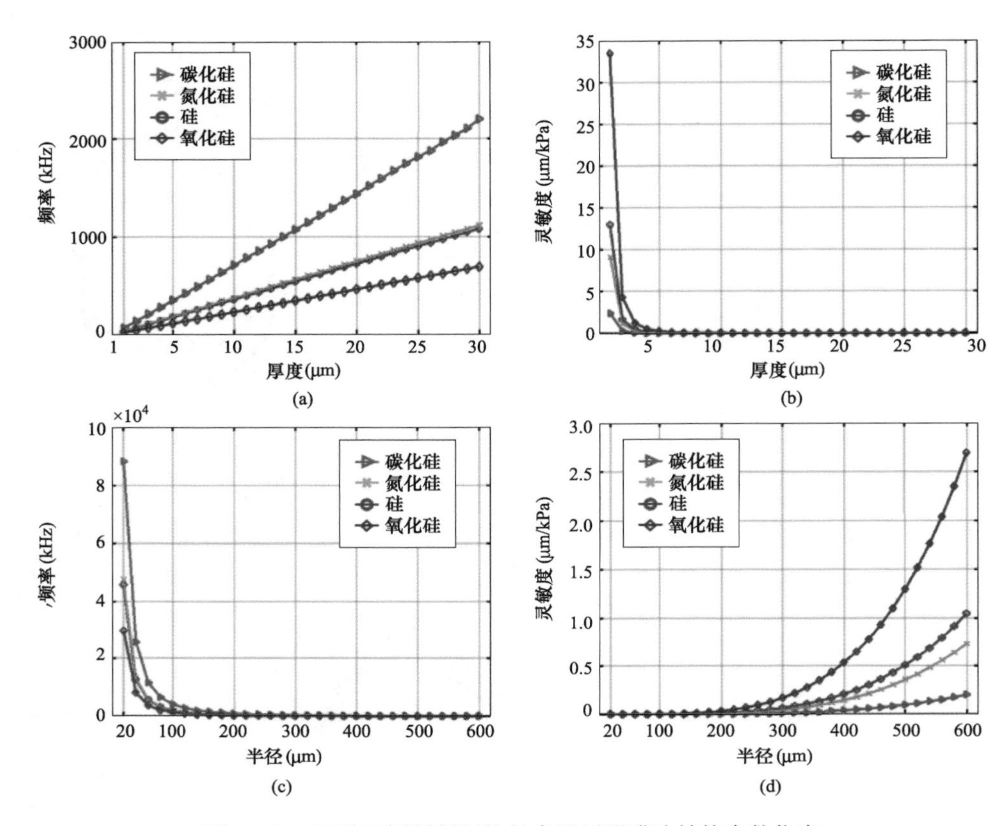

图 2-24　四种不同材料属性的完整圆形膜片结构参数仿真

(a) 厚度 h 变化对固有频率 f 影响；(b) 厚度 h 变化对灵敏度 S 影响；
(c) 半径 R 变化对固有频率 f 影响；(d) 半径 R 变化对灵敏度 S 影响

影响较小。一般来说，四支撑梁结构具有高度对称、较简的结构和较大的稳定性，因此本书中选择四梁支撑膜片结构。

四梁支撑膜片结构的梁长 L 和梁宽 w 变化对敏感膜片性能的影响如图 2-25 (c)～图 2-25 (f) 所示，可以看出，梁长 L 对膜片固有频率 f 和灵敏度 S 的影响曲线完全相反，梁长 L 越长，则敏感膜片固有频率 f 越低，灵敏度 S 越高；梁宽 w 对膜片固有频率 f 和灵敏度 S 的影响与梁长 L 的影响相反，梁宽 w 越宽，则敏感膜片固有频率 f 越高，灵敏度 S 越低；梁长 L 的变化引起的敏感膜片固有频率 f 和灵敏度 S 的变化幅度大于梁宽 w。因此，在厚度一定，且在尽量不改变膜片横向尺寸的前提下，梁支撑膜片结构可以通过调整梁长 L 和梁宽 w 来综合设计固有频率 f 和灵敏度 S，得到所需参数。而当梁宽较小（$w<50\mu m$）时，梁宽的变化对灵敏度 S 的影响较为剧烈，同时会产生较大的梁长宽比，可能导致梁结构不稳定，产生结构损坏，而梁长 L 过长，同样会产生较大

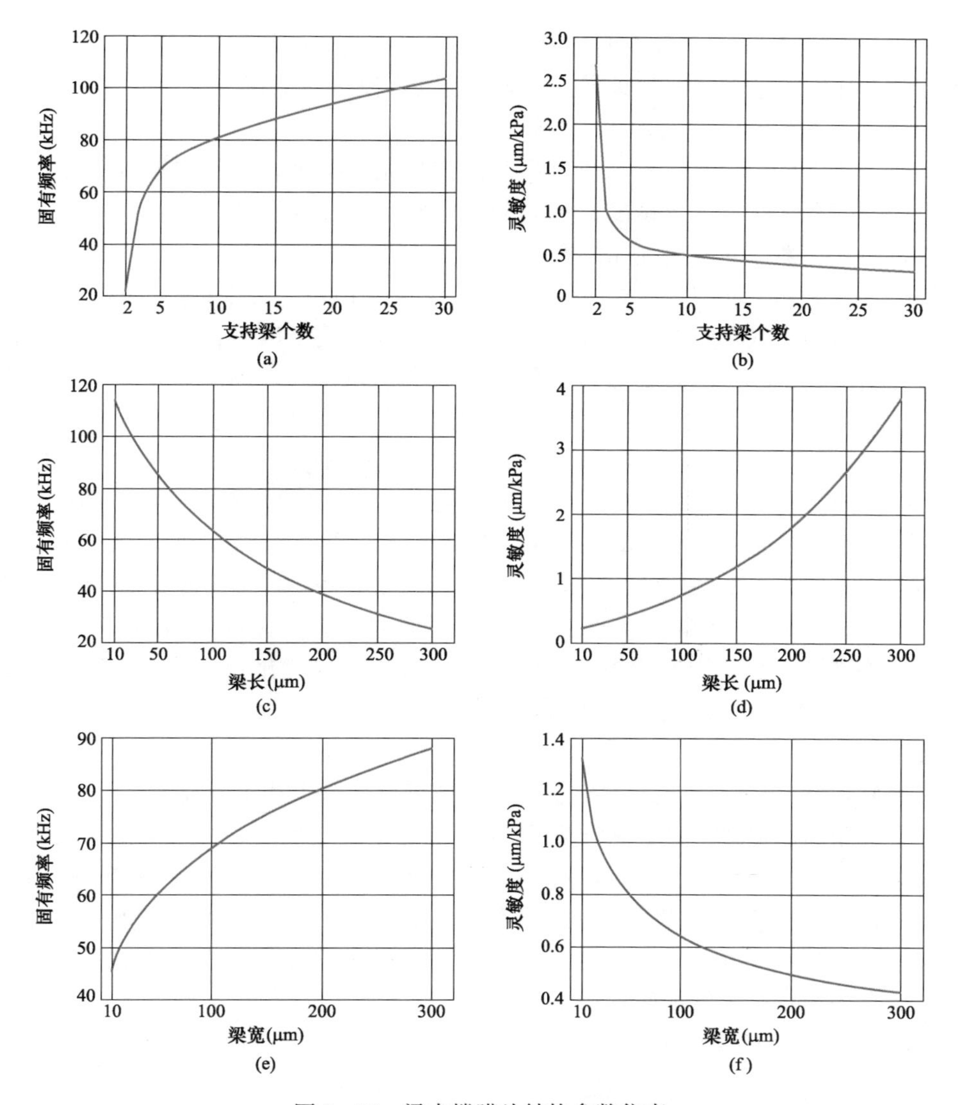

图 2-25　梁支撑膜片结构参数仿真

（a）支持梁个数 n 变化对固有频率 f 影响；（b）支持梁个数 n 变化对灵敏度 S 影响；
（c）梁长 L 变化对固有频率 f 影响；（d）梁长 L 变化对灵敏度 S 影响；
（e）梁宽 w 变化对固有频率 f 影响；（f）梁宽 w 变化对灵敏度 S 影响

的长宽比，使得膜片结构不稳定，在后期加工和装配过程中易发生损坏。较大的梁长宽比还可能会导致梁内出现残余应力等，造成中心膜片的不平整或褶皱，反而降低了传感性能并且增加了加工成本，因而，需对梁宽 w 要与梁长 L 进行合理控制，使得长宽比不宜过大。本书设计的四梁支撑膜片结构的梁长 L 与梁

宽 w 之比约为 1∶1，可较为明显得表现出梁支撑膜片结构的支撑梁特征，满足膜片的设计性能参数，同时具有一定的稳定性，便于加工和装配。

5. 通气孔型膜片结构的优化设计

通气孔膜片结构的仿真分析过程与梁支撑结构类似，膜片的厚度和中心膜片半径对固有频率 f 和灵敏度 S 的影响也遵循完整圆形结构的仿真结果。因此，只考察通气孔半径 r'、通气孔位置 t、通气孔个数 n 的影响。通气孔个数 n 对膜片性能参数的影响如图 2-26（a）和图 2-26（b）所示，可以看出，随着通气孔个数 n 的增加，敏感膜片的固有频率 f 随之降低，灵敏度 S 随之上升。由于四通气孔结构具有高度对称、较简的结构和较大的稳定性，同时便于与上述梁支撑膜片结构进行对比，因此，本书选择四通气孔膜片结构为膜片基本形状。四通气孔膜片结构的通气孔半径和通气孔位置变化对敏感膜片性能的影响如图 2-26（c）～图 2-26（f）所示，可以看出，通气孔半径对膜片固有频率 f 和灵敏度 S 的影响相反，通气孔半径增大，固有频率下降，灵敏度升高，但其数值变化所引起的固有频率 f 和灵敏度 S 的增量较小。通气孔距敏感膜片中心距离变化所引起的敏感膜片固有频率 f 和灵敏度 S 的曲线有明显波动，在距膜片中心 $100\mu m$ 左右的位置，固有频率 f 曲线发生了转折，但变化较小；在距离膜片中心 $310\mu m$ 位置时，敏感膜片的固有频率 f 和灵敏度 S 曲线的变化趋势发生了逆转。

因此，在该位置时，通气孔逐渐与敏感膜片边缘相交，随着通气孔距敏感膜片中心距离的增加，膜片外形结构发生了变化，此时，可以近似视为梁支撑膜片结构，其固有频率 f 和灵敏度 S 曲线变化符合梁长宽比较小时的变化规律。总体而言，通气孔距敏感膜片中心距离变化所引起的敏感膜片固有频率 f 和灵敏度 S 的曲线趋势相反，幅度变化较小，这对敏感膜片的超声频率分辨能力提出了较高的要求，会增加膜片成本。

6. 三种膜片结构对比

膜片结构参数对膜片性能影响如表 2-4 所示，在确定好敏感膜片所需的材料之后，通过前面仿真完整圆形膜片、梁支撑膜片结构和通气孔膜片结构可以得出：完整圆形膜片仅有两个设计参数，只能综合考虑膜片厚度 h 和膜片半径 R 的影响，之后的加工步骤简单，便于后续加工。但敏感膜片的高灵敏度 S 与高固有频率 f 的要求对膜片几何参数的设计是矛盾的，在满足膜片设计频率时，灵敏度亦同时被确定、不可调节；四梁支撑膜片结构在满足膜片设计频率的前提下，可以通过优化梁长和梁宽来调节膜片的灵敏度，也可以通过综合设计膜片半径、膜片厚度、梁长和梁宽四个参数来重新满足设计频率，再通过调整上述四个参数，以达到高灵敏度要求，可调节性较大，支撑梁个数和结构形式也

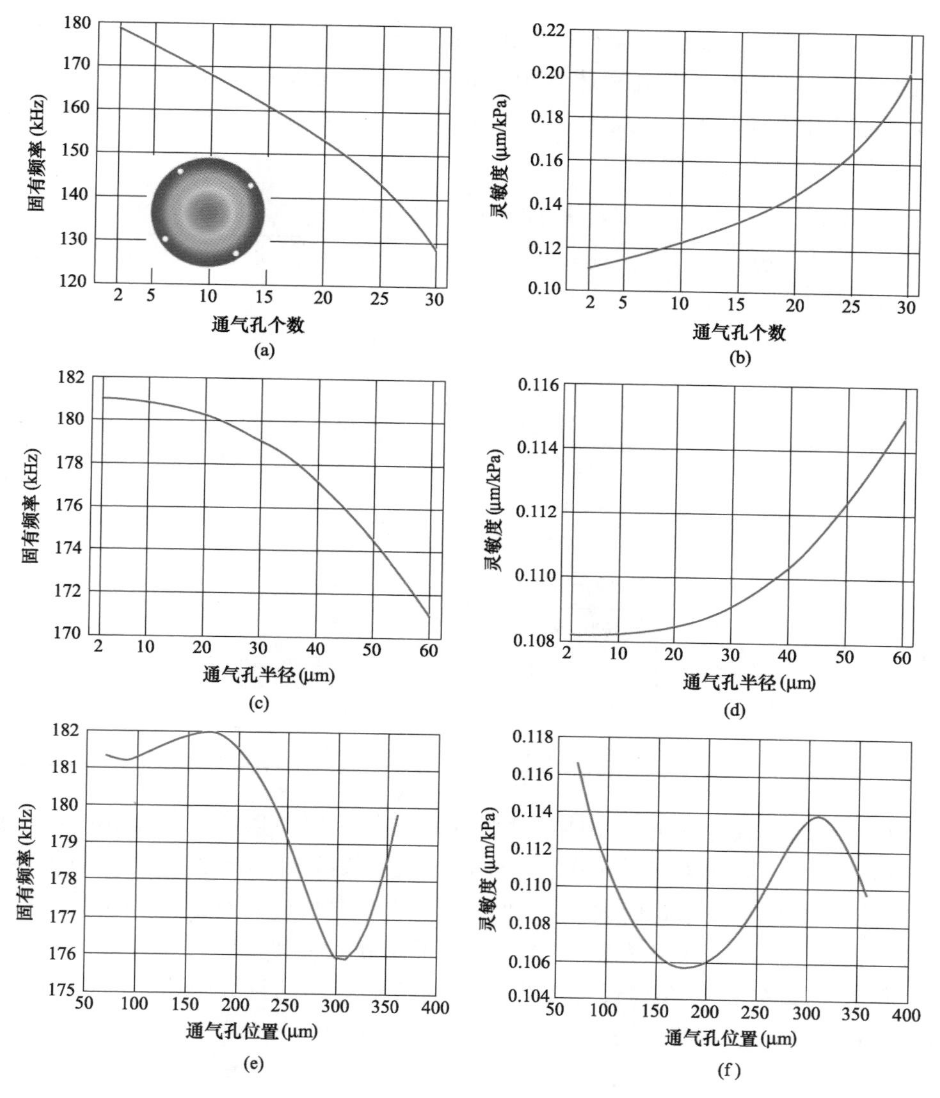

图 2-26　通气孔膜片结构参数仿真

(a) 通气孔个数 n 变化对固有频率 f 的影响；(b) 通气孔个数 n 变化对灵敏度 S 的影响；
(c) 通气孔半径 r 变化对固有频率 f 的影响；(d) 通气孔半径 r 变化对灵敏度 S 的影响；
(e) 通气孔位置 t 变化对固有频率 f 的影响；(f) 通气孔位置 t 变化对灵敏度 S 的影响

对膜片的性能有所影响，但其影响远小于梁长和梁宽的影响，并且会进一步增加加工难度。同时，四支撑梁结构的加工可能会受到工艺误差的影响，从而降低膜片的性能，四支撑梁结构的设计需要综合考虑后续良品率的影响，不能设计出梁长远远大于梁宽的膜片，否则膜片极易被破坏/成品率会极低；四通气孔膜片结构可以视为完整圆形膜片的优化，在膜片厚度 h 和膜片半径 R 的基础上，增加了通气孔半径和通气孔距膜片中心距离，在满足膜片设计频率时，可以通过调节通气孔半径和通气孔距膜片中心距离来调整膜片灵敏度，可在一定程度上实现对圆形膜片的优化。

表 2-4　膜片结构参数对膜片性能影响

<table>
<tr><th>膜片类型</th><th>加工难度</th><th>设计参数</th><th>对固有频率 f 的影响</th><th>对灵敏度 S 的影响</th></tr>
<tr><td rowspan="2">完整圆形膜片结构</td><td rowspan="2">较为简单</td><td>膜片半径 R</td><td>负相关</td><td>正相关</td></tr>
<tr><td>膜片厚度 h</td><td>正相关</td><td>负相关</td></tr>
<tr><td rowspan="5">梁支撑膜片结构</td><td rowspan="5">较为复杂</td><td>膜片半径 R</td><td>负相关</td><td>正相关</td></tr>
<tr><td>膜片厚度 h</td><td>正相关</td><td>负相关</td></tr>
<tr><td>梁长 L</td><td>负相关</td><td>正相关</td></tr>
<tr><td>梁宽 w</td><td>正相关</td><td>负相关</td></tr>
<tr><td>支撑梁个数 n</td><td>正相关</td><td>负相关</td></tr>
<tr><td rowspan="5">通气孔膜片结构</td><td rowspan="5">较为复杂</td><td>膜片半径 R</td><td>负相关</td><td>正相关</td></tr>
<tr><td>膜片厚度 h</td><td>正相关</td><td>负相关</td></tr>
<tr><td>通气孔个数 n</td><td>负相关</td><td>正相关</td></tr>
<tr><td>通气孔半径 r'</td><td>负相关</td><td>正相关</td></tr>
<tr><td>通气孔位置 t</td><td>波动</td><td>波动</td></tr>
</table>

对上述结果进行分析，评估敏感膜片结构各几何参数对其固有频率和灵敏度的影响大小：对四梁支撑膜片结构而言，敏感膜片半径 R 和梁宽 w 对敏感膜片的性能参数影响较小，而梁长 L 和敏感膜片厚度 h 对固有频率和响应灵敏度的影响较大。因此，可从先粗调梁长 L 和敏感膜片厚度 h，再通过微调敏感膜片半径 R 和梁宽 w 来合理设计支撑梁结构敏感膜片的尺寸参数；对四通气孔膜片结构而言，敏感膜片半径 R、通气孔半径 r' 和通气孔位置 t 均对固有频率和灵敏度的影响较小，但敏感膜片半径 R 和敏感膜片厚度 h 对固有频率和灵敏度的影响略大于通气孔半径 r' 和通气孔位置 t。因此，对四通气孔膜片结构的设计，应与完整圆形膜片结构一致，先折中设计敏感膜片半径 R 和敏感膜片厚度 h，最后通过通气孔半径 r' 和通气孔位置 t 来微调敏感膜片固有频率和灵敏度。

对敏感膜片的各个结构参数而言，灵敏度与固有频率是互相矛盾的。因此，在敏感膜片的结构设计中应结合实际需要，合理设计敏感结构的固有频率和灵敏度。

第二节 光源参数因素影响传感器测量超声波信号自补偿措施及验证

一、自补偿系统设计和搭建

为了实现待测信号的高分辨率测量，需要对光的干涉信号采用有效的解调手段。目前光纤传感器的解调方法主要有强度解调和波长解调。但是，考虑到电力设备局部放电所产生的超声波频率通常为20～300kHz，而目前市面上可用于超声传感器的干涉式波长解调仪的频率采集区间多集中在30kHz左右，很少有解调仪采集频率可以达到40kHz以上，在腔长分辨率和精确度方面也有待提高，因此，本书选用光强调制型系统对干涉信号进行解调。

影响强度解调型EFPI光纤法珀传感器性能的光源参数主要是指光源功率的稳定性，光纤损耗、光源功率的漂移都会导致透射出法珀腔的光强发生变化，从而导致传感器误报警。本节将使用闭环反馈的方法实现光源功率的实时调节，使透射出法珀腔的初始光强不随光纤损耗、光源功率漂移等外界干扰因素而变化。

（一）补偿系统结构设计

设计的光纤法珀超声波传感器光强反馈补偿系统结构如图2-27所示。

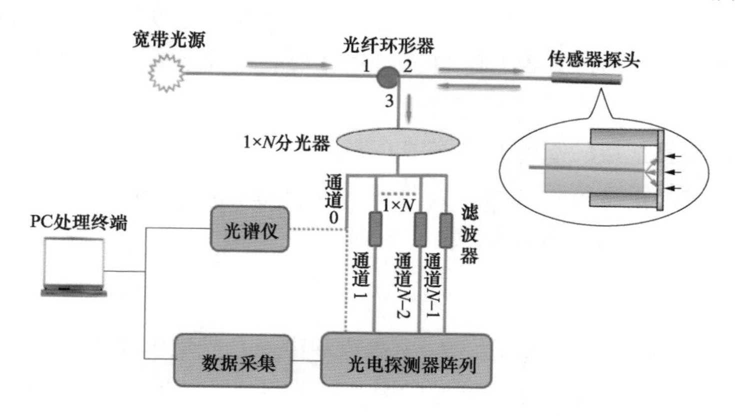

图2-27　光纤法珀超声波传感器光强反馈补偿系统结构图

不同于强度解调型光纤法珀传感器常使用的窄带光源，本补偿系统采用的是宽带光源。光源输出的光从光纤环形器端口1输入，由端口2输出至传感器探头，探头的结构如局部放大图所示。入射光一部分在光纤端面直接反射，剩余部分透过光纤端面传播到敏感膜片再被反射，两束反射光相遇并发生干涉，显然传感器输出的干涉光为宽带光。干涉光从端口 2 输入至光纤环形器，由端口 3 输出，经 $1\times N$ 分光器分为 N 个通道的光束。其中通道 0 将作为后续补偿的参考光束，在补偿初始腔长偏移时接入光谱仪，在补偿入射光光强波动时直接由光电探测器阵列接收；通道 $i(i=1,2,\cdots,N-1)$ 则经过具有特定中心波长 λ_i 的窄带滤波器后再由光电探测器阵列接收，光电探测器阵列将各通道光信号转变为电压信号。通常情况下，强度解调需对电压信号进行滤波处理，滤去直流分量，但是本系统后续进行入射光光强波动补偿需要做电压比值处理，因此不对电压信号做滤波处理。光谱仪和数据采集卡采集电压信号并传输至 PC 处理终端，PC 处理终端的信号处理流程如图 2 - 28 所示。

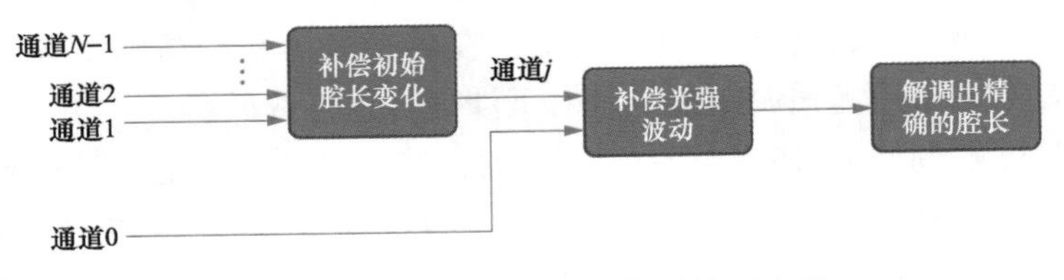

图 2 - 28　PC 处理终端的信号处理流程

（二）补偿初始腔长 L_0 偏移

根据法珀腔初始腔长 L_0 和波长 λ 的关系，当将初始腔长 L_0 设置为 120. 32μm、取干涉级数 m 为 310 时，波长 λ 为 1550nm。其线性范围 Δ 为 120. 32μm±193nm。在工程实际中，若光纤法珀传感器初始腔长偏移量过大以至于超出线性范围时，则该传感器失效。因此，本系统只针对初始腔长处于相应线性范围 Δ 内的偏移进行补偿，不考虑偏移量过大的情况。

将通道 1 所连接的窄带滤波器中心波长 λ_1 设置为 1550nm，即通道 1 是初始腔长未偏移时的正常解调通道。传感器未受到超声波激励时，通道 1 的光电探测器接收到的反射光光强为

$$I_{r_1} \approx \alpha_1 \cdot \left(2m \cdot \frac{\lambda_1}{4} + \frac{\lambda_1}{8}\right) \cdot I_0 \tag{2 - 14}$$

式中：α_1 为通道 1 的比例系数；I_0 为通道 0 中参考光束的光强。

光纤法珀传感器受到超声波激励时，敏感膜片发生形变，导致法珀腔腔长 L 发生变化，光电探测器接收到的反射光光强也随之改变，PC 处理终端接收到的电压值同样改变，测得改变后的电压值即可解算出变化后的腔长 L，再减去已知的初始腔长 L_0 即可求得腔长变化量 ΔL，从而解算出超声波信号。

当传感器的初始腔长 L_0 偏移至 L_0' 时，相同的超声波信号激励对应的电压值发生变化，将通道 1 接收到的反射光信号用于解调求出的腔长变化量 ΔL 显然存在误差，且由于初始腔长偏移了线性范围的中点，光纤法珀传感器的线性范围缩小，

量程也变小。图 2-29 给出了使用不同初始腔长（均处于同一个线性范围 Δ 内）的光纤法珀传感器接受超声波信号激励时，理论上通道 1（$\lambda_1=1550\text{nm}$）接收的电压信号时域波形图。由第一节分析可知，不同的初始腔长对应不同的反射光光强，从而对应不同的电压值，因此可以看到图 2-29 的电压中间值不尽相同，图 2-29（a）中初始腔长 L_0 为 120.32μm，恰好位于通道 1 线性范围的中点 E，电压中间值为 4V，图 2-29（b）和图 2-29（c）对应的初始腔长相对 E 点分别向右、向左偏移，因此电压中间值相较图 2-29（a）分别偏大、偏小。但是，电压峰—峰值仅跟超声波激励导致的膜片形变有关，因此对于相同声压的超声波，不同初始腔长接收到的电压信号的峰—峰值都相同，均为 3V。

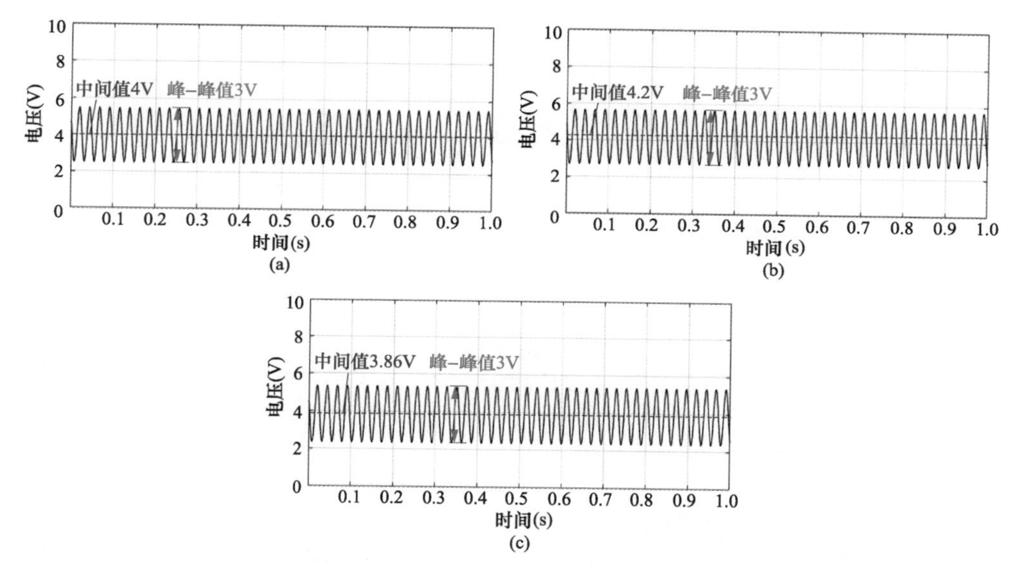

图 2-29　不同初始腔长通道 1 接收到的电压信号时域波形图

（a）$L_0=120.32\mu\text{m}$；（b）$L_0=120.398\mu\text{m}$；（c）$L_0=120.258\mu\text{m}$

前面详细分析了初始腔长偏移导致的测量误差，为补偿这些误差，需要提出基于互相关波长选择的初始腔长偏移补偿。补偿初始腔长偏移即在通道 $i(i=1,2,3,\cdots,N-1)$ 中选择新的通道，使得变化后的初始腔长 L_0' 恰好位于新通道的 E′点，由此解决线性范围缩小、量程变小的问题，并使用该通道的电压值计算变化后的腔长 L，仍然减去未变化时的初始腔长 L_0，最终得到精确的腔长变化量 ΔL，以补偿初始腔长 L_0 的偏移。通道选择原理如图 2-30 所示，当初始腔长改变后通道 i 的反射光光强 I_{r_i} 与初始腔长未改变时通道 1 的反射光光强 I_{r_1} 相等时，即可认为是中心波长 λ_i 与变化后的初始腔长 L_0' 满足式（2-6），即恰好位于新通道的 E′点。

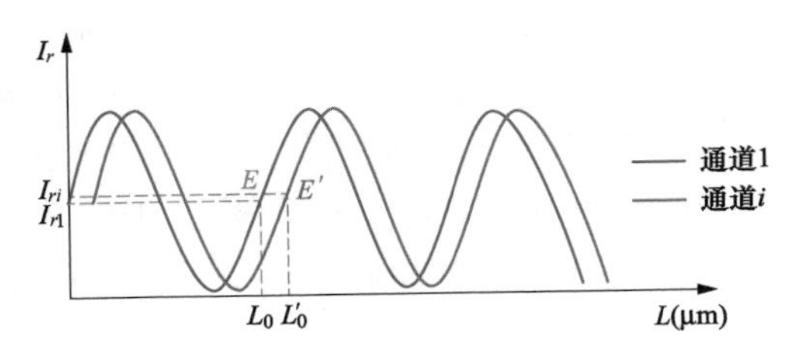

图 2-30　补偿初始腔长 L_0 偏移原理

图 2-31 给出了初始腔长在线性范围 $\Delta=120.32\mu m \pm 193nm$ 内偏移时为满足式（2-6）中心波长 λ 变化的图像。

图 2-32 给出了不同初始腔长的传感器受超声波信号激励时，补偿通道（即中心波长与变化后的初始腔长相对应）接收的电压信号时域波形图。可以看到，选择中心波长与变化后的初始腔长相对应的通道后，电压中间值基本回归 4V，即变化后的初始腔长 L_0' 恰好位于新通道的 E′点，补偿基本完成。

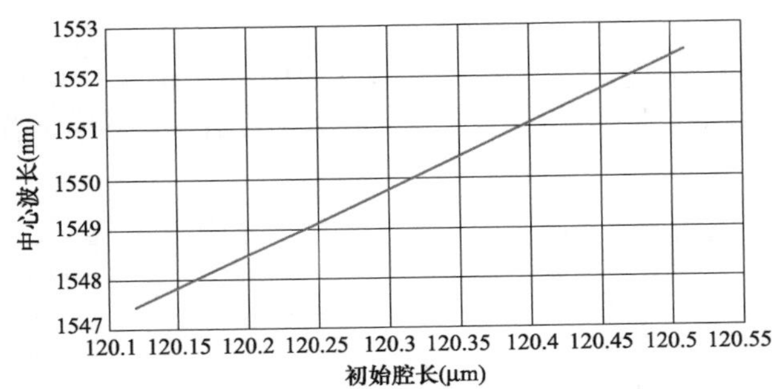

图 2-31　中心波长 λ 随初始腔长偏移的变化

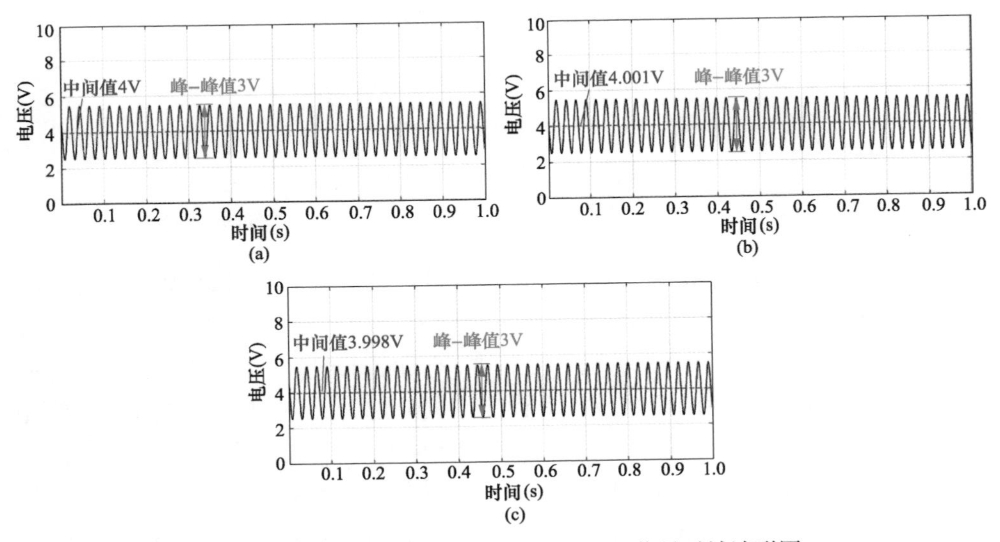

图 2-32　不同初始腔长补偿通道的电压信号时域波形图

（a）$L_0=120.32\mu m$，$\lambda=1550.00nm$；（b）$L_0=120.398\mu m$，$\lambda=1551.03nm$；（c）$L_0=120.258\mu m$，$\lambda=1549.21nm$

通道的选择主要依赖于对通道 0 参考光束的分析，在进行初始腔长偏移补偿时，将通道 0 接入光谱仪，得到宽带的反射光光谱分布。根据光纤法珀传感器相位解调方法，可以直接根据通道 0 的反射光光谱求出此时的法珀腔腔长，再将腔长代入图 2-31 求得对应波长，选择相应通道，完成初始腔长偏移的补偿。但在实际操作中，光谱仪的光谱分辨率、光谱噪声和光源种类都会对获取相邻波峰或者波谷位置的准确性产生影响，求出来的腔长误差较大。因此，本书提出了另一种通道选择方法，即基于互相关的波长选择。可以看到，不同腔长的光纤法珀传感器具有不同的反射光光谱分布，因此，将通道 0 接收到的实时光谱与线性范围内不同腔长对应的理论光谱做比较，相似性最高的认为是腔长相匹配的，然后将腔长代入图 2-31 求得对应波长、选择相应通道，即可完成初始腔长偏移的补偿。比较光谱相似性的方法是将实测光谱与各腔长对应的理论光谱分别求互相关。两个函数的互相关函数求法由式（2-15）给出，其含义是：对两个函数分别作复数共轭和反向平移并使其相乘的无穷积分，特别是对于实函数 $f(x)$ 和 $h(x)$ 而言，其互相关运算相当于求两函数的曲线相对平移参变量 x 后形成的重叠部分与横轴所围区域的面积。从物理上看，互相关运算的结果反映了两个信号之间相似性，即

$$R(x)=\int_{-\infty}^{\infty} f^{*}(x')h(x'+x)\mathrm{d}x' \tag{2-15}$$

因此，将实测反射光光谱和各腔长对应的理论反射光光谱依据式（2-16）分别求互相关。取平移参变量 x 为 0 的函数值，即 $R_i(0)$，$R_i(0)$ 最大的被认为实测反射光光谱与该腔长对应的理论反射光光谱最相似。

$$R_i(x)=\int_{-\infty}^{\infty} I_r(\lambda)I_{ri}(\lambda+x)\mathrm{d}\lambda \tag{2-16}$$

式中：$I_r(\lambda)$ 为通道 0 实测光谱；$I_{ri}(\lambda)$ 为理论光谱；x 为平移参变量。

完成初始腔长偏移的补偿后，将选择出来的通道记作通道 j，并把通道 0 接入光电探测器以做后续入射光光强波动的补偿。

（三）补偿入射光光强波动

上述介绍了基于互相关波长选择的初始腔长偏移补偿方法原理，此处将继续介绍如何使用通道 j 和通道 0 进行入射光光强波动补偿。补偿系统所采用的宽带光源的光谱分布近似为高斯分布，其相干长度 $L_{\text{coherence}}$ 可近似定义为

$$L_{\text{coherence}} \approx \frac{\lambda_0^2}{\Delta\lambda} \tag{2-17}$$

式中：λ_0 为中心波长；$\Delta\lambda$ 是光谱带宽。

当两相干光束的光程差（即法珀腔腔长 L 的两倍）远小于相干长度时，可以观察到清晰的干涉条纹；当光程差远大于相干长度时，没有明显的干涉发生。基于上述分析，本系统将法珀腔腔长 L 和 N 个通道设计为：通道 0（宽带）的相干

长度远小于两倍的法珀腔长，而通道 $i(i=1,2,\cdots,N-1$，窄带）的相干长度远大于两倍的法珀腔长。因此，在通道 i 中可观察到清晰的干涉条纹，其干涉强度随腔长周期性变化，而在通道 0 中不能观察到明显的干涉，如图 2-33 所示。图 2-34 展示了初始腔长为 120.32μm 的传感器受到超声波的激励时，通道 0 和通道 i 的电压信号时域波形图。可以看到，通道 0 的电压一直是常数，不随超声信号的激励而发生改变；而通道 i 的电压值则跟随超声信号的激励而发生改变。

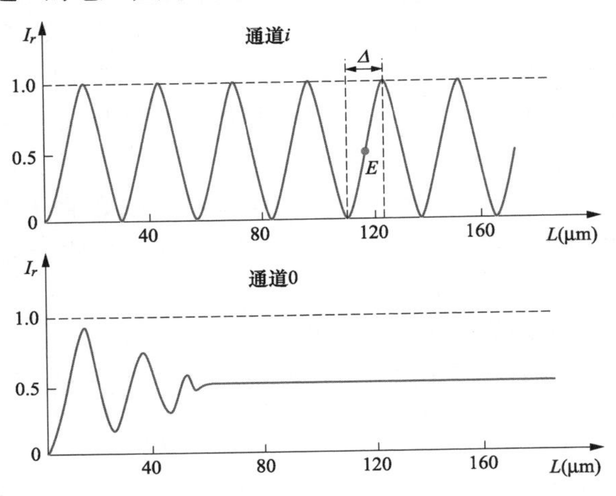

图 2-33　通道 0 和通道 i 的反射光光强随腔长的变化

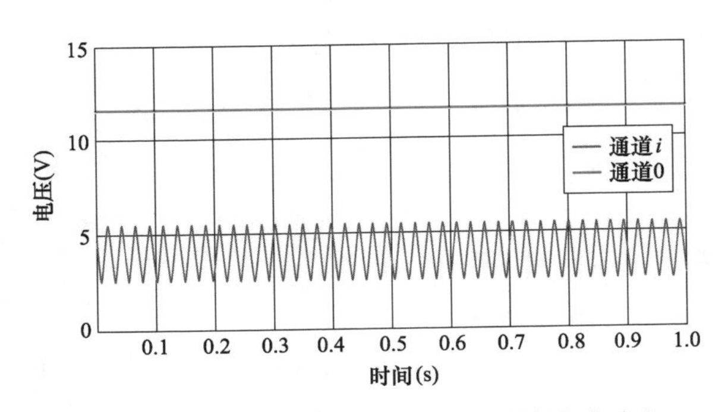

图 2-34　通道 0 和通道 i 的电压时域波形对比

通道 j 的反射光光强表达式为

$$I_{r_j}=\alpha_j\cdot L\cdot I_0 \tag{2-18}$$

由于通道 0 无法观察到干涉，其反射光光强不随腔长发生变化，仅与入射光光强有关，因此可将通道 0 的反射光光强写为

$$I_{r_0}=\alpha_0\cdot I_0 \tag{2-19}$$

将两者做比值处理可得

$$I_{out} = \frac{I_{r_j}}{I_{r_0}} = \frac{\alpha_j}{\alpha_0} \cdot L \tag{2 - 20}$$

进一步可得

$$U_{out} \propto L \tag{2 - 21}$$

式中：U_{out}是两通道电压比值。

可以看到式（2 - 20）和式（2 - 21）中均消去了入射光光强 I_0，因此在 PC 处理终端使用两个通道的电压比值并依据式（2 - 20）和式（2 - 21）求解腔长 L 可以不受入射光光强的波动影响，即不受光源功率、光纤传输损耗的影响，同时，比例系数受光电器件波动的影响也大大降低，基本实现强度补偿。图 2 - 35 展示了两通道电压比值随光源功率变化的情况。

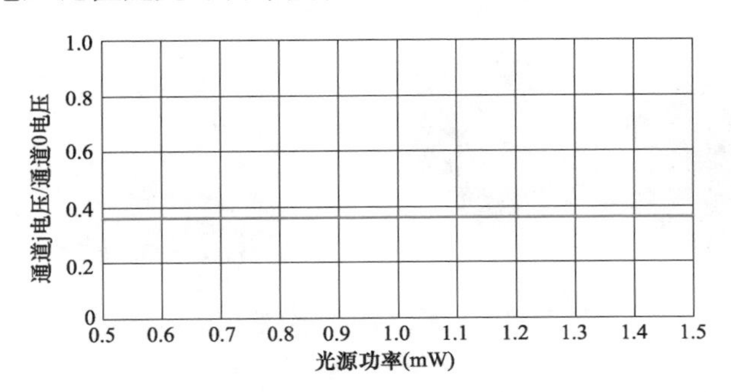

图 2 - 35　两通道电压比值随光源功率变化图像

（四）补偿系统搭建

为对补偿系统的性能进行评估，装配了四个不同初始腔长的光纤法珀传感器，如图 2 - 36 所示，与光纤法珀传感器相位解调系统基本一致，使用宽带光源和光谱仪得到反射光光谱。光纤固定在光学精密移动支架上，移动支架可实现 X、Y、Z 三个方向的平移和绕 X、绕 Y 两个轴的旋转，其中 Z 方向的最小移动步长为 20nm，满足装配时对法珀腔腔长的精度要求，敏感结构使用夹具固定。

图 2 - 37 展示了装配完成的光纤法珀传感器，四个法珀传感器的初始腔长如表 2 - 5 所示。

完成装配后，选用具有相应中心波长的光纤滤波器，与宽带光源、光纤环形器、分光器、光电探测器、光谱仪和数据采集卡组装补偿系统硬件部分。系统实物图如图 2 - 38 所示。PC 处理终端使用软件 Labview 编程，配合美国国家仪器有限公司（National Instruments，NI）的数据采集卡，完成数据采集和分析的任务。图 2 - 39 展示了 PC 处理终端的数据采集和分析程序，该程序使用【while 循环】控制数据采集的开始和停止；使用【DAQmx - 数据采集】子选板中的函数完成数据采集，单通道采样率可根据测量场景和数据采集卡自主设定；

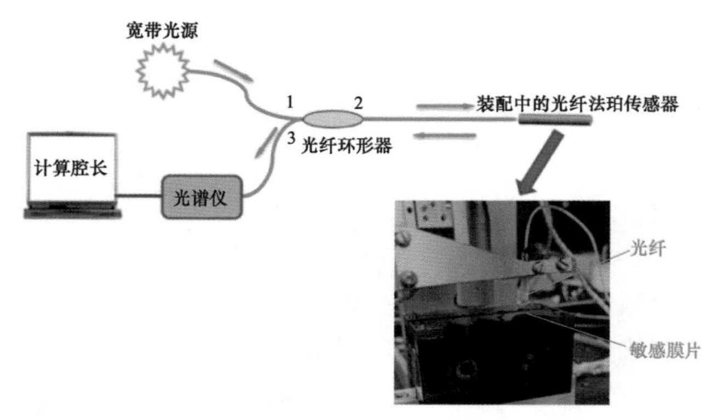

图 2-36　光纤法珀传感器装配系统结构图

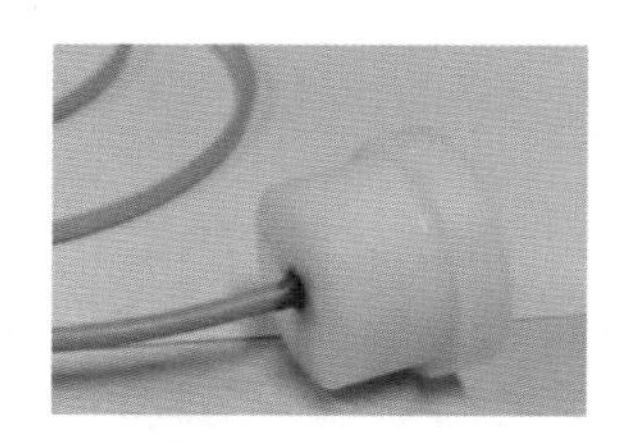

(a)　　(b)

图 2-37　装配完成的光纤法珀传感器

(a) 未封装；(b) 已封装

表 2-5　四个光纤法珀传感器的初始腔长

编号	初始腔长
1	120.14μm
2	120.18μm
3	120.32μm
4	120.46μm

对于采集出来的混合信号，使用【信号操作 Express Ⅵ】选板下的函数【拆分信号】，将混合信号按照采集通道拆分成单通道的信号，并显示在波形图上；依据采集得到的电压信号的均值、正峰、反峰等特征量进行数据分析，得出结论。

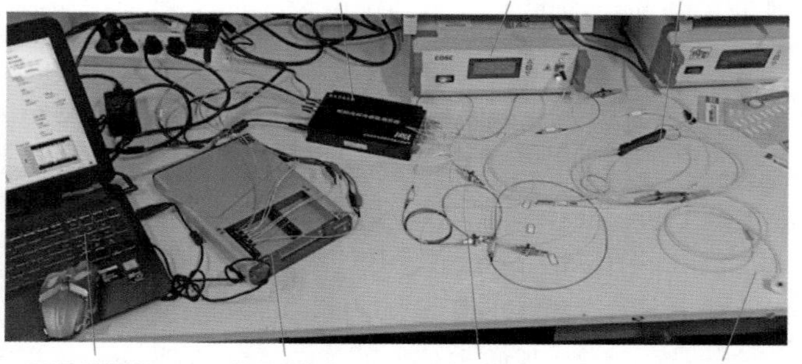

图 2-38　补偿系统实物图

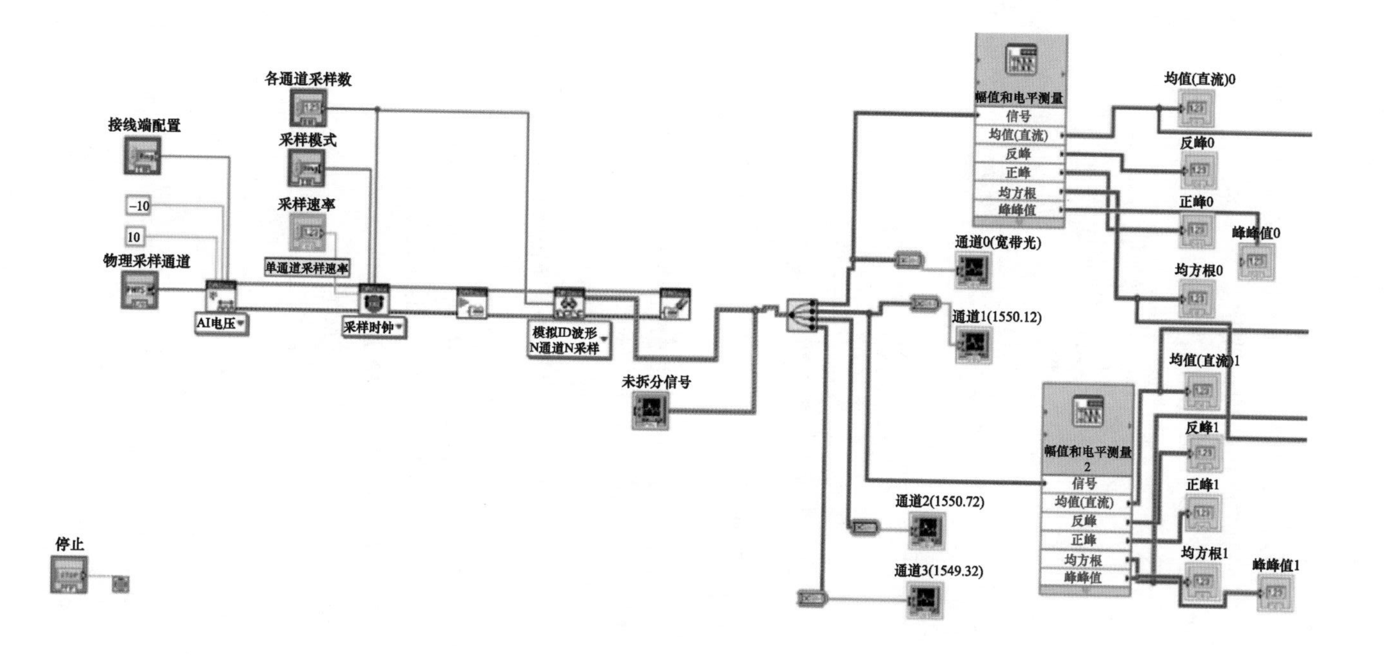

图 2-39　PC 处理终端的数据采集和分析程序

二、 腔长偏移和光强波动补偿验证

（一）初始腔长偏移补偿验证

图 2-40 展示了线性范围内（$\Delta=120.32\mu m\pm193nm$）不同腔长光纤法珀传感器对应的反射光在 1525～1570nm 的理论光谱。从 120.14～120.52μm，以 20nm 为步长，均匀选取了 20 个线性范围内的初始腔长。

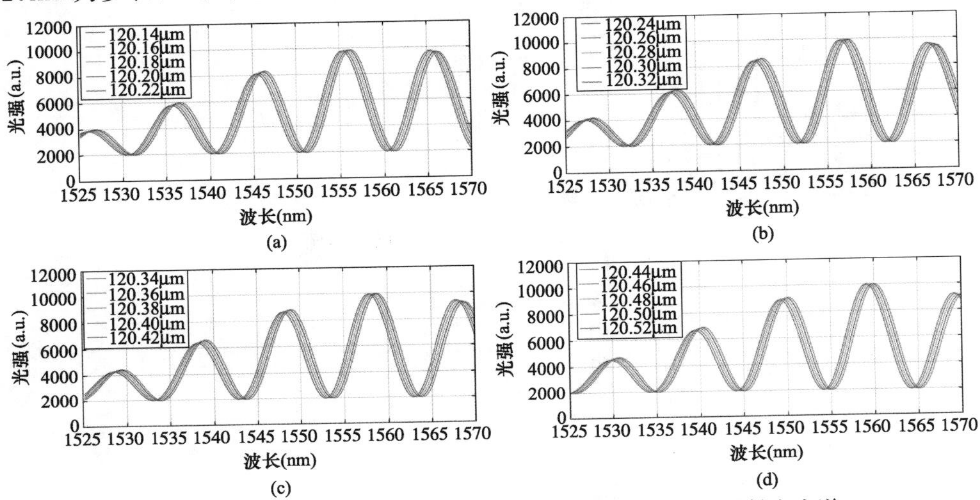

图 2-40 线性范围内不同腔长光纤法珀传感器的理论反射光光谱

（a）腔长范围为 120.14～120.22μm；（b）腔长范围为 120.24～120.32μm；（c）腔长范围为 120.34～120.42μm；（d）腔长范围为 120.44～120.52μm

图 2-41 展示了分别将四个装配完成的光纤法珀传感器接入补偿系统，通道 0 接收到的反射光光谱。依本章第一节所述，将通道 0 实测的反射光光谱与 20 个初始腔长对应的理论反射光光谱求互相关函数，并取位移量为 0 的互相关函数值。图 2-42 给出了四个光纤法珀传感器的反射光光谱分别与理论光谱求互相关的结果。可以看到，互相关函数出现了峰值，峰值是理论光谱与实测光谱最相似的点，其对应腔长即是光纤法珀传感器实际腔长。

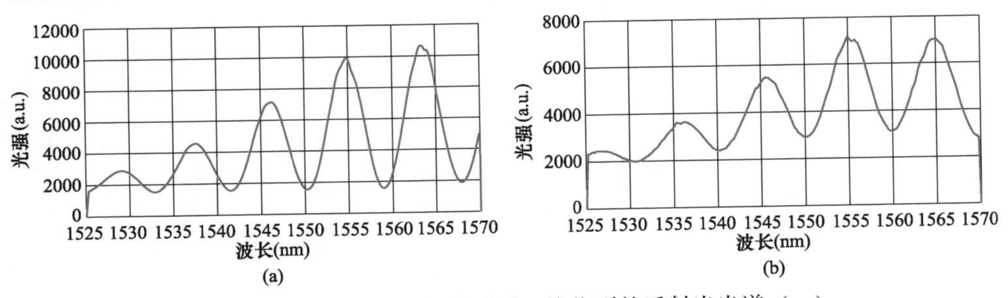

图 2-41 不同腔长的探头通道 0 接收到的反射光光谱（一）

（a）120.14μm；（b）120.18μm

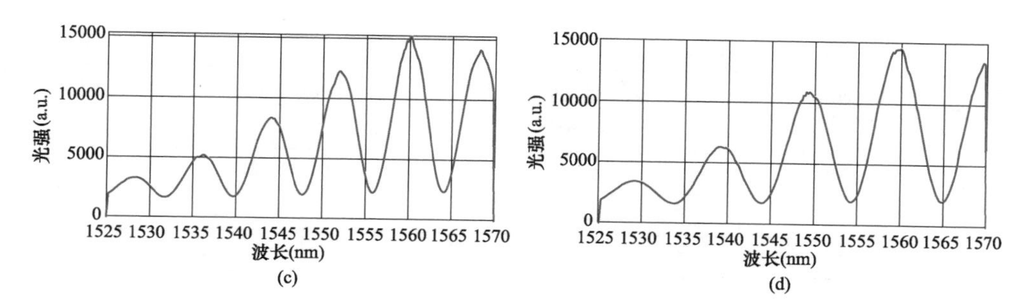

图 2-41　不同腔长的探头通道 0 接收到的反射光光谱（二）

(c) 120.32μm；(d) 120.46μm

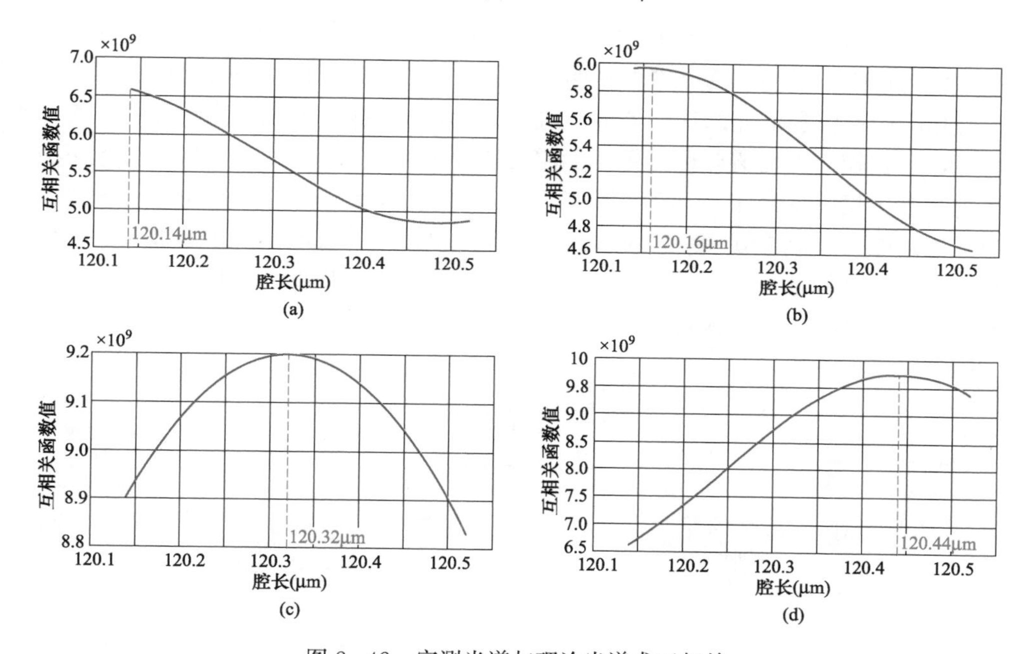

图 2-42　实测光谱与理论光谱求互相关

(a) 120.14μm；(b) 120.18μm；(c) 120.32μm；(d) 120.46μm

将求互相关峰值对应的初始腔长代入图 2-31，可以得出对四个不同初始腔长的光纤法珀传感器进行腔长补偿时应使用的光纤滤波器中心波长，如表 2-6 所示。

表 2-6　　补偿应使用的光纤滤波器中心波长

序号	初始腔长 (μm)	互相关函数最大值对应腔长 (μm)	补偿应使用的光纤滤波器中心波长 (nm)
1	120.14	120.14	1547.70

续表

序号	初始腔长 (μm)	互相关函数最大值对应腔长 (μm)	补偿应使用的光纤滤波器中心波长 (nm)
2	120.18	120.16	1547.95
3	120.32	120.32	1550.00
4	120.46	120.44	1551.56

图 2-43 展示了补偿前后四个探头受超声波信号激励时的电压信号时域波形图。可以看到，在补偿前（即依然使用通道 1 中心波长为 1550nm 的滤波器），1 号和 2 号探头受超声波激励时电压只出现高于平均值的正峰而几乎看不到低于平均值的负峰，这是因为二者的初始腔长相对 120.32μm 向左偏移，因此需选择具有相应中心波长的光纤滤波器通道进行补偿；3 号探头可观察到明显的正峰和负峰，且相较于平均值对称分布，不需要选择新的通道补偿；4 号探头受超声波激励时电压只出现低于平均值的负峰而几乎看不到高于平均值的正峰，这是因为其初始腔长相对 120.32μm 向右偏移，因此也需选择具有相应中心波长的光纤滤波器通道进行补偿。补偿后的电压正峰与负峰相较于平均值对称分布，可认为基本完成对初始腔长偏移的补偿。

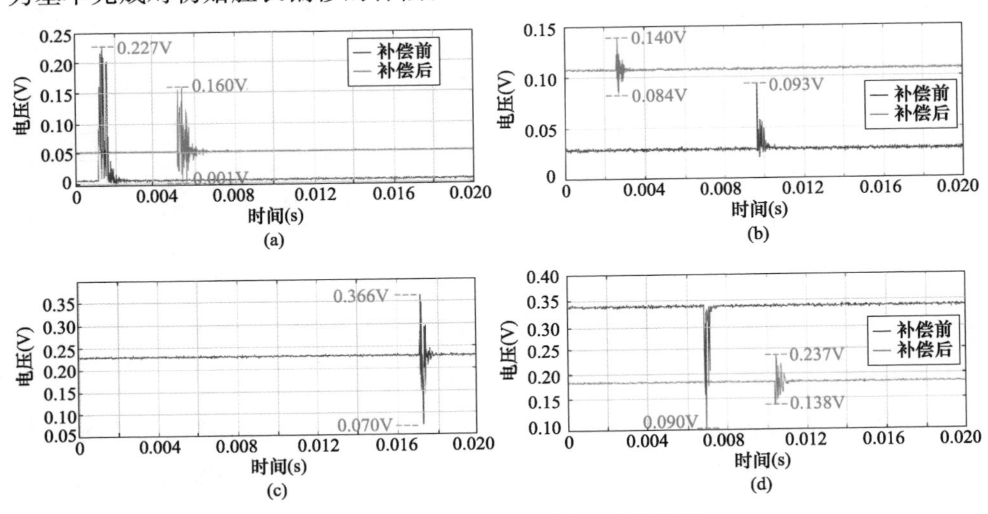

图 2-43　补偿前后电压信号时域图对比

(a) 120.14μm；(b) 120.18μm；(c) 120.32μm；(d) 120.46μm

（二）入射光光强波动补偿验证

为验证补偿系统对入射光光强波动的补偿效果，搭建一个只有两个通道（即 $N=1$）的补偿系统，将通道 0 由前面的光谱仪改为接入光电探测器，通道 0

的宽带光中心波长为1550nm，光谱宽度为100nm，也就是宽带光源的原始光谱，而通道1经过中心波长为1550nm的窄带滤波器后光谱宽度减为0.22nm。因此，在通道1中可观察到清晰的干涉条纹，其干涉强度随腔长周期性变化，而在通道0中不能观察到明显的干涉。由式（2-18）～式（2-20）可知，将通道1和通道0的电压信号做比值处理，即可消除入射光光强 I_0 波动的影响，同时也大大降低了光纤传输损耗和其他光学元器件的影响。图2-44展示了传感器探头未受超声波信号激励时通道1和通道0的电压比值随光源功率变化的情况。可以看到，光源功率分别在1mW、2mW、3mW处波动±500μW时，电压比值几乎不变，此结果表明补偿系统对入射光光强波动有较好的补偿效果。

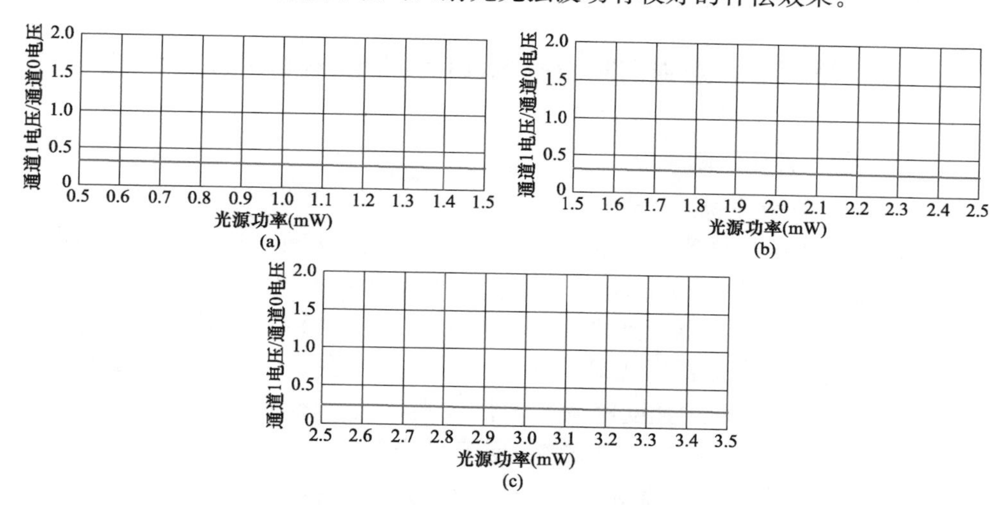

图2-44　光源功率在不同的初始值波动±500μW时电压比值变化情况

（a）1mW；（b）2mW；（c）3mW

图2-45展示了传感器探头受超声波信号激励时不同光源功率下通道1和通道0的电压时域波形图。可以看到，在受超声波信号激励时，宽带光的通道0电压值基本没有波动，而窄带光的通道1则可观察到明显的峰值。

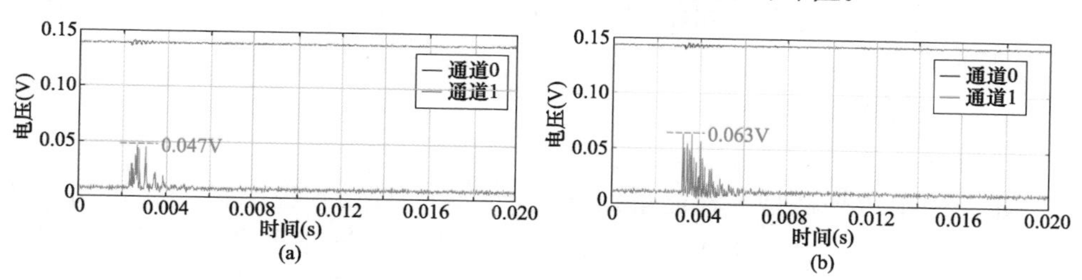

图2-45　受信号激励时不同光源功率下两通道电压时域图（一）

（a）2.9mW；（b）3mW

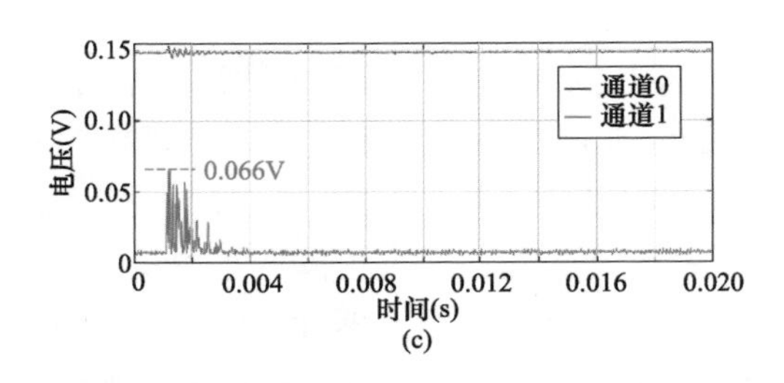

图 2-45 受信号激励时不同光源功率下两通道电压时域图（二）

（c）3.1mW

第三节 光强调制型系统设计及传感器超声性能测试

一、系统设计和研制

（一）强度解调系统方案设计

强度解调系统从物理器件角度可以主要分为光学元件、电子元件、超声波换能器三部分。光学元件是设计光强解调系统首先考虑的问题，包括光源、环形器、光电探测器；电子元件需要实现光源驱动电路、光电检测电路两个功能模块；超声波换能器即光纤法珀敏感探头，主要实现超声波到干涉光强的转换。图 2-46 是两种强度解调的硬件方案，主要区别为 DFB 光源是否带隔离器。图2-46（a）所示的隔离解调方案的光源带隔离器，光源自带的监测光电二极管只能接收光源输出光，故进行信号检测时需要额外光电二极管接收经环形器传输来的反射光；2-46（b）所示的非隔离解调方案的光源不带隔离器，光源自带的监测光电二极管接收光源光和反射光，由此可以直接用于信号检测。两种方案通过实践证明均具有可行性。尽管方案（b）光学器件少、降低了解调系统成本，但是直流分量大，为了避免电信号截止失真，前置光电流放大电路的增益不能太大，这样会限制光电检测电路的信噪比；另外，非隔离光源稳定性不如隔离光源。因此，本书采用方案（a）进行解调系统的设计。

（二）光学器件选型

1. 光源选型

光纤法珀传感器是一种能量控制性传感器，即由被测量的变化控制外部供给能量的变化，在本书中，超声波引起的法珀腔长变化控制着反射光强度的变化。强度解调系统需要为光纤法珀超声波传感器提供激励源，即光源。光源的参数，如输出光强、光谱宽度，对解调系统的性能极为重要。为了使

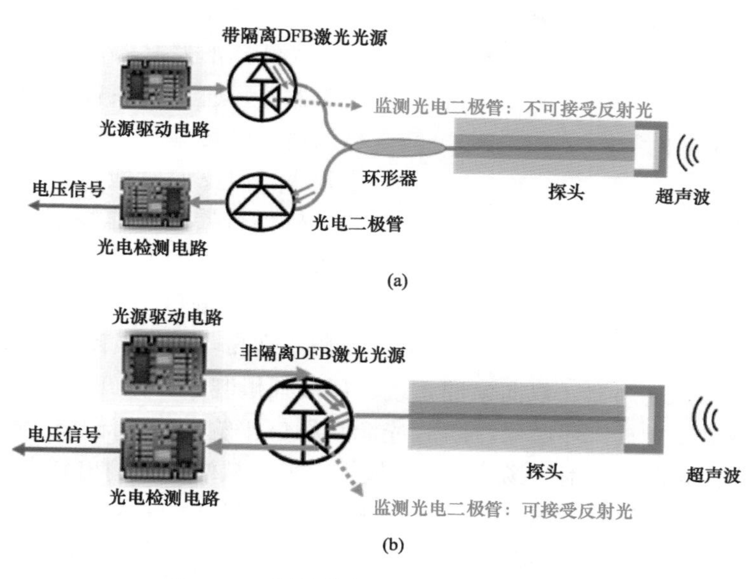

图 2-46　两种强度解调系统硬件方案图

(a) 隔离解调；(b) 非隔离解调

传感系统具有较高的电压灵敏度，光源应具有较大的最大出纤功率；为了使反射光强与腔长之间具有较好的线性度，光源的光谱宽度应很窄。本节解调系统光源采用的是分布式反馈（DFB）窄带激光器，其最大特点是具有非常好的单色性。系统使用的DFB激光器如图 2-47 所示。该激光器具有阈值电流小、最大出纤功率大、性能稳定、成本低等优点。激光器的详细参数如表 2-7 所示，它最大出纤功率是 4mW，中心波长为 1550nm，线宽小于 0.1nm。

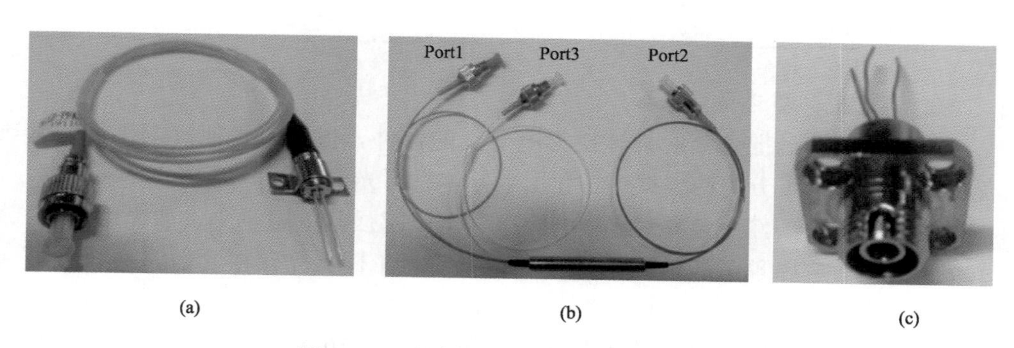

图 2-47　强度解调系统的核心光学器件

(a) DFB 激光器；(b) 环形器；(c) InGaAs PIN 型光电二极管

表 2-7　DFB 激光光源参数

参数	值
阈值电流 I_{th}	5mA
最大出纤功率 P_f	4mW
中心波长 λ_c	1550nm
线宽	<0.1nm
边模抑制比	35dB
微分电阻	≈5Ω

2. 环形器选型

光纤环形器是一种多端口非互易光学器件，通过铁氧体旋磁材料控制微波信号的传输。光纤环形器正向插损很小，而反向时能量绝大部分被吸收，故环行器的工作特点是：当光从任意端口输入后，只可沿单一方向传输，在下一端口输出。光纤环形器由于隔离性高，插入损耗小，广泛用在光纤激光器、分插复用器、双向泵浦系统、色散补偿装置、光纤传感等领域。强度解调系统需要 3 端口环形器，DFB 光源从端口 1 输入，从端口 2 输出、入射到法珀腔；法珀腔的反射光场从端口 2 输入，最终从端口 3 输出到光电探测器。在此过程中，光传输具有单一的方向，即反射光从端口 2 输入时，从端口 1 输出时损耗很大。光源从 1 端口输入只从 2 端口输出，有效实现了入射光与反射光隔离。本节选取的环形器如图 2-47（b）所示，采用光纤 FC 接口，通过光学法兰盘可与光源、光电二极管、光纤法珀传感器连接。环形器的主要参数如表 2-8 所示。

表 2-8　环形器参数

参数	测试值	
传输波长范围	(1550±30)nm	
光路	Port1→Port2	Port2→Port3
插入损耗	0.35	0.49
光隔离度	60dB	61dB
承受功率	≤300mW	
工作温度	−5～70℃	

3. 光电探测器选型

光电探测器是把光辐射量转换为电学量的器件，根据工作原理的不同，常见的光电探测器可分为两大类：①利用半导体材料光电导效应的光电导探测器，该探测器在光照条件下会改变自身电导率，光照越强其电阻越小，如光敏电阻；②基于光伏效应原理工作的光伏探测器，与前者不同，光伏探测器是在自建电场下产生光电压，如 PN 光电二极管、PIN 光电二极管、雪崩型光电二极管、光电倍增管、光电三极管等半导体器件。不同种类的光电探测器由于各自的工作原理、结构以及材料不同，其性能参数有较大差别，导致应用场合有所不同。因此，需要根据应用场合及成本等因素选择合适的光电探测器以实现微弱光信号的检测。主要从以下几方面考虑：

（1）光电探测器的响应光谱范围要与待探测光的光谱匹配，且应具有较高的响应度。光电探测器的响应度与光信号的波长相关，对于宽频谱光信号总响应度的值可以采用积分的方式计算。DFB 激光器线宽很小，可以看成单色光，以中心波长的响应度计量其总响应度。

（2）光电探测器的响应带宽要尽量大，这与探测器结电容及后端检测电路有关。用于局部放电检测的超声信号频率是 50～300kHz，其引起敏感膜片振动而导致的法珀干涉光强信号同样具有该频率范围。

（3）光电探测器的暗电流应尽量小，线性度应较好，使电信号与光强具有较好的线性关系，从而较好地还原超声波信号。

表 2-9 给出了常见的光电探测器性能参数的特点。由表可知，PN 光电二极管和 PIN 光电二极管具有较好的性能：响应光谱范围大，覆盖可见光到红外光；暗电流小，具有良好的线性度。PIN 光电二极管与 PN 光电二极管的结构区别是 PIN 光电二极管在 P 区和 N 区之间相隔了一层本征层（I 层）。本征层的引入明显缩短了载流子扩散过程，减小了结电容 C_j，因此减小了时间常数，提高了光电二极管的频率响应特性，适合应用于高速信号检测；另外，本征层的引入还提高了光电二极管对长波区光辐射的吸收效率，提高了红外光的响应灵敏度。综合考虑，选用 PIN 型光电二极管作为微弱光信号检测系统中的光电探测器。本节使用是 InGaAs PIN 型光电二极管，如图 2-47（c）所示，它的响应光谱为 800～1700nm，对 1550nm 光源响应灵敏度为 0.9mA/mW，其具体光电参数如表 2-10 所示。

表 2-9　光电探测器性能比较

器件	响应光谱	响应度	线性度	暗电流	成本
光敏电阻	可见光-红外	低	很差	很大	很低
PN 光电二极管	可见光-红外	一般	好	最小	低
PIN 光电二极管	可见光-红外	一般	好	小	低
光电倍增管	紫外-红外	高	很好	小	很高
光电三极管	可见光-近红外	低	差	大	低

表 2-10　InGaAs PIN 光电二极管的光电参数

参数	数值	
工作模式	光伏模式 $V_R=0$V	光导模式 $V_R=5$V
光敏面直径	1mm	

续表

参数	数值	
响应波长	800～1700nm	
响应灵敏度	0.9mA/mW@1550nm	
上升时间	10ns	
暗电流	0.1nA	1nA
结电容	1200pF	75pF
分流电阻	100MΩ	
饱和功率	10mW	

4. 光源模块设计

本书利用DFB激光器设计了出纤功率可数字控制的光源模块，其方案如图2-48所示。采用低功耗的单片机MSP430G2553作为主控器，控制4个DFB激光器的输出光强。MSP430G2553采用串行外设接口（serial peripheral interface，SPI）总线控制14位精度数模转换（digital-to-analog converter，DAC）芯片DAC8311输出某特定值的电压信号，再经过电压-电流（*U-I*）转换电路产生毫安级电流来驱动DFB激光器。MSP430G2553通过通用异步收发传输器（universal asynchronous receiver/transmitter，UART）与PC（personal computer）端建立串口通信，由此基于LabView的上位软件可设置DFB的出纤功率。光源模块的设计包括硬件电路和软件程序两部分。

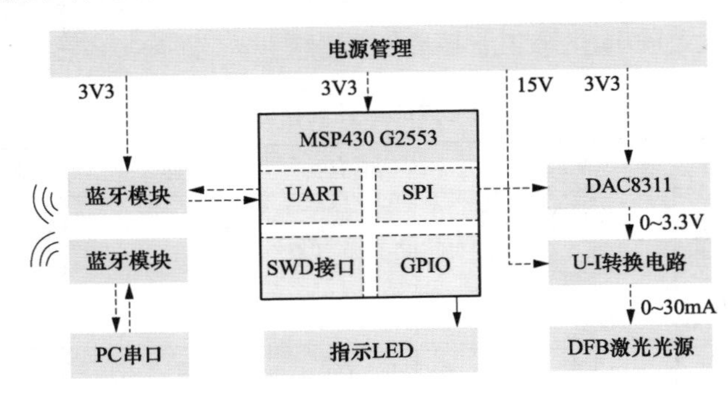

图2-48　光源驱动方案图

5. 光源驱动电路设计

MSP430系列单片机是16位的微控制器，在要求低功耗、高性能的便携设备上得到广泛应用。MSP430控制器具有丰富的寄存器资源、强大的处理控制能力和灵活的操作方式，系统可以实现超低功耗运行。MSP430片上具有高性能模拟电路资源，如ADC、比较器等模拟接口；具有丰富的通信接口，比如它集成了通用的SPI、UART等数字接口，其中SPI总线可以驱动DAC8311，UART可以通过蓝牙模块与PC端串口建立通信通道。由此，MSP430可以实现模拟和数字信号的混合处理，极大地提高了设备的集成度，同时降低了成本。单片系统运行需要的外围电路至少应包含电源电路、复位电路、时钟电路。MSP430G2553内部集成了两种振荡器，可以作为系统时钟源，且能够方便的通过软件进行配置。外围复位电路是RC电路，简单可靠，能够有效实现上电和按键复位。最小系统下与特定的功能模块连接，实现功能扩展。光源模块的硬件电路从功能上分为4路模拟电压输出电路和*U-I*转换电路两部分。

图2-49是以MSP430G2553控制器为核心的四路模拟电压输出电路的原理图。5V电源经稳压芯片ASM1117转换到3.3V后为MSP430G2533芯片供电，且为DAC8311提供参考电压。MSP430G2553的两输入输出（input/output，I/O）引脚配置为输出，模拟SPI接口中的时钟线CLK、主输出从输入线（MOSI），分别与DAC8311的时钟CLK引脚、数据Din引脚连接。MSP430G2553的四I/O引脚作为输出，分别连接4片DAC8311的片选引脚CS。各DAC芯片的Vout引脚输出各路模拟直流电压，它们分别与*U-I*转换电路相连。微控制器的UART的RX、TX分别与蓝牙模块的TX、RX引脚连接，PC端串口接入蓝牙模块，由此实现微控制器与上位机无线通信的物理基础。

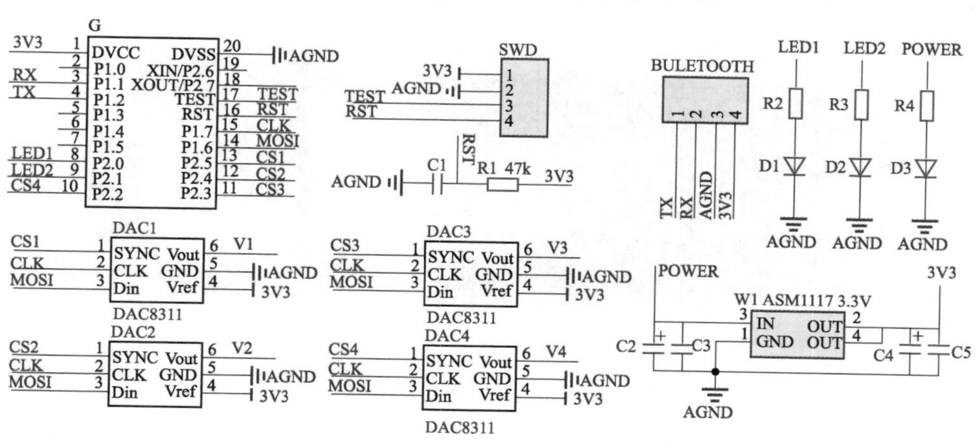

图2-49　四路模拟电压输出电路的原理图

图2-50是*U*-*I*转换电路，该电路是在豪兰（Howland）电流泵基础上延拓的，Howland电流泵在采用电流驱动的接地负载中广泛应用。假设该集成运放是理想的运算放大器，当$R_1=R_4$，$R_2=R_A+R_B$时，由虚短、虚断概念以及基尔霍夫电流定律可推导出*U*-*I*转换特性为

$$I_{\text{load}} = \frac{U_i}{R_1} \cdot \frac{R_2}{R_A} \tag{2-22}$$

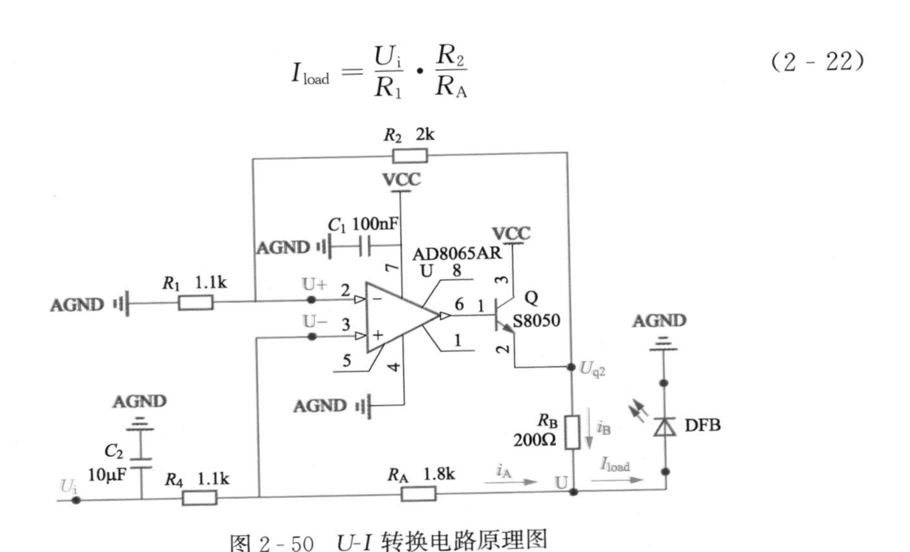

图 2-50 *U-I* 转换电路原理图

AD8065 是普通运算放大器，输出功率小，故采用 NPN 型三极管 S8050 增大驱动电流的输出能力。U_i 的范围为 0～3.3V，由图 2-50 中所示参数值可知，驱动电流 I_{load} 为 0～30mA，理论上具有 14 位调节分辨率。C_2 是 10μF 旁通电容，能有效滤除模拟直流电压信号的纹波，使电流泵输出稳定的电流，DFB 激光器输出稳定的光强。图 2-51 是光源模块的实物图。

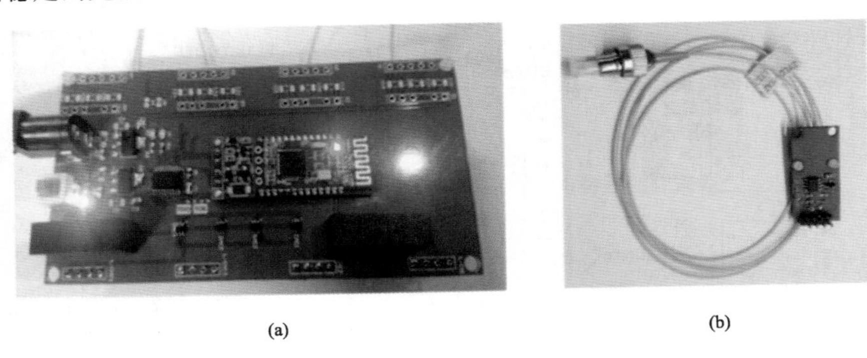

(a) (b)

图 2-51 光源模块实物图

(a) 四路模拟电压输出电路；(b) *U-I* 转换电路

6. 光源驱动程序设计

光源驱动程序包括固件程序和上位机程序两部分。固件程序是运行在控制器 MSP430G2553 上的程序，上位机程序则是运行在 PC 端 LabView 环境的程序。两者通过串口建立通信，通过串口转蓝牙模块实现无线通信。上位机发送命令给微控制器 MSP430G2553，单片系统对接受的命令信息进行处理，利用物理器件完成功率转换，实现光源出纤功率的数字化控制。

单片系统中，微控制器 MSP430G2553 接受上位机命令，控制 DFB 激光器的出纤功率，实现其功能的程序如图 2-52 所示。当系统上电后，MSP430G2553 加载程序，首先运行主程序，当有中断发生时，运行中断服务函数，其各步功能为：

（1）系统初始化。MSP430G2553 的系统时钟配置以及使能总中断控制。

（2）I/O 初始化。配置两组 GPIO 口为输出引脚。一组控制 LED 亮灭，指示系统运行状态的正常与否；另一组模拟 SPI 总线驱动 DAC8311。

（3）UART 初始化及其接受中断设置。设置串口通信的重要参数：8 数据位、1 停止位、无校验位、波特率 9600，使能 UART 接受中断。

（4）主循环。LED 闪烁指示系统运行状态。

（5）中断服务函数。微控制器采用 UART 接受中断的方式响应上位机命令，由于 UART 接收数据寄存器不能多级缓存，故采用计数方式接受 5 字节命令；为保证多字节命令的准确接收，采用 8 校验位的异或校验进行命令数据的校验。在中断服务函数中，在判断接受的命令数据无异常后，SPI 总线按位传输 14 位电压编码给 DAC84311。

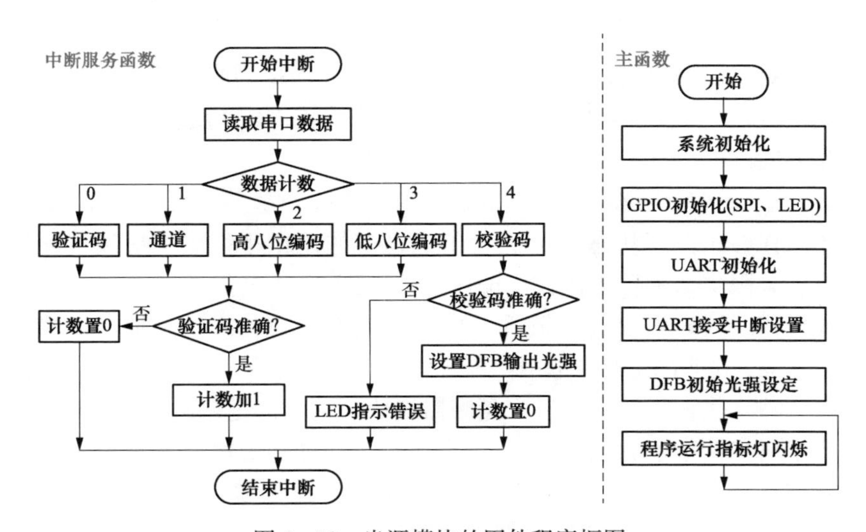

图 2-52　光源模块的固件程序框图

上位机程序利用 LabView 进行开发，其图形化程序如图 2-53 所示。其工作流程是：首先打开串口，获取串口读写权限；然后设置串口参数值，与 MSP430G2553 控制器配置的参数一致；下一步是发送 5 字节的命令数据，由于 MSP430G2533 的 UART 接收数据寄存器没有多级缓存能力，为了避免命令数据丢失，每字节命令数据发送后延时 10ms；最后关闭串口，释放硬件资源。

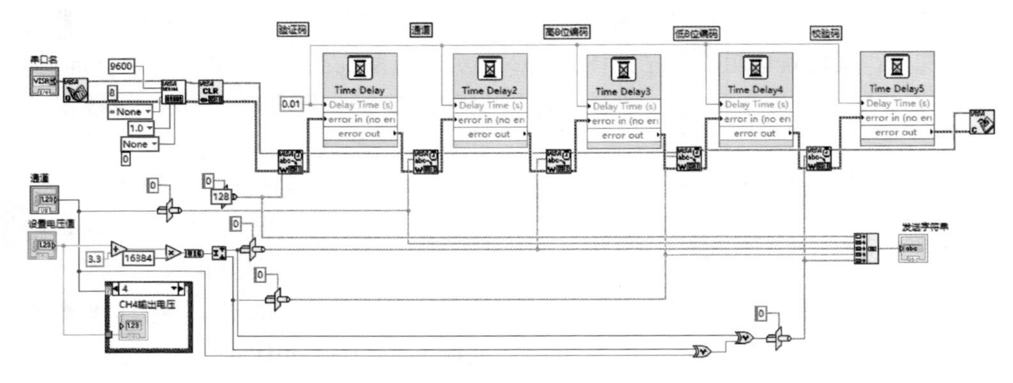

图 2 - 53　光源模块的上位机程序

（三）光电流检测模块设计

PIN 型光伏探测器工作特性比较复杂，有光伏和光导两种工作模式，其工作模式由外偏电压决定。探测器可以等效为一个普通二极管和一个恒流源的并联，其伏安特性为

$$i = i_{\mathrm{D}} - i_{\varphi} = i_{\mathrm{s0}}\left\{\exp\left(\frac{eu}{k_{\mathrm{B}}T}\right) - 1\right\} - i_{\varphi} \tag{2 - 23}$$

式中：i 为探测器的总电流；i_{D} 为普通二极管电流；i_{φ} 为光电流；i_{s0} 为二极管的反向饱和电流；e 为电子电荷；u 为探测器两端偏压；k_{B} 为玻尔兹曼常数；T 为器件工作温度。

图 2 - 54 是 PIN 型光伏探测器的伏安特性曲线。从图 2 - 54 可知，第一象限里探测器工作在正偏压状态，i_{D} 远大于 i_{φ}，i_{φ} 作用微小，故不适用于光信号的探测。第三象限内探测器工作在反偏压状态，即 N 区电位高于 P 区，对应探测器的光导模式。这时等效的二极管中反向电流饱和，有 $i_{\varphi} = -i_{\mathrm{s0}}$，称为探测器的暗电流（对应光功率 $P=0$）。暗电流很小，光电流是探测器主要电流。第四象限中探测器工作在零偏压，对应探测器光伏模式。流过探测器的 i 电流仍为反向电流，但对光功率变化表现出明显的非线性。对于光伏模式，若光功率一定且负载阻抗 R_{L} 很小，输出电流基本不变。因此，光伏模式下 i 和光功率具有良好的线性关系，R_{L} 越小，线性比例越接近光导模式。

为了保障光电检测电路的信噪比高、线性度较好，前置放大电路采用光伏模式进行微弱光电流信号的检测，实现光电流到电压信号的转换。前置集成放大器进行选型时，首先要以光电探测器的分流电阻大小为依据。如果分流电阻小于 100Ω，可采用变压器耦合，在 1kΩ 至 1GΩ 之间一般用结型场效应管（JFET），超过 1MΩ 也可选用金属 - 氧化物半导体场效应晶体管（metal - oxide -

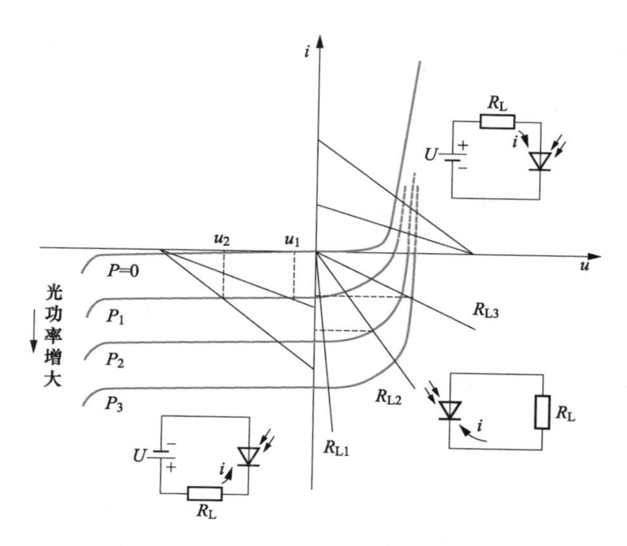

图 2-54　PIN 型光伏探测器的伏安特性

semiconductor field-effect transistor，MOSFET）。由于采用的 InGaAs PIN 探测器的内阻为 100MΩ，故可选用高性能场效应管（FET）作输入级的前置放大器。集成运放 AD8065AR/AD8066AR 是一款具有高增益带宽、低失真率和低电压噪声的高速 FET，其性能参数见表 2-11 所示。由表 2-11 可知，该集成运放的增益带宽积 f_u 高达 145MHz，输入电流噪声 0.6fA/$\sqrt{\text{Hz}}$，输入电压噪声 7nV/$\sqrt{\text{Hz}}$，适合于本书所需的 I/U 转换电路。

表 2-11　AD8065AR/AD8066AR 参数值

参数	值
增益带宽积 f_u	145MHz
压摆率	180V/μs
输入噪声电流	0.6fA/$\sqrt{\text{Hz}}$
输入偏置电流	1pA
输入噪声电压	7nV/$\sqrt{\text{Hz}}$
共模抑制比	−100dB

微弱信号检测对前置放大器提出了很高要求，因为它自身产生的噪声会经过后级放大呈现在检测电路输出端。为保证放大电路的高信噪比，可以减少放大电路的级数以减少引入噪声的电子器件，那么前置放大电路的放大倍数应尽量大；但为了放大电路具有足够的频宽，同时避免信号截止失真或自激，前置放大电路的放大倍数不能不加限制。经过光功率计测量，当法珀探头无超声波激励时，光纤环形器端口 3 检测到的光强在微瓦级，由光电探测器响应度估算其光电流为微安级，而超声波引起的交流电流幅值在纳安至微安级。前置跨阻放大电路及相应元件参数如图 2-55（a）所示，可实现光电流转换成毫伏级或伏

特级的电压信号，然后通过 RC 高通滤波滤除直流分量，最后输送给第二级放大电路放大超声波引起的交流分量。

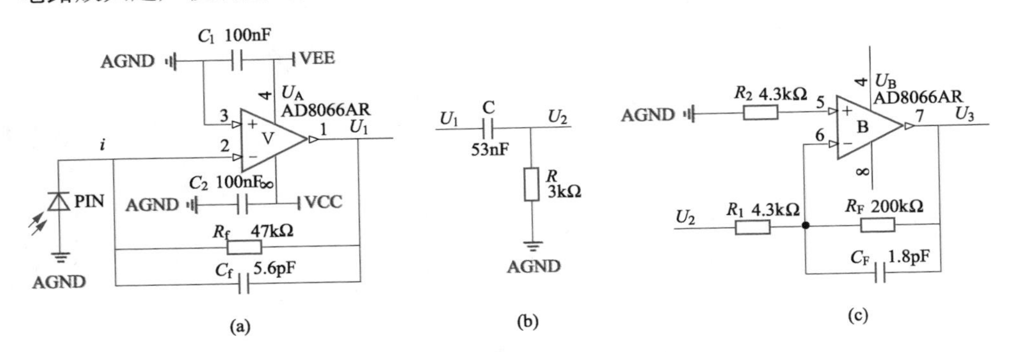

图 2-55　光电流放大电路原理图

(a) 前置跨阻放大；(b) 无源高通滤波；(c) 二级放大

利用理想放大器中虚短、虚断概念以及基尔霍夫节点电流法，可以推导出微弱信号检测电路各部分的传递函数。

前置跨阻放大

$$A_1=\frac{U_1}{i}=-\frac{R_f}{R_fC_fs+1} \tag{2-24}$$

无源高通滤

$$A_2=\frac{U_2}{U_1}=\frac{RCs}{RCs+1} \tag{2-25}$$

二级放大

$$A_3=\frac{U_3}{U_2}=-\frac{R_F}{R_1}\cdot\frac{1}{R_FC_Fs+1} \tag{2-26}$$

由图 2-55 中所示的电子元件参数，可得光电流放大电路的幅频特性曲线如图 2-56 所示。光电流放大电路带宽为 1～328kHz，增益为 $2.186\times10^6\Omega$。由此放大电路可以实现微安级甚至纳安级交变光电流的检测。

光电二极管存在结电容 C_j，在光电流前置放大电路中，该电容与反馈电阻会在噪声增益曲线上形成一个零点，导致放大电路的开环增益曲线和噪声增益曲线交点逼近的速度增加 20dB/dec，容易引起放大电路的信号自激，湮没有用信号。因此，需要在反馈电阻两端并联一个补偿电容 C_f，令跨阻放大器稳定工作，且能实现最宽的频率响应。C_f 取值需满足

$$C_f=\sqrt{\frac{C_j}{2\pi R_f f_u}} \tag{2-27}$$

光电流放大电路中采用电源芯片 A05012S 为集成运算放大器供电。A05012S 是

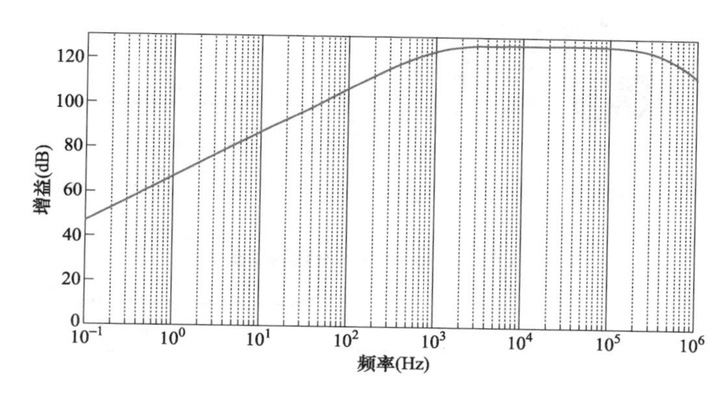

图 2-56 光电流放大电路的幅频特性曲线

一种单电源转双电源模块，可将 5V 电压转为±12V 双路电压。图 2-57 给出了光电探测模块实物图。

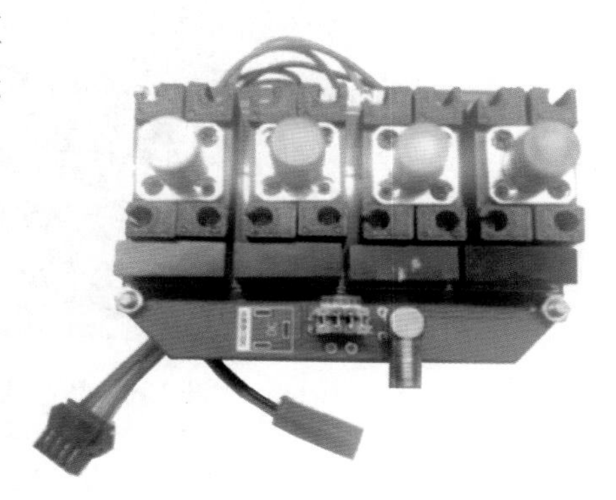

图 2-57 四路光电探测模块实物图

（四）强度解调型 EFPI 传感器的表征系统

强度解调法的最大难题在于解调精度直接依赖于光强测试的精度以及光路系统整体的稳定性，光路中的任何干扰，包括光源扰动、光路损耗以及探测器等环节都会引起输出光强的波动，导致最终测量结果存在误差。因此，在直接使用强度解调法时，需要一个稳定度极高的单色激光光源和高精度的光电探测电路。只有在初始腔长为特定值时，强度解调测量的输出线性度才较好且具有较高的灵敏度，因此对于法珀腔的制造工艺要求苛刻，腔长的制造精度和加工重复性也很难保证，不适合大规模生产，目前在实际应用中很少采用。此外，强度解调法受干涉条纹单调区间所限，动态测量范围受到限制。

本节采用比较法对传感器的性能进行表征，实验原理图如图 2-58 所示。实验装置主要由光纤 EFPI 超声波传感器、标准传感器、声源和隔音箱组成，其中，标准传感器和光纤 EFPI 传感器相对于声源对称分布，标准传感器的灵敏度为 0.5mV/Pa，增益为 100。图 2-59 给出了表征过程中的实验室布置图。

二、传感器性能测试

（一）基于圆形膜片 EFPI 超声波传感器

1. 幅频响应

图 2-60 给出了 EFPI 超声传感器的幅频响应曲线。由图 2-60 可知，传感

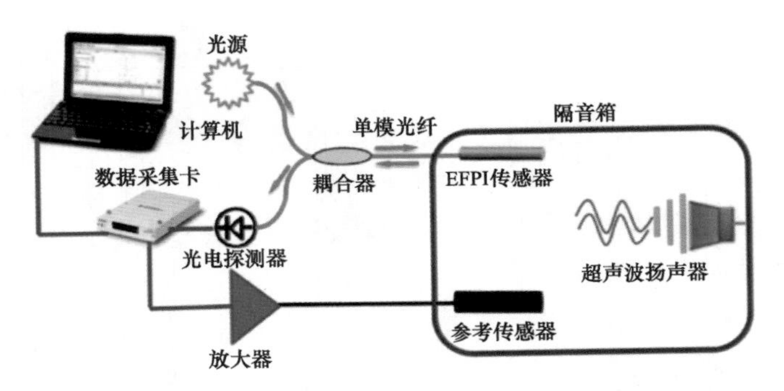

图 2-58　光纤 EFPI 超声波传感器性能表征的原理图

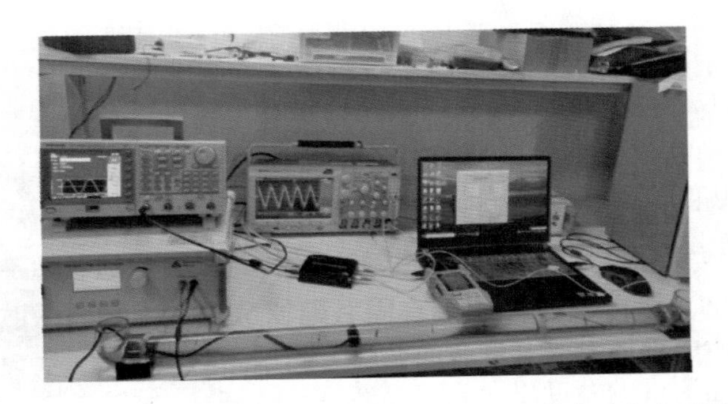
图 2-59　光纤 EFPI 超声波传感器性能表征的实验室布置图

器的响应频率可达到 120kHz，在 112kHz 时有着较高的灵敏度。

2. 静态压力

图 2-61 给出了 EFPI 超声传感器的静态压力响应曲线，其中静态压力主要通过调整传感器探头在液体中的深度来实现。从图 2-61 中可以发现，所研制的传感器在测试范围内的输出电压与感受到的静态压力成线性关系，灵敏度可达到 1.32V/Pa。

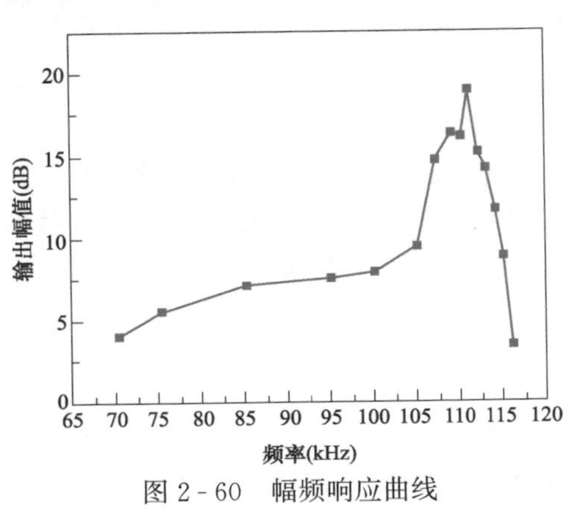

图 2-60　幅频响应曲线

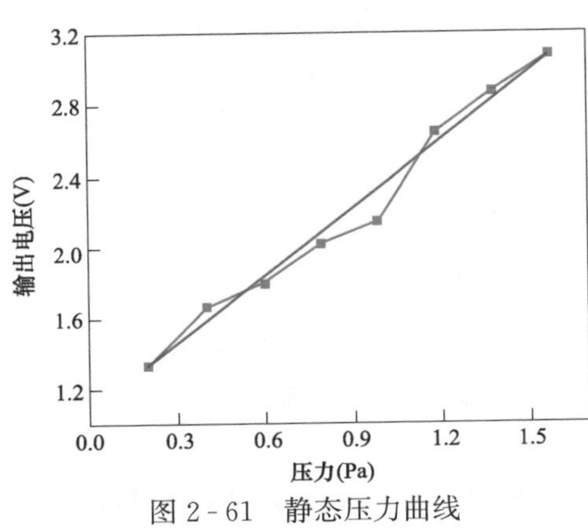

图 2-61　静态压力曲线

3. 距离衰减

图 2-62 给出了传感器在 1m 长的油管中所测得电压信号随着距离的衰减情况。从图 2-62 中可以发现，在 0～20cm 的范围内，输出电压与测量距离之间成线性关系；在 0～100cm 范围，输出电压与测量距离成指数形式衰减。

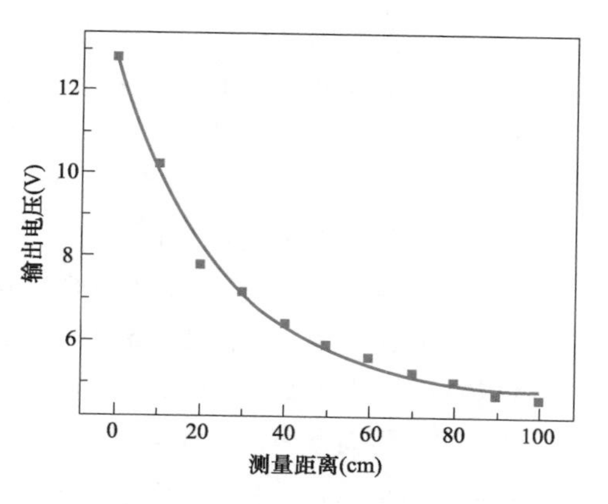

图 2-62　1m 内距离衰减曲线

4. 方向性

为检测超声波入射方向不同时传感器的输出响应，传感器探头被固定于光学导轨上的精密旋转平台，模拟局部放电的脉冲放电枪也同样固定于导轨位移平台。由于脉冲放电枪的每次放电具有随机性，能量也不完全相同，因此在每个发射源位置至少进行 10 次有效放电测量，并计算测得的峰-峰值电压 U_{pp} 的平均值，以准确反映传感器输出信号与入射角度的关系。检测信号电压 U_{pp} 随超声波入射角度变化的结果如图 2-63 所示。从超声波垂直入射开始检测，每隔 15°计算一次测试电压，并且分别在声源距检测探头 25、50、75cm 及 100cm 的位置下进行重复性测试。

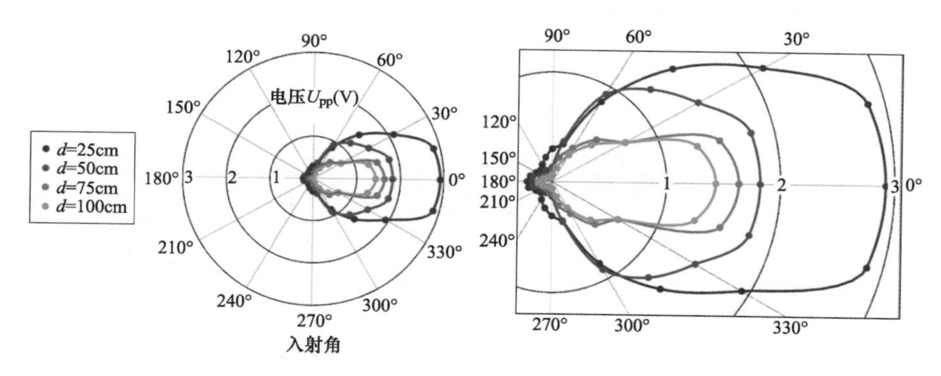

图 2-63　不同入射角及入射距离处测得的超声波信号电压值

测试结果表明，不同检测距离下电压随入射角变化趋势相似，各测试曲线以 0°～180°水平线为轴呈近似对称分布；在 50cm 处，±45°超声入射范围内接收到的信号响应相对平缓，衰减率为 3.58dB，±60°范围内时衰减率为 5.90dB；当距离发射源 1m 时，检测探头仍能测得所有入射角的微弱超声信号，特别是在±60°范围内灵敏度较高。当入射角度为 135°时，信号电压值在四次不同距离测量下均最小，与理论分析中应在背向 180°入射时测得电压最小值的认识存在差异，且测试环境中无反射介质产生回波干扰。一种可能的解释是用于密封不锈钢套管与光纤接缝处的聚合物胶粘剂比不锈钢材料具有更好的透声性，因此背向入射的一部分超声波能量通过胶粘剂传入探头套管内，使敏感膜片振动，而在±135°入射角度处，不锈钢套管较大的声阻抗导致大部分超声能量衰减，使检测探头测得的电压为全向最小值。

（二）强度解调型 EFPI 传感器的局放测试

距离模拟放电源 100、200cm 及 300cm 处测得的超声信号如图 2-64（a）所示。可以看出，当距离放电源 300cm 时，检测探头仍能测得明显的超声信号，且电压值高于系统噪声的八倍，表明本检测探头具有高灵敏度。通过 MATLAB 快速傅里叶变换函数计算得到信号的幅频响应如图 2-64（b）所示。可以看出，所有检测到的超声信号都在 70kHz 附近出现峰值，接近于膜片的设计固有频率，当距离放电源较近时，在 127kHz 附近可以观察到另一个较小的峰值。通过计算信噪比可以发现，在距发射源 100cm 处时检测系统信噪比为 31.42dB，距离 300cm 时检测系统信噪比为 24.25dB，因此，检测系统具有微弱超声信号检测能力，对于同样声源，可以在更远距离上检测到超声信号。

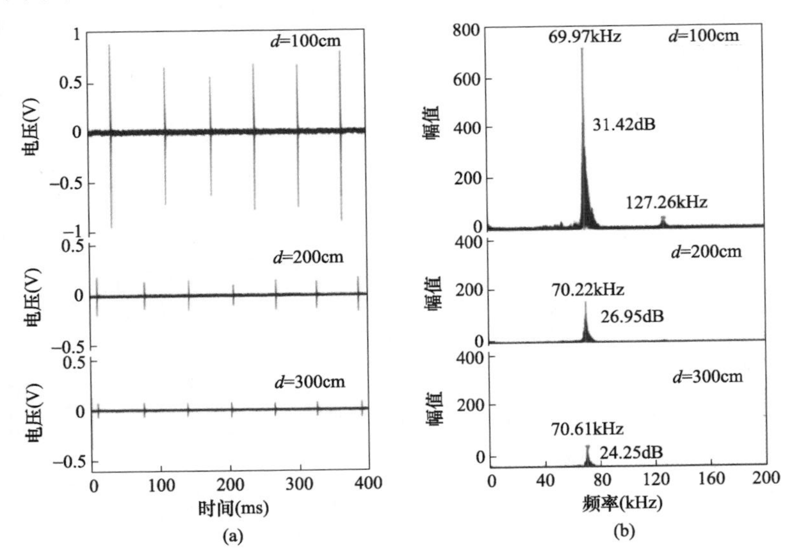

图 2-64　直线距离 100、200cm 及 300cm 处测得的超声波信号

（a）时域波形；（b）频谱分析

参考文献

[1] ZHANG W，CHEN F，MA W，et al. Ultrasonic imaging of seismic physical models using

a fringe visibility enhanced fiber-optic Fabry-Perot interferometric sensor [J]. Optics Express, 2018, 26 (8): 11025.
[2] JIANG J, ZHANG T, SHUANG W, et al. Noncontact ultrasonic detection in low-pressure carbon dioxide medium using high sensitivity fiber-optic fabry-perot sensor system [J]. Journal of Lightwave Technology, 2017, 35 (23): 5079 - 5085.
[3] MA J, XUAN H; HO H L, Jin W, et al. Fiber-optic Fabry-Pérot acoustic sensor with multilayer graphene diaphragm [J] . IEEE Photonics Technology Letters, 2013, 25, 932 - 935.
[4] LI C , LAN T , YU X , et al. Room-temperature pressure-induced optically-actuated fabry-perot nanomechanical resonator with multilayer graphene diaphragm in air [J]. Nanomaterials, 2017, 7 (11): 366.
[5] WANG A. Two-wavelength quadrature multipoint detection of partial discharge in power transformers using fiber Fabry-Perot acoustic sensors [J]. Proc Spie, 2012, 8370: 14.
[6] FU C, SI W, LI H, et al. A novel high-performance beam-supported membrane structure with enhanced design flexibility for partial discharge detection [J]. Sensors, 2017, 17 (3): 593.
[7] CANNATA J M, WILLIAMS J A, ZHOU Q F, et al. Development of a 35-Mhz piezo-composite ultrasound array for medical imaging [J]. IEEE Transactions on Ultrasonics Ferroelectrics and Frequency Control, 2006, 53 (1): 224 - 236.
[8] FOMITCHOV P A, KROMINE A K, KRISHNASWAMY S. Photoacoustic probes for nondestructive testing and biomedical applications [J]. Applied Optics, 2002, 41 (22): 4451.
[9] TIAN Jiajun, HAN Ming, ZHANG Qi. Distributed fiber-optic laser-ultrasound generation based on ghost-mode of tilted fiber Bragg gratings [J]. Optics express, 2013, 21 (5): 6109.
[10] LEE C E, TAYLOR H F. Sensors for smart structures based upon the Fabry-Perot interferometer, in fiber optic smart structures [M]. New York: John Wiley & Sons, Inc. , 1995.
[11] YIN S Z, RUFFIN P B , Yu F T S . Fiber Optic Sensors (Second Edition) [M]. New York: CRC Press, 2017.
[12] GIOVANNI D. Flat and corrugated diaphragm design handbook [M]. New York: Basel Marcel Dekker, 1982.
[13] WANG X, LI B, XIAO Z, et al. An ultra-sensitive optical MEMS sensor for partial discharge detection [J]. Journal of Micromechanics & Microengineering, 2005, 15 (3): 521.
[14] ZHU J, WANG M, SHEN M, et al. An optical fiber Fabry-Pérot pressure sensor using an SU-8 structure and angle polished fiber [J]. IEEE Photonics Technology Letters, 2015, 27 (19): 2087 - 2090.

[15] JULIO P R, GARCIA-SOUTO J A, JESUS R S. Fiber optic sensor for acoustic detection of partial Discharges in oil-paper insulated electrical systems [J]. Sensors, 2012, 12 (4): 4793-4802.
[16] 陈骄．硅的各向异性湿法腐蚀工艺及其在微纳结构中的应用研究 [D]. 长沙：国防科学技术大学，2010.
[17] ZHANG W, WANG R, RONG Q, et al. An optical fiber Fabry-Perot interferometric sensor based on functionalized diaphragm for ultrasound detection and imaging [J]. IEEE Photonics Journal, 2017, 9 (3): 1-8.
[18] 徐盛良．基于信号强度与超声波测距结合的室内定位系统 [D]. 合肥：合肥工业大学，2018.
[19] 田文成．超声波测距系统的研究与实现 [D]. 南京：南京邮电大学，2017.

第三章

微米级敏感膜片的局部放电 EFPI 超声波传感器制造工艺及影响因素

探测声波的敏感结构和声光转换的法珀腔是光纤 EFPI 传感器的核心结构，本章首先设计了敏感膜片的加工工艺流程，具体介绍基于 MEMS 工艺的加工步骤；然后分析残余应力对传感器灵敏度等特征参数的影响程度，提出传感器加工过程中残余应力的应对方案，最后提出一种利用三轴工作台和光谱仪组装法珀腔的方法，并验证了多种行之有效的法珀超声传感器的封装改进思路。

第一节 基于 MEMS 采用 SOI 制造 EFPI 探头安装工艺流程设计与实践

一、敏感膜片的设计

设计敏感膜片的主要核心指标是敏感结构的固有频率和声压灵敏度，本节通过对各种膜片结构这两项主要指标的分析，提出适用的敏感结构。

（一）单一膜片型敏感结构

1. 厚度对固有频率的影响

图 3-1 给出了采用以单晶硅为基底的圆形膜片时，膜片厚度 h 对固有频率的影响。由图 3-1 可知，在膜片半径 r 为 400μm 的情况下，固有频率在膜片厚度为 1～30μm 的区间内近似于线性关系。

2. 半径对固有频率的影响

图 3-2 给出了采用以单晶硅为基底的圆形膜片时，膜片半径 r 对固有频率的影响。由图 3-2 可知，在膜片厚度 h 为 10μm 的情况下，其固有频率在膜片半径为 210～500μm 的区间内近似于抛物线式降低。

3. 厚度对灵敏度的影响

图 3-3 给出了采用以单晶硅为基底的圆形膜片时，膜片厚度 h 对灵敏度的影响。由图3-3 可知，在膜片半径 r 为 400μm 的情况下，其灵敏度在膜片厚度

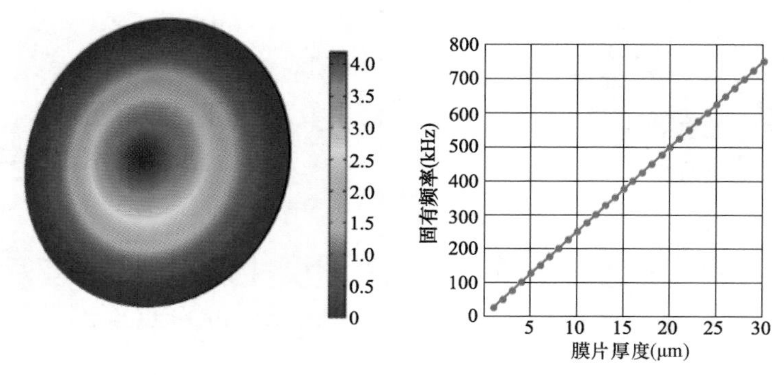

图 3-1　厚度对固有频率的影响

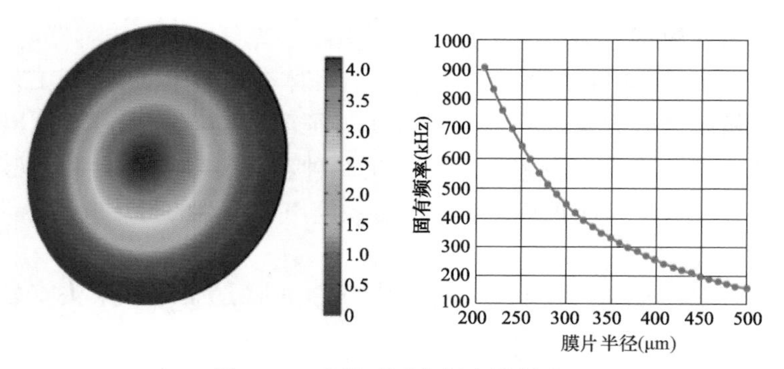

图 3-2　半径对固有频率的影响

为 1～30μm 区间内的变化可以分为两段：首先在 1～4μm 的区间内，灵敏度呈现断崖式降低；在 5～30μm 的区间内，灵敏度呈现出极其缓慢的降低趋势。

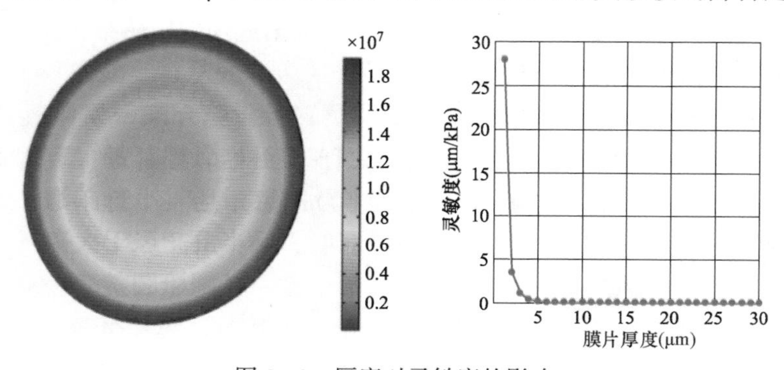

图 3-3　厚度对灵敏度的影响

4. 半径对灵敏度的影响

图 3-4 给出了采用以单晶硅为基底的圆形膜片时，膜片半径 r 对灵敏度的影响。由图 3-4 可知，在膜片厚度 h 为 10μm 的情况下，其固有频率在膜片半

径为 210～500μm 的区间内近似于抛物线式升高。

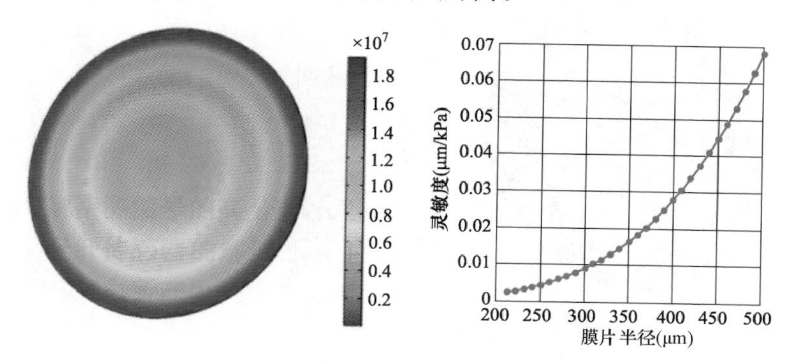

图 3-4 半径对灵敏度的影响

（二）带通气孔的单一膜片型敏感结构

1. 通气孔半径对固有频率的影响

以单晶硅为基底的带通气孔的单一膜片，在膜片半径 R 为 920μm、膜片厚度 h 为 2μm 的情况下，通气孔半径 r 对固有频率的影响如图 3-5 所示。在通气孔个数 n 为 4、通气孔距膜片中心距离即通气孔位置 p 为 850μm 时，其固有频率在通气孔半径为 1～30μm 的区间内近似于抛物线式降低。

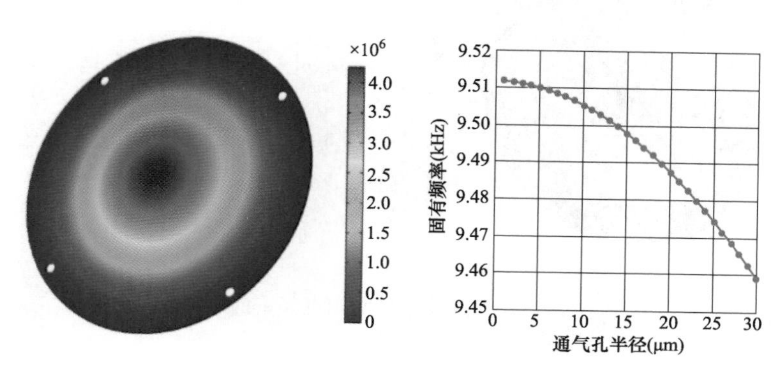

图 3-5 通气孔半径对固有频率的影响

2. 通气孔个数对固有频率的影响

以单晶硅为基底的带通气孔的单一膜片，在膜片半径 R 为 920μm、膜片厚度 h 为 2μm 的情况下，通气孔个数 n 对固有频率的影响如图 3-6 所示。在通气孔半径 r 为 30μm、通气孔距膜片中心距离即通气孔位置 p 为 850μm 时，其固有频率在通气孔个数为 1～30 的区间内呈现出近似线性降低。

3. 通气孔位置对固有频率的影响

以单晶硅为基底的带通气孔的单一膜片，在膜片半径 R 为 920μm、膜片厚

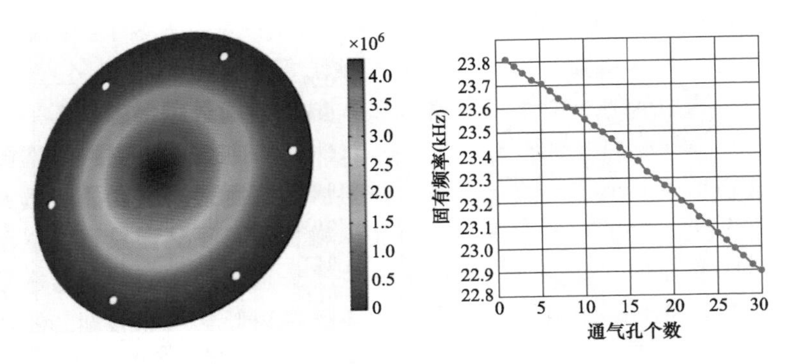

图 3-6　通气孔个数对固有频率的影响

度 h 为 2μm 的情况下，通气孔位置 p 对固有频率的影响如图 3-7 所示。在通气孔个数 n 为 4、通气孔半径 r 为 30μm 时，其固有频率在通气孔距膜片中心距离即通气孔位置为 600～890μm 的区间内的变化可分为两段：在 600～870μm 的区间内，固有频率随着通气孔位置的远离而降低；在 870～890μm 的区间内，固有频率随着通气孔位置的远离而升高。

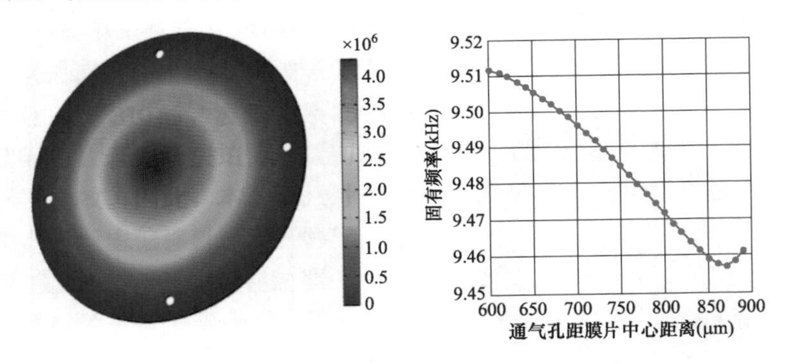

图 3-7　通气孔位置对固有频率的影响

4. 通气孔半径对灵敏度的影响

以单晶硅为基底的带通气孔的单一膜片，在膜片半径 R 为 920μm、膜片厚度 h 为 2μm 的情况下，通气孔半径 r 对灵敏度的影响如图 3-8 所示。在通气孔个数 n 为 4、通气孔距膜片中心距离即通气孔位置 p 为 850μm 时，其灵敏度在通气孔半径为 1～30μm 的区间内近似于抛物线式升高。

5. 通气孔个数对灵敏度的影响

以单晶硅为基底的带通气孔的单一膜片，在膜片半径 R 为 920μm、膜片厚度 h 为 2μm 的情况下，通气孔个数 n 对灵敏度的影响如图 3-9 所示。在通气孔半径 r 为 30μm、通气孔距膜片中心距离即通气孔位置 p 为 850μm 时，其灵敏度

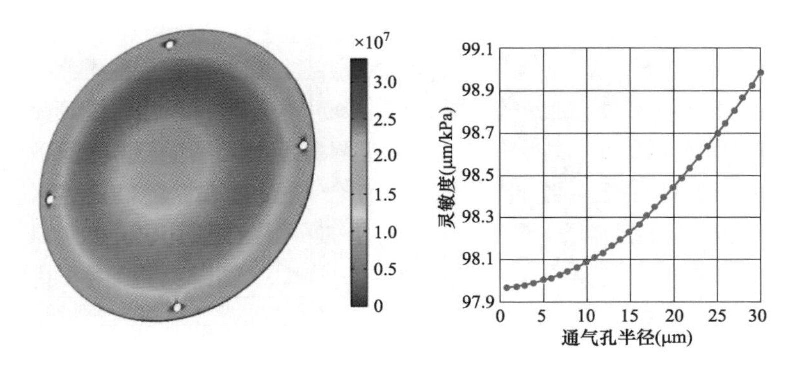

图 3-8 通气孔半径对灵敏度的影响

在通气孔个数为 1～30 的区间内呈现出近似线性正比关系。

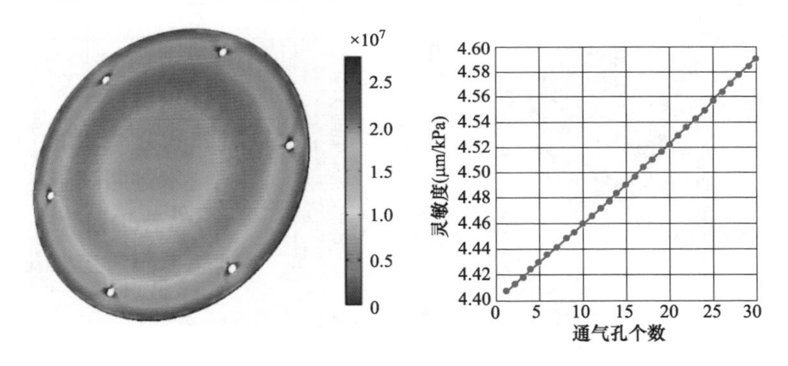

图 3-9 通气孔个数对灵敏度的影响

6. 通气孔位置对灵敏度的影响

以单晶硅为基底的带通气孔的单一膜片，在膜片半径 R 为 920μm、膜片厚度 h 为 2μm 的情况下，通气孔位置 p 对灵敏度的影响如图 3-10 所示。在通气孔个数 n 为 4、通气孔半径 r 为 30μm 时，其灵敏度在通气孔距膜片中心距离的区间内，即通气孔位置为 600～890μm，变化可分为两段：在 600～870μm 的区间内，灵敏度随着通气孔位置的远离而升高；在 870～890μm 的区间内，灵敏度随着通气孔位置的远离而降低。

（三）三支撑梁型敏感结构

1. 梁宽对固有频率的影响

以单晶硅为基底的三支撑梁敏感膜片，在膜片半径 R 为 260μm、膜片厚度 h 为 2μm 的情况下，梁宽 w 对固有频率的影响如图 3-11 所示。在梁长 L 为 90μm 时，其固有频率在梁宽为 5～150μm 的区间内近似于指数降低。

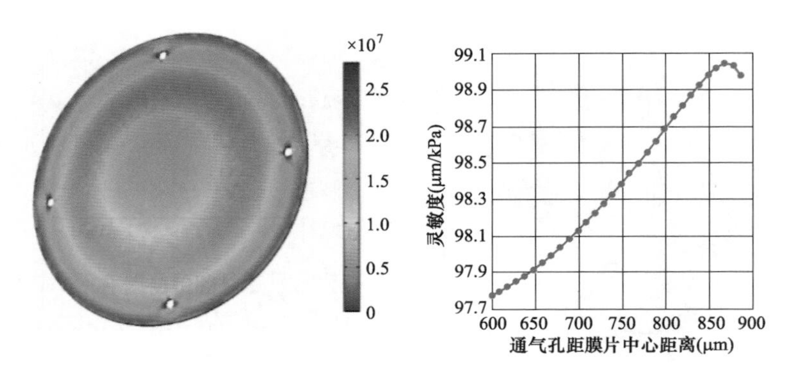

图 3-10　通气孔位置对灵敏度的影响

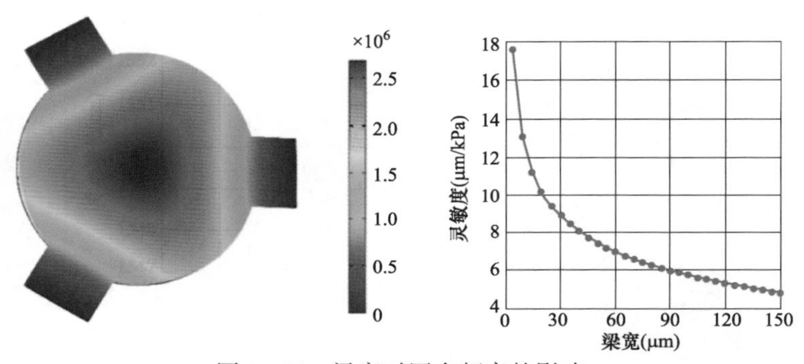

图 3-11　梁宽对固有频率的影响

2. 梁长对固有频率的影响

以单晶硅为基底的三支撑梁敏感膜片，在膜片半径 R 为 260μm、膜片厚度 h 为 2μm 的情况下，梁长 l 对固有频率的影响如图 3-12 所示。在梁宽 w 为 90μm 时，其固有频率在梁长为 10～300μm 的区间内近似于抛物线式降低。

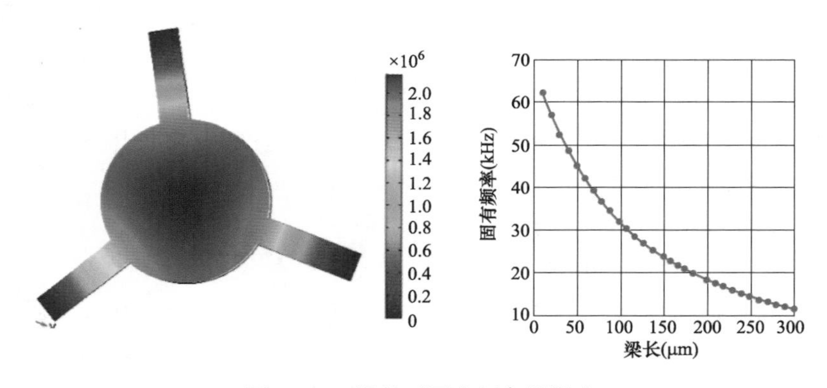

图 3-12　梁长对固有频率的影响

3. 梁宽对灵敏度的影响

以单晶硅为基底的三支撑梁敏感膜片，在膜片半径 R 为 260μm、膜片厚度 h 为 2μm 的情况下，梁宽 w 对灵敏度的影响如图 3-13 所示。在梁长 L 为 90μm 时，其灵敏度度在梁宽为 5～150μm 的区间内近似于指数降低。

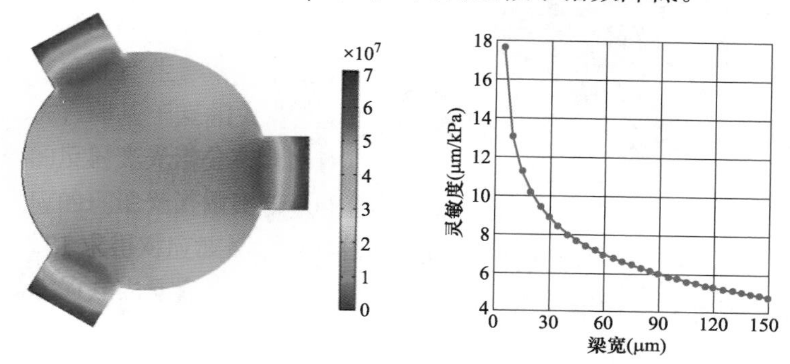

图 3-13 梁宽对灵敏度的影响

4. 梁长对灵敏度的影响

以单晶硅为基底的三支撑梁敏感膜片，在膜片半径 R 为 260μm、膜片厚度 h 为 2μm 的情况下，梁长 L 对灵敏度的影响如图 3-14 所示。在梁宽 w 为 90μm 时，其灵敏度在梁长为 10～300μm 的区间内近似于抛物线式升高。

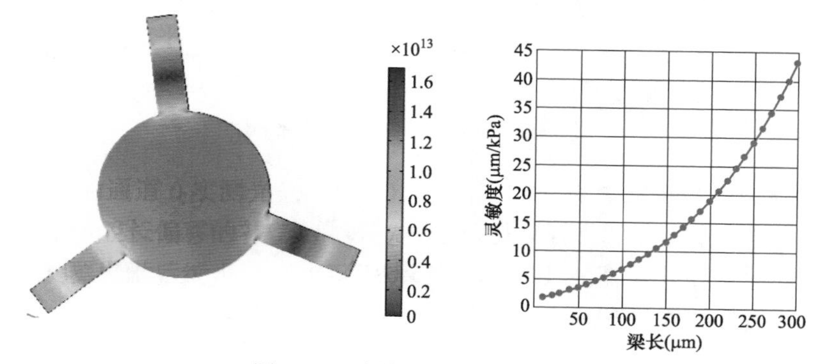

图 3-14 梁长对灵敏度的影响

（四）四支撑梁型敏感结构

1. 梁宽对固有频率的影响

以单晶硅为基底的四支撑梁敏感膜片，在膜片半径 R 为 270μm、膜片厚度 h 为 2μm 的情况下，梁宽 w 对固有频率的影响如图 3-15 所示。在梁长 L 为 90μm 时，其固有频率在梁宽为 5～150μm 的区间内近似于抛物线式升高。

2. 梁长对固有频率的影响

以单晶硅为基底的四支撑梁敏感膜片，在膜片半径 R 为 270μm、膜片厚度

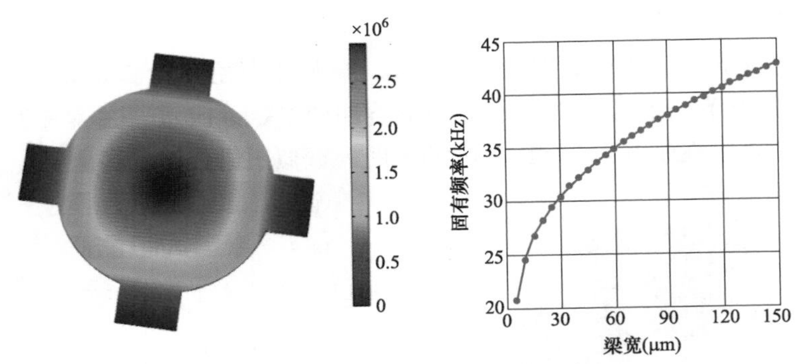

图 3 - 15　梁宽对固有频率的影响

h 为 2μm 的情况下，梁长 L 对固有频率的影响如图 3 - 16 所示。在梁宽 w 为 80μm 时，其固有频率在梁长为 10～300μm 的区间内近似于抛物线式降低。

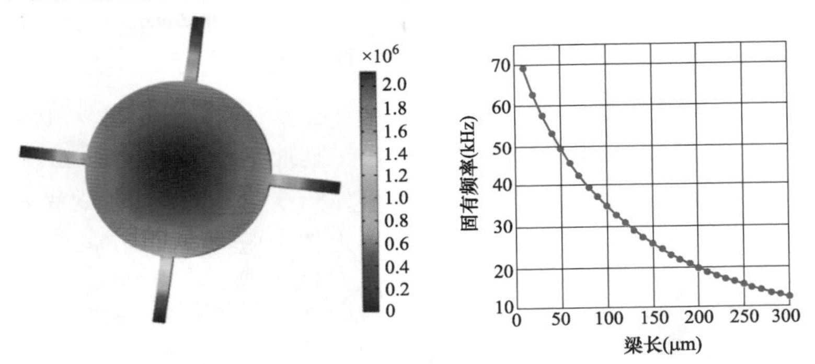

图 3 - 16　梁长对固有频率的影响

3. 梁宽对灵敏度的影响

以单晶硅为基底的四支撑梁敏感膜片，在膜片半径 R 为 270μm、膜片厚度 h 为 2μm 的情况下，梁宽 w 对灵敏度的影响如图 3 - 17 所示。在梁长 L 为 90μm 时，其灵敏度在梁宽为 5～150μm 的区间内近似于指数降低。

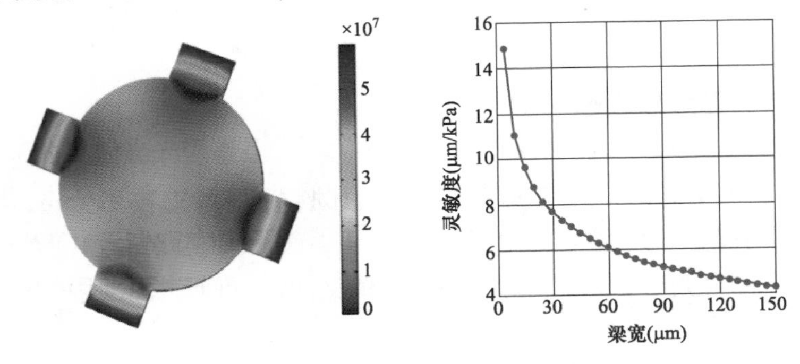

图 3 - 17　梁宽对灵敏度的影响

4. 梁长对灵敏度的影响

以单晶硅为基底的四支撑梁敏感膜片，在膜片半径 R 为 270μm、膜片厚度 h 为 2μm 的情况下，梁长 L 对灵敏度的影响如图 3 - 18 所示。在梁宽 w 为 80μm 时，其灵敏度在梁长为 10～300μm 的区间内近似于抛物线式升高。

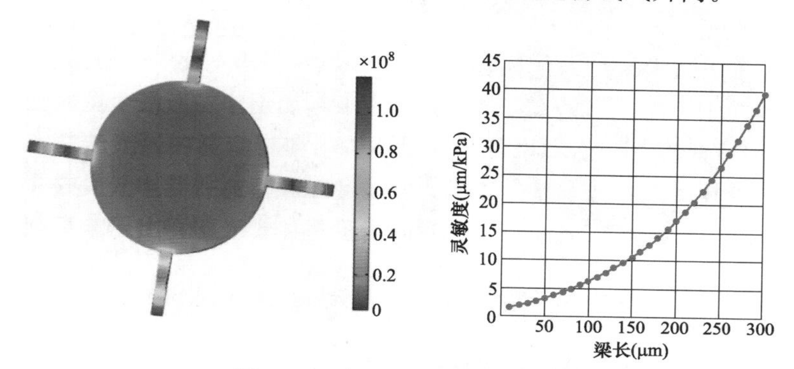

图 3 - 18　梁长对灵敏度的影响

（五）支撑梁布局对敏感结构性能的影响

1. 支撑梁布局对敏感结构固有频率的影响

以单晶硅为基底的多支撑梁敏感膜片，在膜片半径 R 为 920μm、膜片厚度 h 为 2μm、梁长 L 为 100μm、梁宽 w 为 100μm 的情况下，支撑梁个数对固有频率的影响如图 3 - 19 所示。其固有频率在支撑梁个数 n 为 2～30 区间内的变化可分为两段：首先在 2～5 的区间内，固有频率近似于垂直式升高；在 6～30 的区间内，固有频率升高的趋势较为平缓。

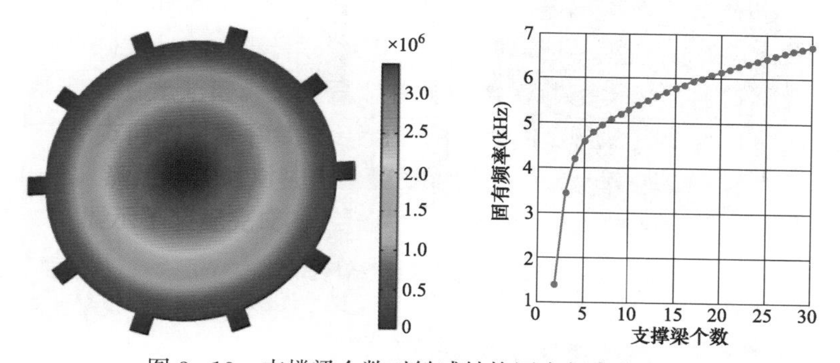

图 3 - 19　支撑梁个数对敏感结构固有频率的影响

2. 支撑梁个数对敏感结构灵敏度的影响

以单晶硅为基底的多支撑梁敏感膜片，在膜片半径 R 为 920μm、膜片厚度 h 为 2μm、梁长 L 为 100μm、梁宽 w 为 100μm 的情况下，支撑梁个数对灵敏度的影响如图 3 - 20 所示。其灵敏度在支撑梁个数 n 为 2～30 的区间内的变化可以分为两段：首先在 2～5 的区间内，灵敏度呈现断崖式降低；在 6～30 的区间内，灵敏度呈现出极其缓慢地降低趋势。

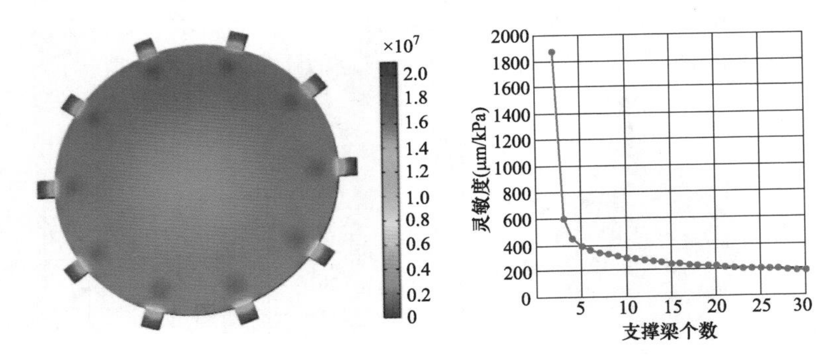

图 3-20　支撑梁个数对敏感结构灵敏度的影响

（六）弧形梁布局对敏感结构性能的影响

1. 弧形梁个数对敏感结构固有频率的影响

以单晶硅为基底的弧形梁敏感膜片为例，在膜片半径 R 为 920μm、膜片厚度 h 为 10μm、梁长 L 为 50μm、梁宽 w 为 50μm，任意两个相邻弧形梁之间间隔角度 t 为 2°的情况下，弧形梁个数对固有频率的影响如图 3-21 所示。其固有频率在弧形梁个数 n 在 5～30 的区间内近似于抛物线式升高。

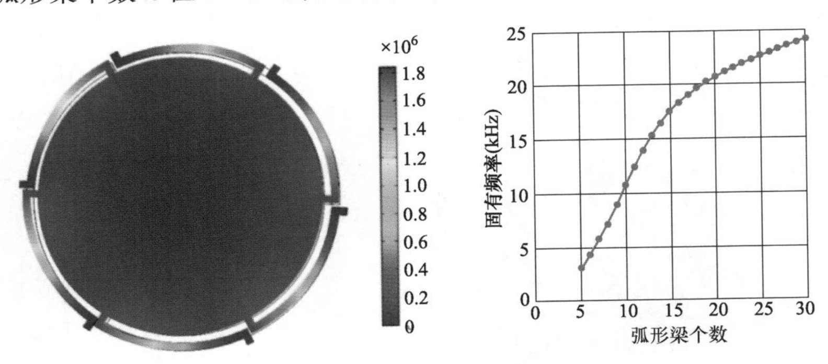

图 3-21　弧形梁个数对敏感结构固有频率的影响

2. 弧形梁个数对敏感结构灵敏度的影响

弧形梁型敏感膜片几何参数如下：膜片半径 R 为 920μm，膜片厚度 h 为 10μm，梁长 L 为 50μm，梁宽 w 为 50μm，任意两个相邻弧形梁之间间隔角度 t 为 2°，梁个数 n 为 5～30。在上述以单晶硅为基底的弧形梁敏感膜片结构下，弧形梁个数对灵敏度的影响如图 3-22 所示，其灵敏度在弧形梁个数 n 为 5～30 的区间内近似于指数降低。

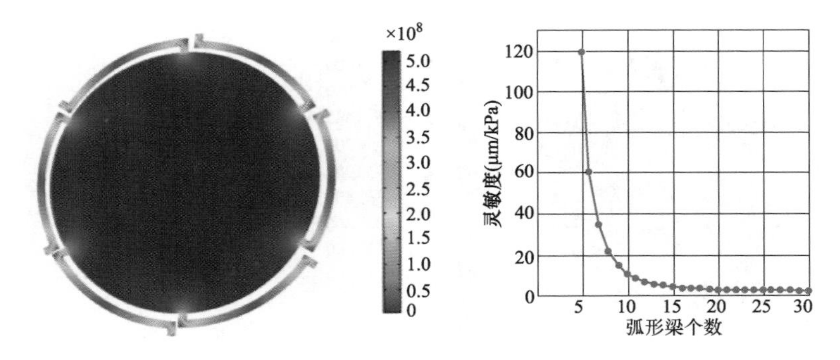

图 3 - 22　弧形梁个数对敏感结构灵敏度的影响

(七) 折叠梁布局对敏感结构性能的影响

1. 折叠梁个数对敏感结构固有频率的影响

以单晶硅为基底的折叠梁敏感膜片，在膜片半径 R 为 920μm、膜片厚度 h 为 2μm、梁长 L 为 100μm、梁宽 w 为 100μm 的情况下，折叠梁个数对固有频率的影响如图 3 - 23 所示。其固有频率在支撑梁个数 n 为 2～30 的区间内的变化可以分为两段：首先在 2～5 的区间内，固有频率近似于垂直式升高；在 6～30 的区间内，固有频率升高的趋势较为平缓。

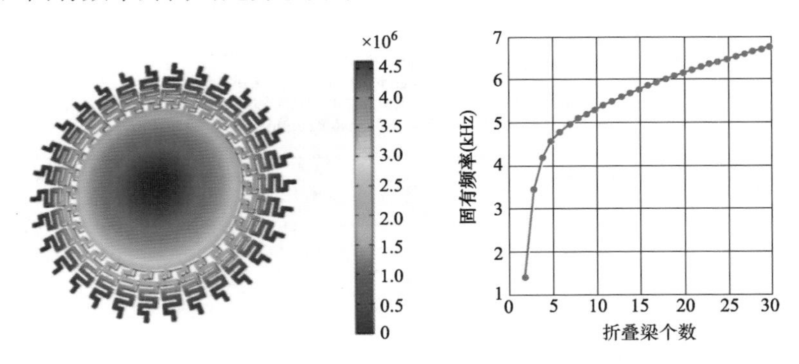

图 3 - 23　折叠梁个数对敏感结构固有频率的影响

2. 折叠梁个数对敏感结构灵敏度的影响

以单晶硅为基底的支撑梁敏感膜片，在膜片半径 R 为 920μm、膜片厚度 h 为 2μm、梁长 L 为 100μm、梁宽 w 为 100μm 的情况下，支撑梁个数对灵敏度的影响如图 3 - 24 所示。其灵敏度在支撑梁个数 n 为 2～30 的区间内的变化可以分为两段：首先在 2～4 的区间内，灵敏度呈现断崖式降低；在 5～30 的区间内，灵敏度呈现出极其缓慢的降低趋势。

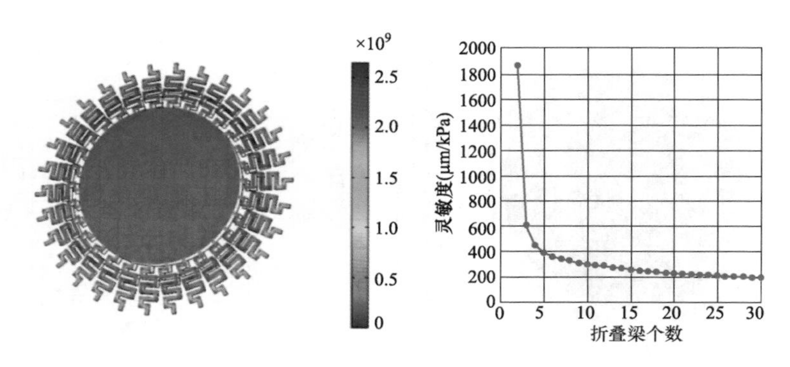

图 3-24　折叠梁个数对敏感结构灵敏度的影响

（八）几何参数的响应灵敏性

由于设计敏感结构的主要指标有固有频率和灵敏度，因此，利用有限元仿真软件 ANSYS 分析了敏感结构各几何参数对固有频率和灵敏度的影响，结果如图 3-25 所示。结果表明，中心圆直径 d 和梁宽 w 对敏感结构固有频率和灵敏度的影响较小；梁长 L 和敏感结构厚度 t 对敏感结构固有频率和响应灵敏度的影响较大，其中，梁长 L 与固有频率负相关而与灵敏度正相关，厚度 t 与固有频率正相关却与灵敏度负相关。

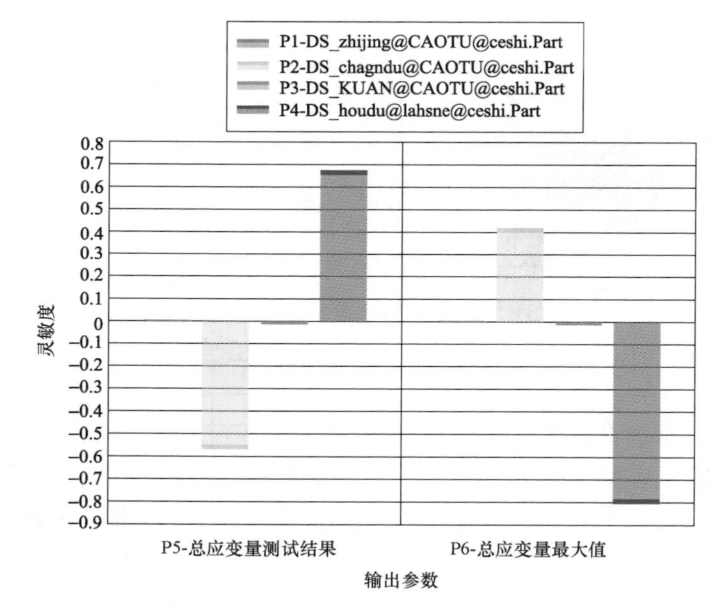

图 3-25　敏感结构各几何参数对其固有频率和灵敏度的影响灵敏度

图 3-26 展示了敏感结构固有频率和其灵敏度之间的权衡图。由结果可知，高固有频率必然导致较高的灵敏度，而高灵敏度必然导致较低的固有频率，因此，在敏感结构设计中应结合实际需求，合理平衡敏感结构固有频率和变形之间的关系。

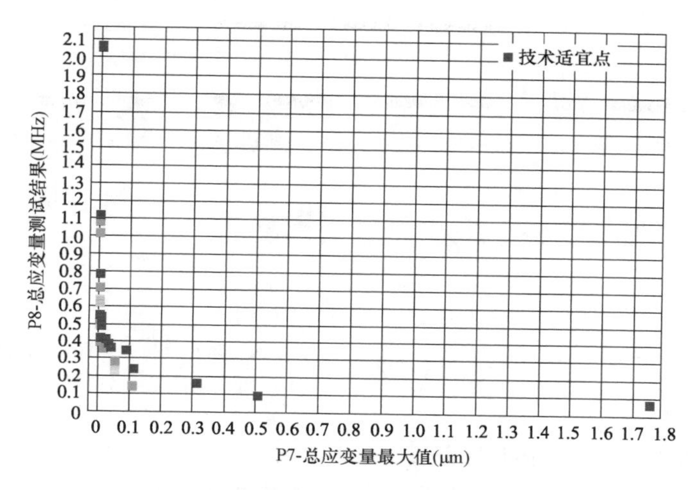

图 3-26　敏感结构固有频率和其灵敏度的权衡图

注：P1—中心圆直径 d；P2—梁长 L；P3—梁宽 w；P4—敏感结构厚度 t；P5—敏感结构固有频率 f；P6—敏感结构的灵敏度 s；P7—敏感结构的变形；P8—敏感结构的固有频率。

二、 敏感膜片的制造

常见的光纤法珀传感器敏感膜片的加工方法主要有湿法化学腐蚀法、电弧放电法、激光微加工法、手工切割拼接法和 MEMS 工艺法。MEMS 工艺法是在微电子半导体制造技术基础上发展起来的，融合了光刻、腐蚀、薄膜、硅和非硅微加工、磁控溅射和气相沉积等技术，广泛应用于高新技术产业。相比其他加工方法，MEMS 工艺法具有可以实现规模化加工微米甚至是纳米级敏感膜片、精确控制法珀腔腔长和安装平行度等优势。本节主要采取两种措施提高光纤法珀局部放电传感器的灵敏度：①大幅度降低振动膜片的厚度，由常见的几十微米降为 5μm；②在膜片的结构形式上用支撑膜片结构代替常见的单一膜片结构。

（一）敏感膜片制造的工艺流程

探测超声信息的敏感膜片是光纤法珀超声传感器的核心结构，结合膜片尺寸参数设计要求并现有的 MEMS 工艺条件，选择为 4 英寸的绝缘体上硅片（silicon on insulation，SOI）作为敏感膜片材料，其器件层厚度为 5μm，氧化层厚度为 2μm，基底厚度为 400μm，并以此为基础设计膜片加工工艺。在设计敏感膜片的加工流程时，需考虑加工步骤中产生的残余应力对膜片性能的影响，因此，在符合设计要求的前提下，加工工艺流程的设计要尽量综合考虑工艺温度、应力、步骤的繁杂程度和人为因素造成的加工误差，通过孔肩的设计来精确控制腔长。最终的加工工艺流程如图3-27所示。

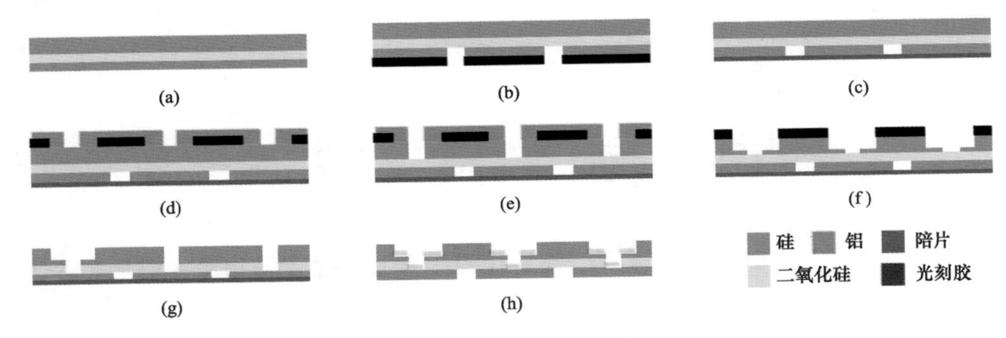

图 3-27　工艺流程图

(a) 清洗 SOI 片；(b) 正面刻蚀膜片结构；(c) 正面贴陪片；(d) 背面图形化掩摸；(e) 背面刻蚀小孔；(f) 背面刻蚀大孔；(g) 释放氧化层；(h) 溅射金及去陪片

加工所采用的 SOI 片如图 3-27（a）所示。在加工之前，首先要对 SOI 片进行预处理，选用 HF 溶液去除 SOI 片两侧表面氧化物，得到洁净的硅片。加工时，先对厚度为 5μm 的器件层进行刻蚀，进而得到敏感膜片图案和划片槽，再以氧化层作为保护层对基底进行刻蚀，防止基底的过刻蚀对敏感膜片造成影响，其具体步骤为：

（1）在 SOI 片上加工敏感膜片结构，如图 3-27（b）所示。由于器件层上加工的敏感膜片要求较高，对膜片结构完整性、关键结构尺寸和平整度等均有较高要求，因此主要采用感应耦合等离子体（inductively coupled plasma，ICP）刻蚀工艺在洁净的 SOI 片正面器件层上刻蚀出敏感膜片结构和划片槽结构。

（2）对器件层上刻蚀得到的敏感膜片结构贴陪片保护。选用丙酮溶液浸泡 SOI 片，如图 3-27（c）所示。去除光刻胶掩模，对 SOI 片进行清洗及干燥。为防止之后的加工步骤对敏感膜片造成破坏，对器件层上的敏感结构贴陪片进行保护。

（3）在 SOI 片的反面基底上图形化两次掩模，如图 3-27（d）所示。首先在基底上图形化一层金属铝掩膜，作为大孔掩模，之后在金属铝掩膜的基础上，图形化一层光刻胶掩模，作为小孔掩膜。

（4）在基底背面进行小孔刻蚀，如图 3-27（e）所示。对 SOI 片背面基底的小孔采用 ICP 干法刻蚀工艺进行刻蚀，通过调节 ICP 干法刻蚀工艺的刻蚀时间来控制小孔深度。由于目标小孔深度为 400μm，所以刻蚀的小孔深度应较深，但不可刻透基底，应依据以往 ICP 刻蚀工艺经验，留有一定余量，避免下一步的大孔刻蚀步骤会直接作用与氧化层上以致耗尽氧化层、损伤敏感膜片结构。

（5）在背面大孔刻蚀，如图3-27（f）所示。去除基底上的光刻胶，暴露出铝掩膜，同样采用ICP干法刻蚀工艺刻蚀大孔。大孔刻蚀深度由法珀腔长和衬底层厚度确定。在完成大孔刻蚀后，可得到法珀腔台阶。同刻蚀小孔一样，通过调节ICP刻蚀时间来控制刻蚀大孔深度。在刻蚀大孔的同时，会对上一步骤的小孔底部进行同步刻蚀，上一步骤留下的余量与氧化层可在此步骤时保护敏感膜片，使得大孔达到所需刻蚀深度时，小孔不会被同步刻蚀到敏感膜片层。

（6）去除背面铝掩膜、释放氧化层、得到敏感膜片，如图3-27（g）所示。释放氧化层时，要考虑两次深硅刻蚀可能产生的较大残余应力，因此，SOI片需要与陪片一同退火处理。

（7）溅射金及去陪片，得到传感器膜片，如图3-27（h）所示。由于硅的反射率较低，对波长为1550nm左右的光的反射率仅有40%左右，而金对600nm以上波长的光的反射率高达90%以上。因此，在完成退火步骤后，在敏感膜片内侧蒸镀一层较薄的金膜来增大反射率。

（8）采用激光划片，将刻蚀完成的SOI片分割成一个个小的敏感膜片。激光划片路径为器件层上的划片槽，通过划片槽得到尺寸一致的敏感膜片。

（二）版图制作

为实现上述工艺流程，需设计三张掩膜版，相应的版图如图3-28所示。1号掩膜版为敏感膜片结构掩膜版，在SOI片的正面器件层上刻蚀出敏感膜片结构和划片槽；2号掩膜版为小孔掩膜版，在SOI片的背面基底上刻蚀小孔结构；3号掩膜版为大孔掩膜版，与小孔形成台阶孔，并构建出光纤插芯孔。2号掩膜版与1号掩膜版为背面套刻关系，3号掩膜版与2号掩膜版为正面套刻。此外，在三张掩膜版的粗对准标记周围均设计了精细对准标记以实现高精度对准。

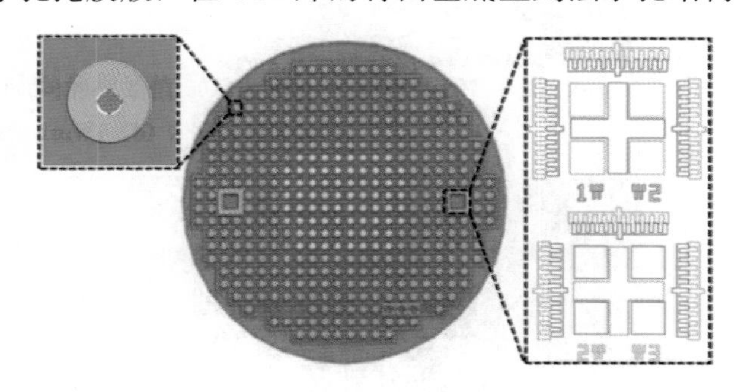

图3-28　掩膜版图制作

（三）加工后的敏感膜片

采用MEMS加工工艺对所设计的膜片进行了加工，根据工艺流程所得的最终膜片如图3-29所示。针对第一段中设计的支撑梁和通气孔膜片，结合MEMS标准工艺设计了敏感膜片加工工艺流程和掩模版版图；通过扫描电子显微镜（scanning electron microscope，SEM）对加工出的敏感膜片进行了检查；

通过膜片辅助定位结构和三维位移平台对光纤和敏感膜片进行了装配；最后拟采用防尘防水透声膜实现对敏感膜片和变压器油的隔离。

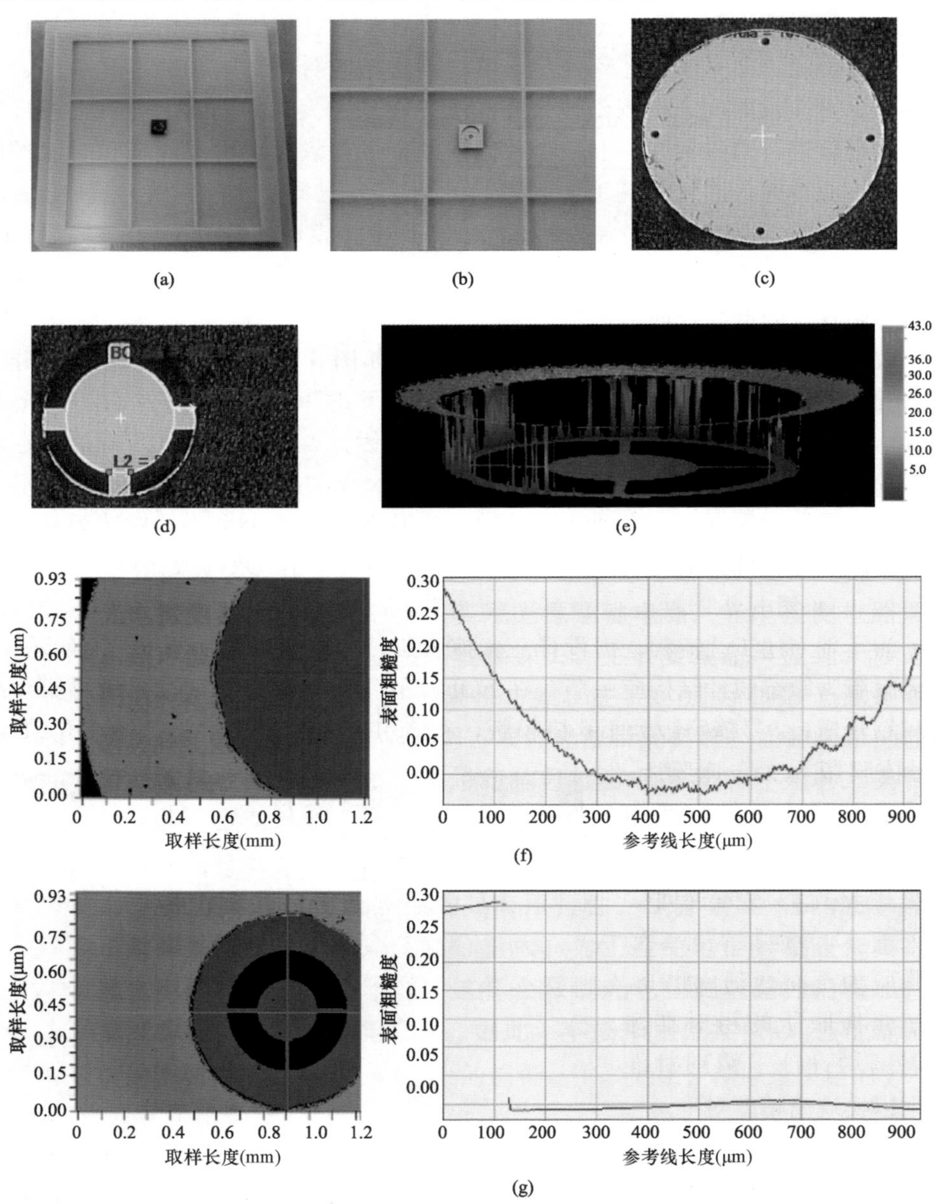

图 3-29　加工成型的梁支撑膜片结构

(a) 单一型膜片结构；(b) 梁支撑型膜片结构；(c) 单一型膜片结构的显微视图；(d) 梁支撑型膜片结构的显微视图；(e) 阶梯孔显微视图；(f) 单一型膜片结构的表面粗糙度；(g) 梁支撑型膜片的表面粗糙度

加工的敏感膜片固有频率覆盖 20～200kHz，具有较宽的频响范围。敏感膜片尺寸为 3.5mm×3.5mm，大孔直径 2.5mm，与光纤插芯直径一致，可在一张 4 英寸的 SOI 片上一次性加工出四百多个敏感膜片，大大降低了传感器的制作成本，也保证了同批次敏感膜片的一致性。由于敏感膜片加工时需考虑刻蚀微负载效应和刻蚀速率不均匀性，因此，在设计掩模版版图时对上述因素进行了考虑，合理分布敏感膜片结构，保证 ICP 刻蚀时能准确得到各个敏感膜片的结构尺寸。

此外，掩模版版图的对准也会影响加工误差，因此，要合理设计对准标记，通常是采用粗细对准标记相结合的方法，本书设计的版图序号与粗对准标记位于两侧，便于大致对准，然后在粗对准标记四周设计齿状精细对准标记，两者共同作用，提高套刻精度。最后还需考虑敏感膜片的划片问题，考虑器件层上的敏感膜片是主要结构，且膜片较薄，容易出现破损。因此，在器件层上设计划片槽，使得敏感膜片结构和划片槽同步刻蚀，以保证后续划片时对敏感膜片结构完整性的保护，加工完成的 SOI 片如图 3-30 所示。最后需要对加工得到的 SOI 片进行划片，得到成品膜片。

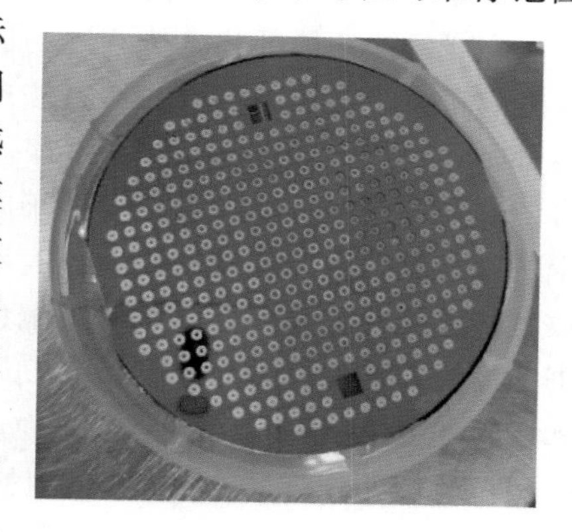

图 3-30 加工完成后的 SOI 片

第二节 残余应力对 EFPI 传感器性能参数的影响分析

在分布均匀、没有空腔的物体内，当温度分布不均匀时，物体内不同部分将会发生不同大小的形变，然而如果物体要维持其完整、不被破坏，各部分由于其温度的不均匀分布而按比例膨胀是无法实现的，因此，就像有某种力在起作用一样，使物体能够保持其完整性，各部分之间发生相互作用的力，结果表现在物体内部都产生了单值连续位移。将产生这些连续位移的作用等效化的应力就是热致残余应力。由于微观粒子之间的结合键强度随温度升高而降低，所以材料的弹性模量随温度升高而下降。因此，应力与应变的关系不再与温度无关。在实际的薄膜中，热应力与温度的关系通常是复杂的非线性关系。

残余应力作为一种内应力，对材料各项性能的影响越来越受到关注。因为薄膜淀积在异性坚硬基片上，所以几乎所有薄膜内部都存在着很大的内应力。对于各种微电子电路、薄膜电子元器件以及薄膜光学元器件而言，薄膜的残余应力问题都非常重要，因为它直接关系到薄膜元器件的成品率、稳定性和可靠性。例如，薄膜的张应力过大会使薄膜开基片翘曲，反之，压应力过大则会使薄膜起皱或脱落、基片翘曲开裂。这些情况都严重地损害薄膜的物理性质，使元器件受到破坏。虽然对薄膜的残余应力已有很多研究，但是至今对它的起源尚有许多不明了的地方。例如，金属薄膜的张应力来源尚未形成定论，非金属薄膜的残余应力也还没有方便的模型和系统的论述，除此以外，残余应力测试还不够精确和完全可信。因此，很有必要对薄膜的残余应力进行系统的研究。为详尽地了解薄膜应力的产生过程，可以采用计算机模拟，使人们更加深入的理解薄膜应力产生的物理机制。

在光纤法珀局部放电传感器的加工装配过程中，能造成传感器性能偏移的因素有很多，腔长的精确控制、法珀腔安装的平行度、振动膜片上的残余应力等都是导致传感器设计性能发生偏移的重要因素。本书采用 SOI 片和硅片相结合的装配方式，可以大大减少法珀腔平行度和腔长的装配误差，但是振动膜片上的残余应力会导致振动膜片固有频率偏移。膜片固有频率作为光纤法珀局部放电传感器的重要表征参数，其偏移必然会导致传感器性能的偏移，尤其在本书的设计方案中，膜片厚度仅为 5μm，同时采用了支撑膜片结构，在薄膜沉淀和后续加工中很容易引起残余应力。因此，本节将残余应力对传感器性能的影响进行了仿真分析，进而提出应对措施。

目前，利用 ANSYS 进行有限元分析时，残余应力施加方式主要有直接命令法和等效热应力法两种。本节采用第二种方法，可计算得到等效热应力为

$$\sigma_t = \frac{E}{1-\mu^2} \cdot \alpha \cdot \Delta T \tag{3-1}$$

式中：σ_t 为等效热应力；ΔT 为温度变化量；E、μ 和 a 分别为薄膜材料的等效弹性模量、泊松比和热膨胀系数。

图 3-31 展示了利用 ANSYS 仿真时，残余应力在膜片中的分布图。

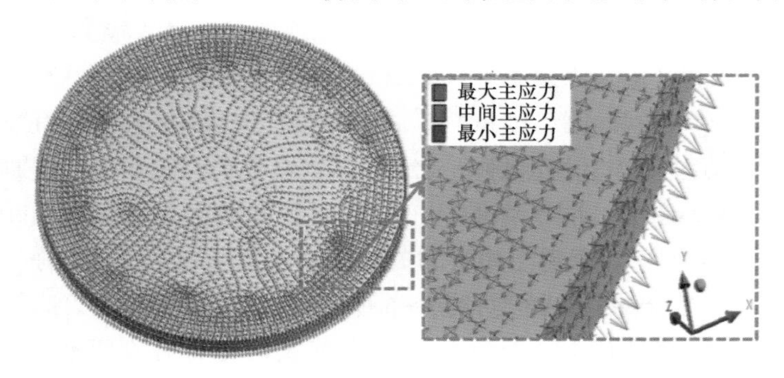

图 3-31　残余应力在膜片中的分布图

一、固有频率、膜片中心响应位移、灵敏度及分辨力

利用有限元软件对残余应力影响膜片固有频率的仿真分析结果如图 3-32 所示。由结果可知，膜片的固有频率随残余拉应力线性增加，增加率约为 0.039kHz/MPa；随残余压应力线性降低，降低率约为 0.044kHz/MPa。

振动膜片固有频率的偏移必然会导致振动膜片响应位移的偏移，本节利用有限元软件，对不同压强间歇振动下残余应力对振动膜片中心响应位移的影响进行了仿真，分析结果如图 3-33 所示。

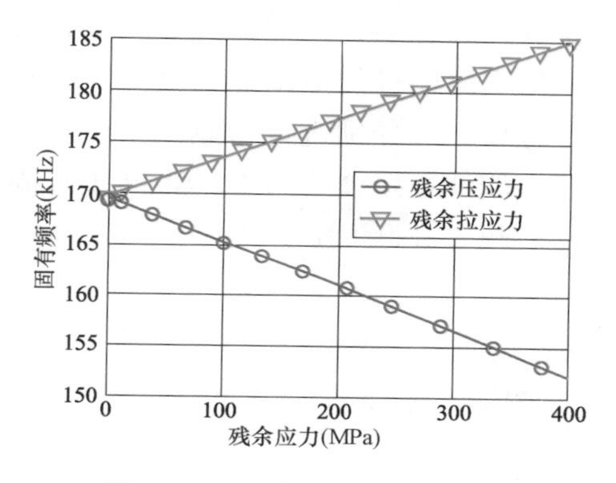

图 3-32　残余应力对膜片固有频率的影响

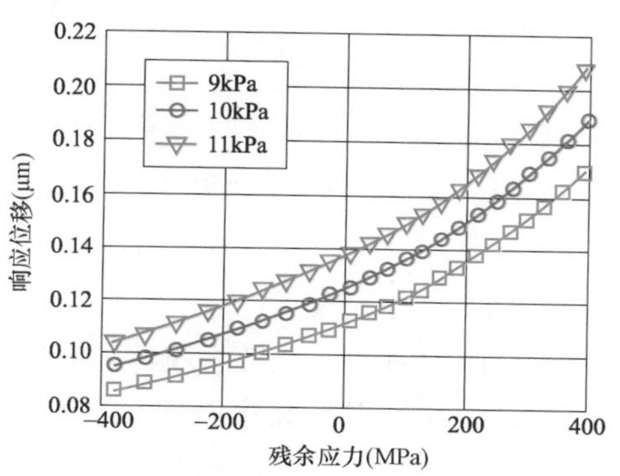

图 3-33　残余应力对膜片中心响应位移的影响

由图可知，膜片变形随残余拉应力的增加而急剧增加，平均增加率约为 0.16nm/MPa；变形随残余压应力的增加而缓慢降低，平均降低率约为 0.08nm/MPa。对于单一膜片结构而言，当膜片中心位移变化量小于膜片厚度的 25%时，膜片变形与超声波压力呈线性关系；对支撑膜片而言，当膜片中心位移变化量大于膜片厚度的 25%时，膜片变形量与超声波压力依旧呈线性关系。

选择合适的传感元件，只要膜片中心的响应位移大于 1nm，传感器就能检测到超声波的压力，因此，残余应力导致膜片中心的响应位移发生变化，必然会导致膜片的分辨力发生变化，图 3-34 和图 3-35 给出了残余应力对膜片响应灵敏度和分辨力的影响（传感器的分辨力和灵敏度已归一化）。

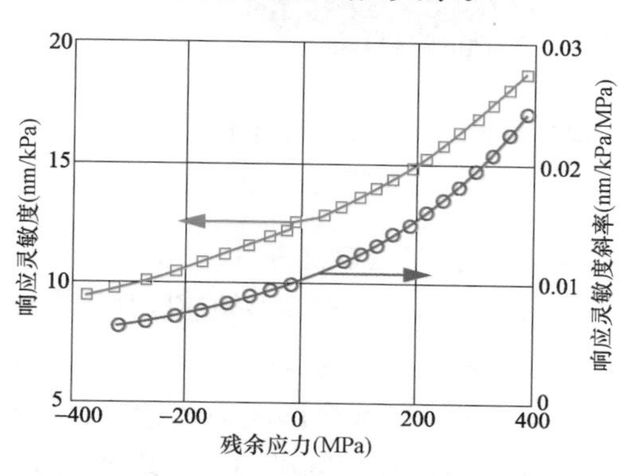

图 3-34　残余应力对膜片响应灵敏度的影响

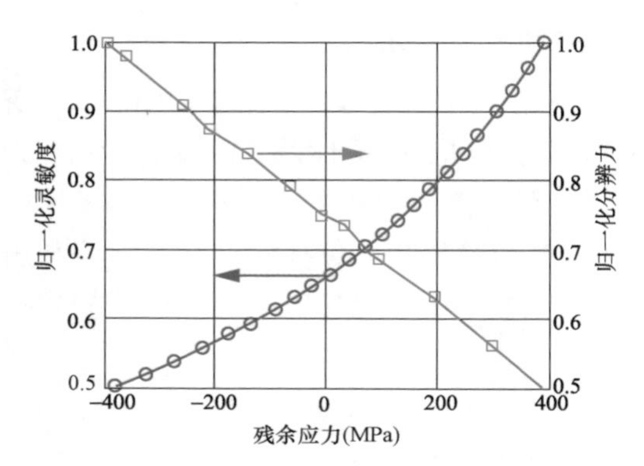

图 3-35 残余应力对膜片分辨力和响应灵敏度的影响结论

由图可知，膜片的分辨力随着残余拉应力的增加而增加，平均增加率约为 0.085Pa/MPa；随着残余压应力的增加而减少，平均降级率约为 0.07Pa/MPa。

二、其他结构形式的敏感膜片

为了探究残余应力对不同结构膜片固有频率影响的普遍规律，对四支撑梁膜片、弧形梁膜片以及折叠梁膜片分别进行仿真，利用有限元软件对残余应力如何影响膜片固有频率进行了仿真分析。

1. 通气孔敏感膜片

残余应力对通气孔敏感膜片固有频率的影响如图 3-36 和图 3-37 所示。由图可知，膜片的固有频率随残余拉应力线性增加，增加率约为 39.64Hz/MPa；随残余压应力线性降低，降低率约为 42.95Hz/MPa。

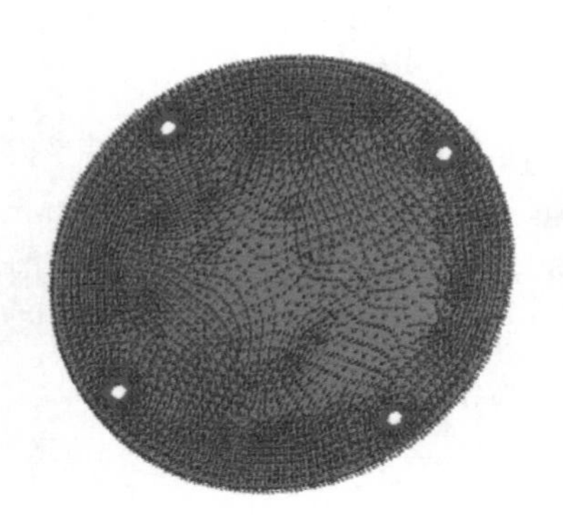

图 3-36 残余应力在膜片中的分布图

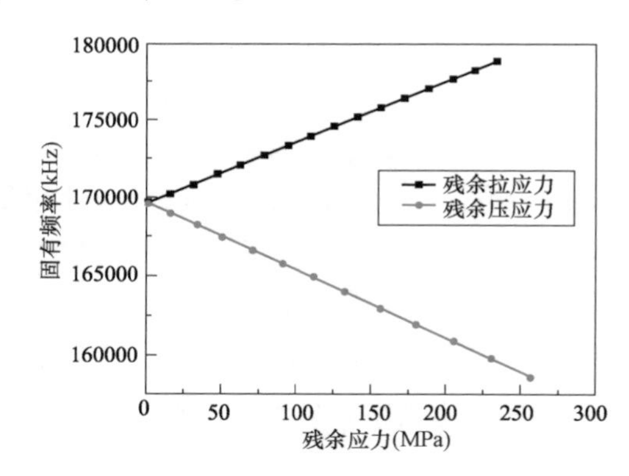

图 3-37 残余应力对带通气孔膜片固有频率的影响

2. 四支撑梁型敏感膜片

残余应力对四支撑梁型敏感膜片固有频率、中心响应位移的影响如图 3-38～图 3-40 所示。由图可知，膜片的固有频率随残余拉应力线性增加，增加率约为 9.56Hz/MPa，随残余压应力线性降低，降低率约为 10.11Hz/MPa。膜片变形随残余拉应力增加急剧增加，平均增加率约为 15.29nm/MPa，随残余压应力的增加而缓慢降低，其平均降低率约为 8.73nm/MPa。

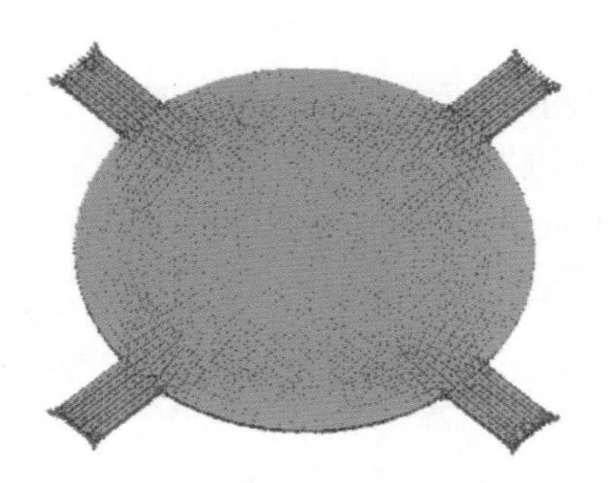

图 3-38　残余应力在膜片中的分布图

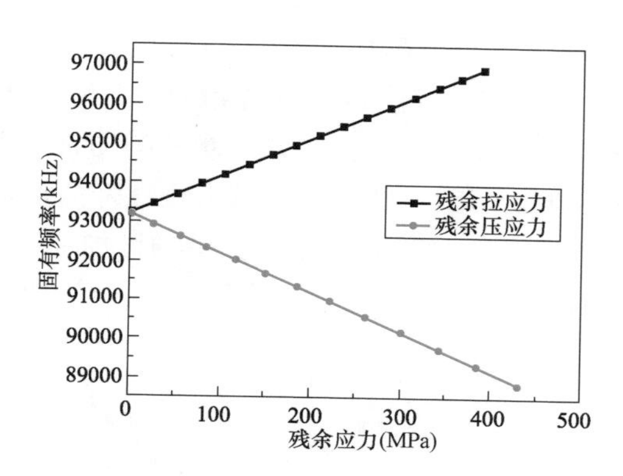

图 3-39　残余应力对四支撑梁膜片固有频率的影响

3. 弧形梁型敏感膜片

残余应力对四支撑梁型敏感膜片固有频率、中心响应位移的影响如图 3-41～图 3-43 所示。由图可知，膜片的固有频率随残余拉应力线性增加，增加率约为 45.57Hz/MPa，随残余压应力线性降低，降低率约为 49.99Hz/MPa。膜片变形随残余拉应力增加急剧增加，平均增加率约为 115.01nm/MPa，随残余压应力的增加而缓慢降低，其平均降低率约为 16.32nm/MPa。

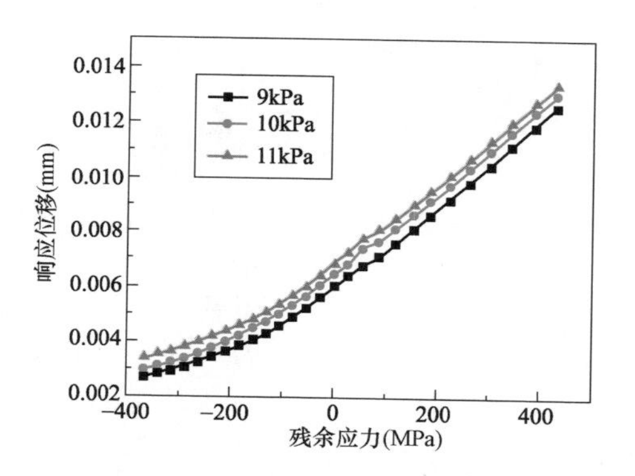

图 3-40　残余应力对四支撑梁膜片中心响应位移的影响

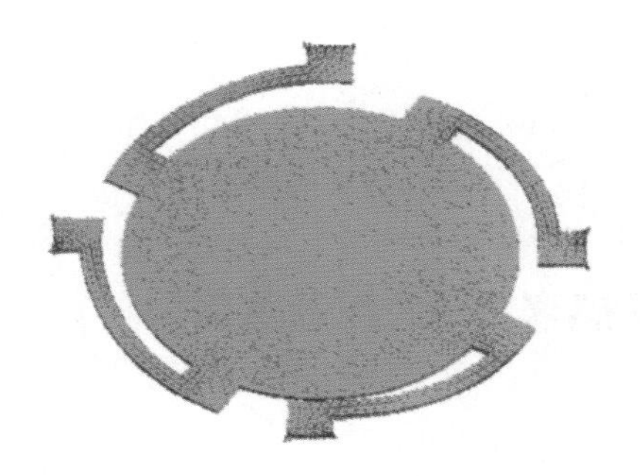

图 3-41　残余应力在弧形梁膜片中的分布图

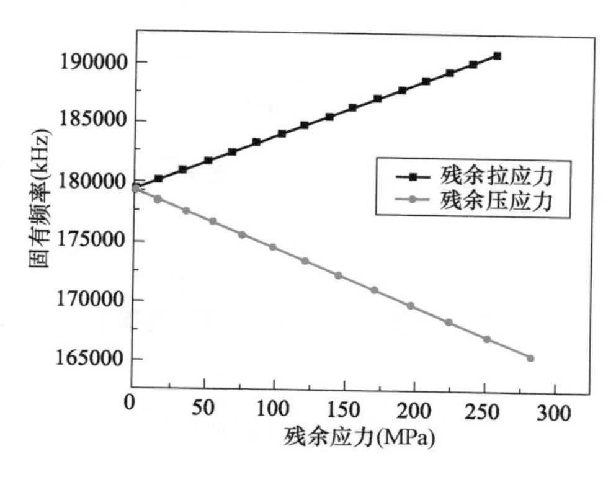

图 3-42　残余应力对弧形梁膜片固有频率的影响

4. 折叠梁敏感膜片

残余应力对四支撑梁型敏感膜片固有频率、中心响应位移的影响如图 3-44～图 3-46 所示。由图可知，膜片的固有频率随残余拉应力线性增加，增加率约为 1.86Hz/MPa，随残余压应力线性降低，降低率约为 1.83Hz/MPa。膜片变形随残余拉应力增加急剧增加，平均增加率约为 39.83nm/MPa，随残余压应力的增加而缓慢降低，其平均降低率约为 16.32nm/MPa。

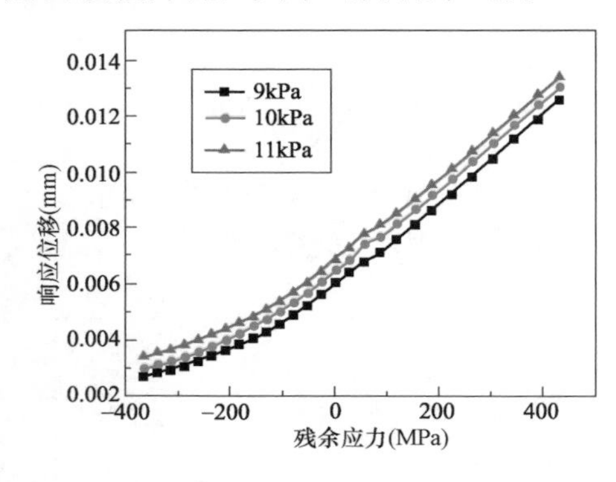

图 3-43 残余应力对弧形梁膜片中心响应位移的影响

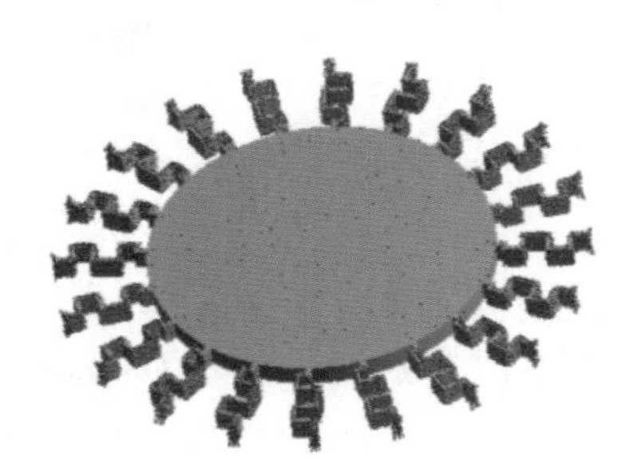

图 3-44 残余应力在折叠梁膜片中的分布图

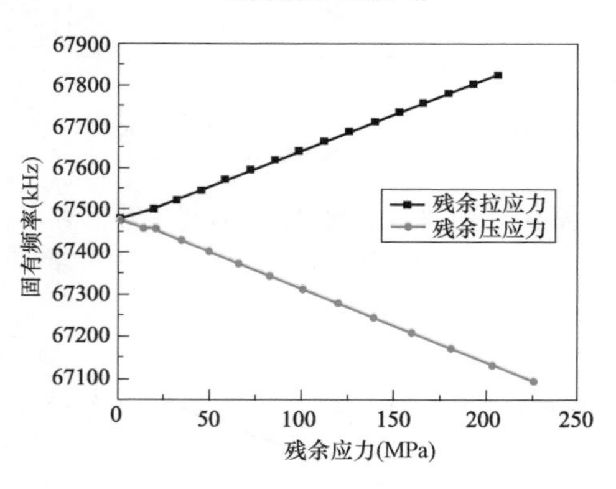

图 3-45 残余应力对折叠梁膜片固有频率的影响

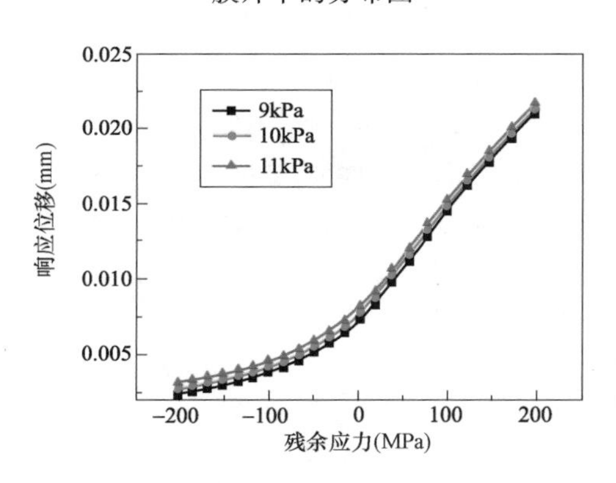

图 3-46 残余应力对折叠梁膜片中心响应位移的影响

第三节 局部放电 EFPI 超声波传感器法珀腔组装及探头封装

一、法珀腔组装和结构分析

（一）法珀腔的组装

本节所设计的敏感膜片尺寸为 3.5mm×3.5mm，大孔直径为 2.5mm，膜片结构厚度仅为 5μm，体积相对较小。装配时，利用光纤端面和敏感膜片形成法珀腔需要较高的装配精度。在整个装配过程中，需要关注腔长、反射率和装配应力三个指标。本次装配所采用的装配原理如图 3-47 所示，装配系统基于相位解调原理，主要工作配件的选取与相位解调所需的相同。其中，光纤端面与敏感膜片用三维位移平台进行夹持和调整，首先在平台上调整光纤端面与敏感膜片的相对位置和角度，以得到较好的装配指标要求。在实际装配过程中，在图 3-48 所示的三维位移操作平台上实施。本次装配和后续测试中，选用的是固有频率为 40kHz 和 80kHz 的支撑梁膜片。装配的具体操作步骤为：

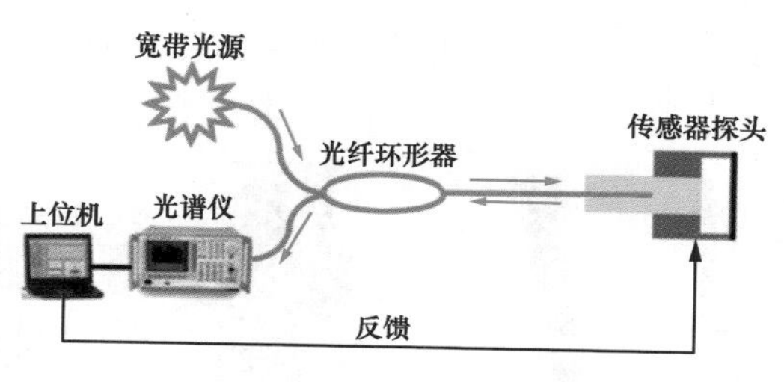

图 3-47　光纤法珀传感器装配系统示意图

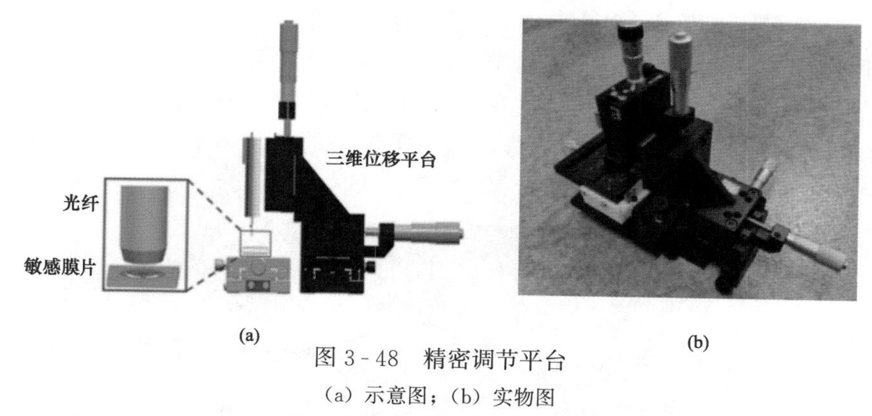

图 3-48　精密调节平台
(a) 示意图；(b) 实物图

(1) 通过 SOLIDWORKS 建立模型，设计好膜片夹持位置和光纤通孔。

(2) 将光纤尾端和敏感膜片粗调放置在三轴工作台上，粗调光纤与敏感膜片的相对位置和角度，使两者有较好的同轴度，保证入射光垂直入射到膜片中心位置，当入射光经由光纤射入敏感膜片端面时，会在光纤端面和敏感膜片端面所构成的法珀腔中发生干涉，然后反射回光纤并经由光纤环形器进入光谱仪，光谱仪对干涉光谱进行处理并在与其相连接的上位机上显示出干涉光谱，通过干涉光谱间接观察其贴合程度，以及是否发生破损、反射光的强度。

(3) 根据光谱仪得到干涉光谱数据并结合腔长计算公式，判断是否得到所需腔长，若未得到，则结合干涉光谱和通过精密调节平台对光纤与敏感膜片的相对位置进行反馈微调，直到获得所需腔长和较好的反射光强。

(4) 得到所需腔长后，适当微调两者角度和位置，保证光纤插芯端面与敏感膜片端面有较高的平行度，实现法珀腔良好的光学性能。采用滴胶工艺黏接光纤与敏感膜片，准确固定光纤插芯端面与敏感膜片端面，组成具有一定腔长的法珀腔。

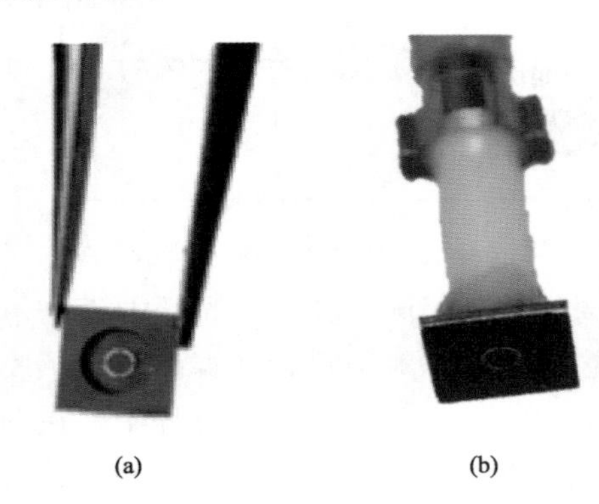

图 3-49　传感器探头装配

（a）敏感膜片；（b）装配后的探头

（5）检测装配是否成功，膜片是否发生损坏，是否可以检测到外界信号。

采用胶封将加工的膜片与光纤端面黏接起来，形成膜片式 EFPI 光纤超声传感器。实验室所用的标准光纤陶瓷插芯直径为 2.5mm，与敏感膜片结构的大孔直径一致。通过膜片大孔和小孔的孔径差来控制法珀腔的腔长，在光纤端面与敏感膜片间形成具有高对比度的干涉条纹，最后用胶将套管固定即可。图 3-49 给出了装配好的传感器探头。

通过设计法珀腔的构建平台，在法珀腔构建时采用光纤跳线与阶梯孔直接黏接的方式，摒弃了粘接光纤前先用 3D 打印支架固定敏感结构的工艺，如图 3-50 所示，简化了法珀腔的构建流程，缩小了探头的封装体积，同时，通过不断改进探头的封装方式，大幅度缩小了封装结构的体积。

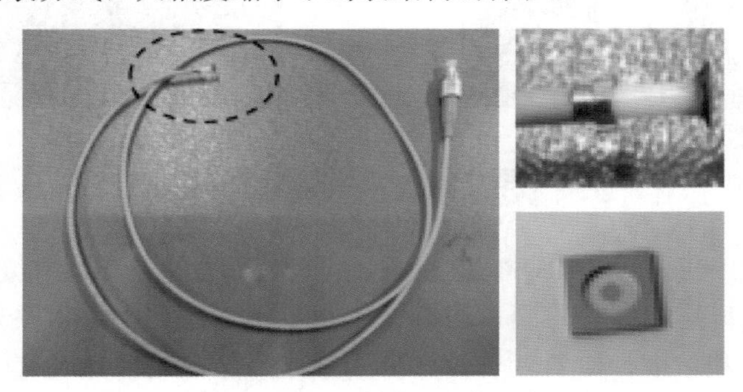

图 3-50　圆形敏感膜片的装配实物图

通过理论计算，图 3-51 展示了法珀腔输出光强与腔长的变化关系。为了使传感器具有线性的工作范围，法珀腔的初始腔长必须安装在操作点附近，即法珀腔的初始腔长必须在 $(k\lambda/2) \pm (\lambda/8)(k=0,1,2,\cdots,\lambda$ 为光源的中心波长）附近。

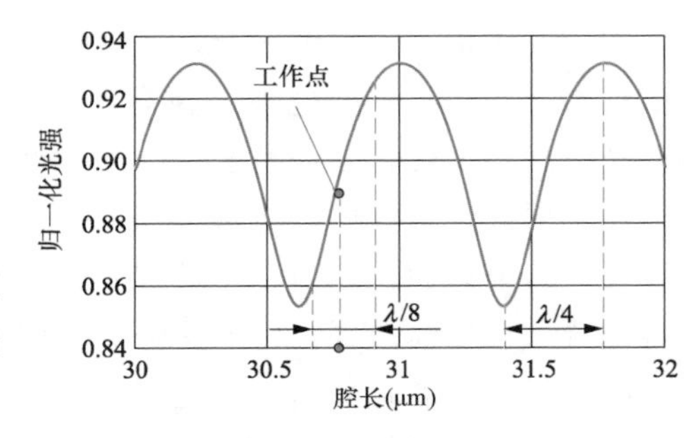

利用精控位移平台搭建了法珀腔

图 3-51　法珀腔输出光纤随腔长变化的关系

的组装平台，实现了法珀腔的精确构建；同时，利用 SLED 宽带光源和光谱仪对组装后的法珀腔长进行了精确测量，测量结果表明组装后的法珀腔工作在操作点，装配后的光谱如图 3-52 所示。

（二）敏感膜片封装结构的理论分析

1. 声学损耗分析

声音强度由振动幅度的大小决定，以能量来计算时称声强，以压力计算时称声压。究其根源，声压值大小与声能的损耗有关，膜片前端结构造成的声波损耗越小，膜片接收到的声压越大。因此，优化需要从声学损耗分析展开。如图 3-53 所示，从传感器结构来分析，造成损耗的部分主要包括封装帽、封装壳体内腔，以下将针对各个部分的声学损耗进行具体分析，并对其他可改进的结构做出调整。

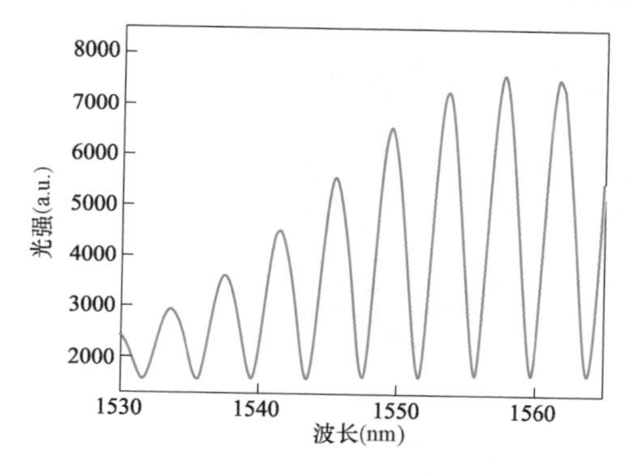

图 3-52　法珀腔的输入光谱和反射输出光谱

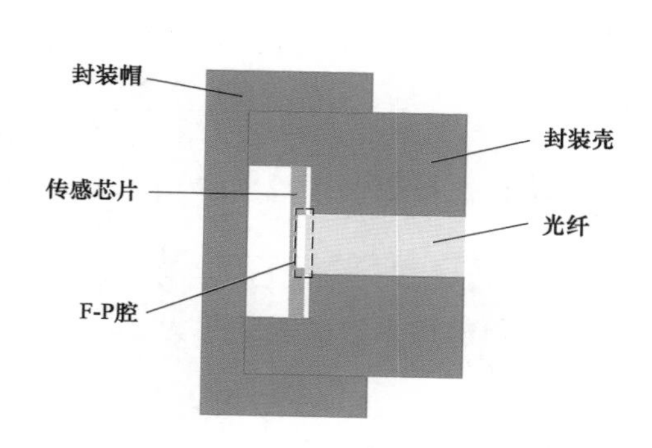

图 3-53　传感器封装结构

按照声波传播的形式分类，一般可将声波分为横波、纵波和表面波。纵波为声波振动方向与传播方向平行的波；横波为声波振动方向与波传播方向垂直的波；表面波是沿物体表面传播的一种弹性波。按照波阵面不同，又可将声波分为球面波、平面波和柱面波。超声波在空气中传播时会引起分子的微小振动，产生一定的热量，造成声波损耗，但本书损耗分析仅针对传感器探头本身，对于空气造成的损耗不予考虑。

2. 声固耦合界面

声波进入传感器首先要经过前端的封装帽，因此声波损耗分析首先从声固耦合界面，即帽端面的透射开始。

如图 3-54 所示，声波从介质 1 经过板 2、射入介质 3 中，各介质中的声压可表示为

介质 1 中：

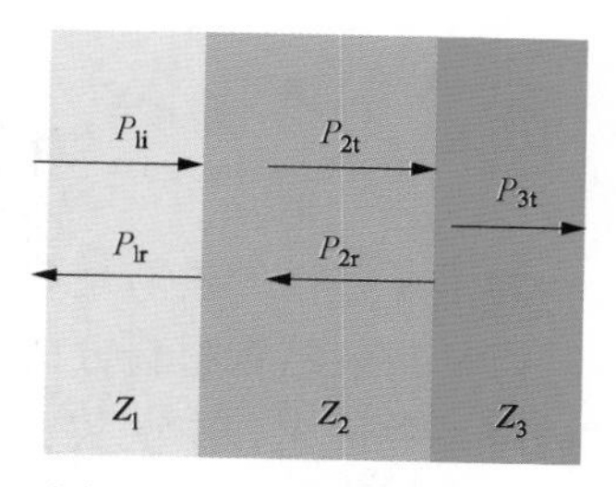

图 3-54　介质层的声透射

$$P_1 = P_{1i} + P_{1r} = A_1 e^{-ik_1 x} + B_1 e^{ik_1 x} \tag{3-2}$$

介质 2 中：

$$P_2 = P_{2i} + P_{2r} = A_2 e^{-ik_2 x} + B_2 e^{ik_2 x} \tag{3-3}$$

介质 3 中：

$$P_3 = P_{3t} = A_3 e^{-ik_3 x} \tag{3-4}$$

式中：P 为声压；A、B 分别为与介质相关的常数；k 为波数；x 为介质厚度；下标中，数字为介质编号，i、r、t 分别代表入射声波、反射声波、透射声波。

透射系数 D 为透射声压与入射声压之比，即 $D=P_{3t}/P_{1i}$；透声系数 T 为透射声强 I 与入射声强之比，即 $T=I_3/I_1$。声强（I）与声压（P）的关系为 $I=P^2/(\rho c)$，推导可得，透声系数与透射系数满足 $T=D^2 Z_1/Z_3$ 的关系，其中 $k=\omega/c$ 为波数，$Z=\rho c$ 为介质特性阻抗，其中 ω 为角频率，c 为声速，ρ 为介质密度。经过推导得出，垂直入射时，单层板的透射系数计算公式为

$$D = \frac{4Z_3 Z_2}{(Z_2 + Z_1)(Z_2 + Z_3)e^{-ik_2 L} + (Z_3 - Z_2)(Z_2 - Z_1)e^{-ik_2 L}} \tag{3-5}$$

将透射系数公式转化为三角函数形式，则式（3-5）转化为

$$D = \frac{2Z_1 Z_2}{Z_2(Z_1 + Z_3)\cos(k_2 L) + i(Z_2^2 + Z_1 Z_3)\sin(k_2 L)} \tag{3-6}$$

求得透声系数的表达式为

$$T = \frac{4Z_3 Z_2}{(Z_1 + Z_3)^2 \cos^2(k_2 L) + \frac{1}{4}\left(Z_2 + \frac{Z_3 Z_1}{Z_2}\right)^2 \sin^2(k_2 L)} \tag{3-7}$$

可以看出，板的透声系数除了与板两侧介质的特性阻抗有关，还与板的特性阻抗以及板的厚度与波长之比 L/λ_2 有关，板的声学特性对声透射有很大作用。

在本次分析中，板两侧介质材料相同，即 $Z_1=Z_3$，透射系数与透声系数的关系为 $|D|=\sqrt{T}$，透声系数公式改写为

$$T = \frac{1}{\cos^2(k_2 L) + \frac{1}{4}\left(\frac{Z_2}{Z_1} + \frac{Z_1}{Z_2}\right)^2 \sin^2(k_2 L)} \tag{3-8}$$

$$|D| = \sqrt{\frac{1}{\cos^2(k_2 L) + \frac{1}{4}\left(\frac{Z_2}{Z_1} + \frac{Z_1}{Z_2}\right)^2 \sin^2(k_2 L)}} \tag{3-9}$$

为了了解板的透射系数，首先从板的材料选择与板的厚度两方面进行分析。

（1）封装结构材料分析。由式（3-8）可以看出，当 $Z_1=Z_2$ 时，$T=1$，此时透声系数最大。本次实验均在空气中进行，介质 1 为空气（$\rho=1.293\text{kg/m}^3$，$c=340\text{m/s}$，$Z=439.62\text{Pa}\cdot\text{s/m}$）。一般的传感器封装壳体是通过机械加工或 3D

打印制造，因此待选的封装材料为铝（$\rho=2700\text{kg/m}^3$，$c=6320\text{m/s}$，$Z=1.7\times10^7\text{Pa}\cdot\text{s/m}$）、钢（$\rho=7800\text{kg/m}^3$，$c=5920\text{m/s}$，$Z=4.6\times10^7\text{Pa}\cdot\text{s/m}$）和光敏树脂材料（$\rho=1130\text{kg/m}^3$，$c=2540\text{m/s}$，$Z=2.9\times10^6\text{Pa}\cdot\text{s/m}$）。真实条件下，难以满足 $Z_1=Z_2$，因而透射系数 $T=1$ 无法实现。

本次材料选择中，其他材料的特性阻抗至少在空气的 1000 倍以上，因此式（3-9）中的 Z_1/Z_2 为极小项，将此项忽略不计，得到简化后的透射系数公式为

$$|D|=\sqrt{\frac{1}{\cos^2(k_2L)+\frac{1}{4}\left(\frac{Z_2}{Z_1}+\frac{Z_1}{Z_2}\right)^2\sin^2(k_2L)}} \tag{3-10}$$

由式（3-10）可以看出，$Z_1/Z_2(Z_2>Z_1)$ 的值越小，即帽材料的特性阻抗与空气越接近，透声系数越大。就金属材料而言，铝的透声系数比钢更好；三种材料综合来看，树脂的透声性能最佳。

（2）封装结构材料厚度。为了使帽的厚度与声波本身具有具象的联系，将厚度表示为与波相关的长度特性参数波长的倍数，即 $L=x\lambda_2$，x 为连续取值的变量。可以推导出式（3-11）所示的透声系数公式，并绘制透射系数 $|D|$ 与变量 x 的函数图像，如图 3-55 所示。

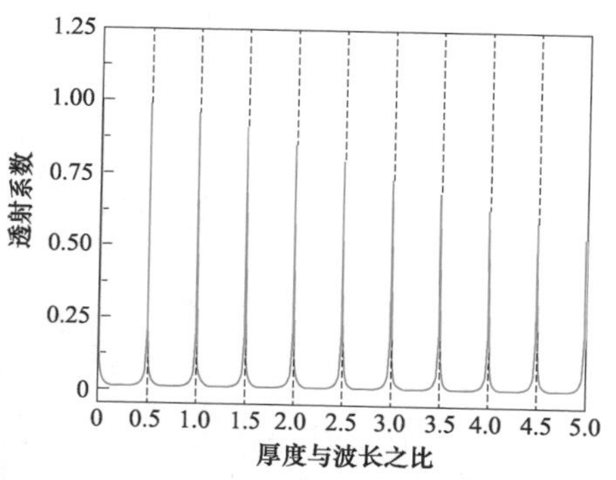

图 3-55　透射系数 $|D|$ 与变量 x 的关系图像

$$|D|=\sqrt{\frac{1}{\cos^2(2\pi x)+\frac{1}{4}\left(\frac{Z_2}{Z_1}+\frac{Z_1}{Z_2}\right)^2\sin^2(2\pi x)}} \tag{3-11}$$

可以看出，当帽的厚度为半波长的整数倍时，即 $L=n(\lambda_2/2)$ 时，透射系数有大幅提升，且随着厚度增加，透声系数的峰值整体呈现下降趋势。事实上，当 $L=n(\lambda_2/2)$ 时，声波产生全透射，这种现象也被称为半波全透射。但金属材料波长太大，半波层太厚，因而半波全投射不具有适用性。而且在全透射附近，曲线很陡，必须使厚度严格满足半波整数倍才有较高的透射率，这一条件很难控制。

若仅在限定的厚度取值范围内绘制函数，则可以得到一个适用于实际情况的帽厚度取值。通过计算得到铝材料中的波长 λ_2 为 0.105m，限定的帽厚度为 2mm 以下，因此 x 取值为 0～0.02，绘图得到图 3-56。由图 3-56 可知，透声系数随厚度的增加而减小，因此帽末端的声压大小也应随厚度增大而减小。因

此，应在加工条件允许的情况下选择较小的厚度。

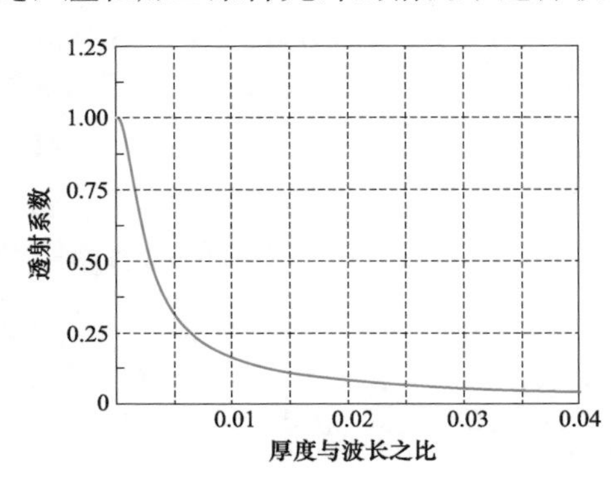

图 3-56　限定范围内透射系数 $|D|$ 与变量 x 的关系图像

3. 封装结构端面上孔的参数选择

对于穿孔板而言，其透声特性取决于板的声阻抗，而影响声阻抗的因素主要有孔径 d(mm)、穿孔率 σ(%)。为保证穿孔后板达到更好的透声效果，需要对这两个参数进行合理选择。帽前端界面上添加孔结构后可视为大量孔的并联，若假设各孔的特性互不影响，多孔板的声阻抗可等效为单孔的声阻抗除以孔数，目前已有关于多孔板声学特性的研究，理论上给出了小孔的声阻抗表达式为

$$Z_{\mathrm{a}}=\frac{128t\rho\gamma}{\pi d^{4}}\sqrt{1+\frac{\varepsilon^{2}}{32}}+j\,\frac{4t\rho\omega}{\pi d^{2}}\left(1+\frac{1}{\sqrt{3^{2}+\frac{\varepsilon^{2}}{2}}}\right) \tag{3-12}$$

$$\gamma=\mu/\rho$$

$$\xi=[\sqrt{(\omega/\gamma)d}]/2$$

式中：t 和 d 分别是小孔长度（即多孔板厚度）和小孔直径；ρ 和 γ 分别是介质的密度和运动黏滞系数是无量纲参数，反映孔径与声波波长的相对大小。

本次分析忽略管口黏滞损耗和辐射的影响，只进行接近理想情况下的分析。穿孔板的声阻抗 Z_{p} 等于单孔的声阻抗 Z_{a} 除以孔数 N，孔数 N 与穿孔率 σ 的关系为 $\sigma=(N\pi d^{2})/4S$，S 为板的面积，则穿孔板的声阻抗为

$$Z_{\mathrm{p}}=\frac{Z_{\mathrm{a}}}{N} \tag{3-13}$$

穿孔板的声透射相当于板与孔并联，由透射部分的分析可知，板的声阻抗越小，透射率越高，因此，孔的尺寸设计目的也在于获得较小的声阻抗。

图 3-57 给出了透声系数与穿孔率及孔径的关系。由分析可得，随着穿孔率的增大，透声系数的最大值逐渐趋向高频波段，且高频波段的透声率有所增加，这表明，随着穿孔率增大，高频透声性能得到改善；而随着孔径增大，高频波段的透声性能明显减小，因此小孔径对于改善高频透声性能有明显作用。

4. 封装结构壳体内腔形状分析

声波经过帽的透射之后到达封装壳的内腔，封装结构内腔的形状也对声波聚集或耗散起到一定的作用，为了使封装壳体内腔对声能有较好的聚集作用，

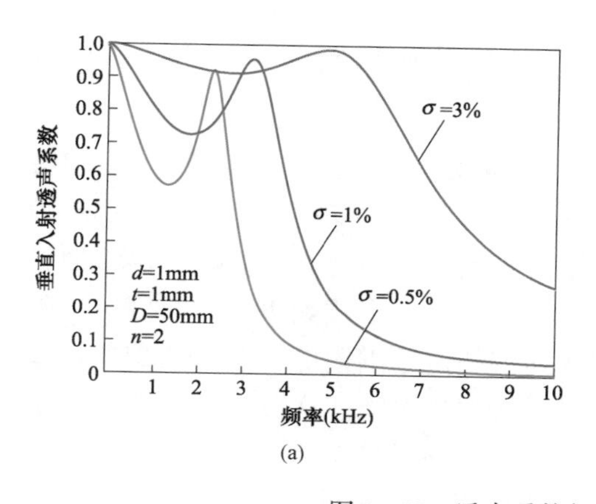

(a)

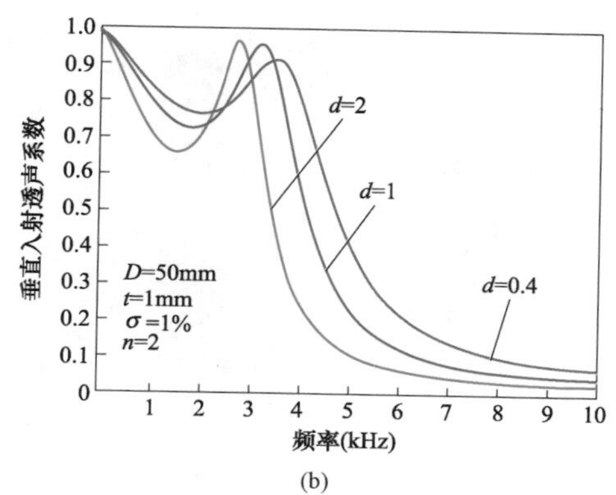

(b)

图 3-57 透声系数与穿孔率及孔径的关系

(a) 穿孔率对透声系数的影响；(b) 孔径对透声系数的影响

本设计在进行内腔形状优化时参考了明清时直径上小下大的“超声换能器形”。与平直形结构相比，超声换能器口是一种聚声更强、耗散更小的优化结构。壳体形状优化方案如图 3-58 所示。

平直结构　　超声换能器结构

图 3-58 封装结构内腔形状优化

5. 封装结构壳体内锥形边的优化

经过初步优化，壳体内腔形状变为标准超声换能器口形状，为了进一步增强声能的聚集，利用算法对超声换能器口侧壁进行形状优化。本次优化以实现超声换能器口末端面的声压最大化为最终目的。利用有限元法计算声压，并借助于零阶优化法进行简单锥形边的形状优化。通过设置几个在一定范围内变化的形状变量，利用包含该变量的多项式局部逼近超声换能器口锥形边，使得逐次迭代中仍能保证获得平滑的锥形边轮廓。

将算法应用于 COMSOL 中，假定超声换能器口半径与简单圆锥的偏离可以表示为 $d_r=\sum_{i=1}^{N}q_i d_i \sin(i\pi s)$，其中，$s$ 是 0～1 之间变化的参数，q_i 是优化变量；d_i 是比例因子；i 是优化变量的数目。该函数为光滑函数，优化变量的数量越多，自由度越大，最终求解的结果更优，但求解的复杂程度更高，求解得到的形状也越可能偏离常规的形状。在 COMSOL 中进行优化求解时，选择 $i=5$，由于壳体整体结构尺寸较小，因此选择 $d_1=1.3\times10^{-6}$ m，$d_2=d_3=d_4=d_5=6.5\times10^{-7}$ m，下式为锥形边优化函数。

$$d_r=\sum_{i}^{5}q_i d_i \sin(i\pi s) \tag{3-14}$$

向轴对称的超声换能器口馈送一个传播方向垂直于端面的平面波，从超声换能器口向完美匹配层传播，超声换能器口末端面的声压积分 p_{m} 作为优化的目

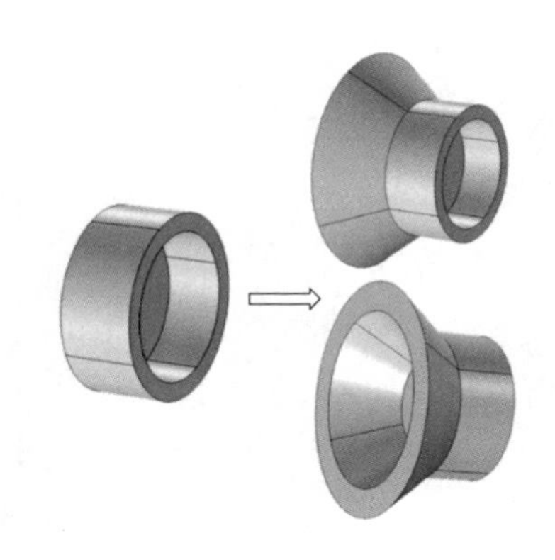

图 3-59　添加超声换能器形聚声筒前后

标函数。边界声压积分表示为 $p_m = \oint p ds$，则目标函数为

$$f(p_m) = 10\log_{10}^{0.5(p_m \cdot p_m)/(2\times 10^{10})} \quad (3-15)$$

在空间内，声波存在发散作用，声波的发散也会导致声能损耗，若在帽前端添加超声换能器形结构，形成聚声筒，则可对传感器探头前端一定范围内的声能形成聚集，增加传感器接收的声能。这种改进也能使传感器探头探测声波的能力得到提升。因此，本次传感器探头封装设计也将增加这种结构，封装帽结构改进如图 3-59 所示。

（三）敏感膜片封装结构的仿真分析

声传播理论是进行声学计算与仿真的理论基础。声的振动传播可以理解为是某种媒介中质点振动由近及远的传播，可简化为声波。在进行声学方程推导时进行如下假设：①介质静止、均匀、连续的；②介质是理想流体介质，即忽略黏滞性和热传导；③声波是小振幅波。

这时介质中任一质量元的运动加速度，满足

$$\rho \frac{dv}{dt} = -\nabla p \quad (3-16)$$

由于介质中任一点的质点运动速度同时是时间 t 和该质点空间坐标 r 的函数，将式（3-16）中对 v 的全微分形式改写为偏微分形式，即

$$\frac{dv}{dt} = \frac{\partial v}{\partial t} + (v \cdot \nabla)v \quad (3-17)$$

由于只考虑小振幅声波，上式中等号右边第二项介质质点振速 v 的二阶小量可以忽略不计，因此式（3-17）可以改写为

$$\rho \frac{\partial v}{\partial t} = -\nabla p \quad (3-18)$$

对于介质中任意一空间元，若空间内没有其他声源，当声波通过时，流入该空间元的介质数量与流出该空间元的介质数量相等，即

$$\frac{\partial \rho}{\partial t} + \nabla \cdot (\rho v) = 0 \quad (3-19)$$

而声波通过介质时，介质密度将发生改变，可记为 $\rho = \rho_0 + \Delta\rho$，其中 ρ_0 为声波通过之前介质的密度，为一常数，则有

$$\nabla \cdot (\rho v) = \rho \nabla \cdot v + \nabla(\Delta\rho) \quad (3-20)$$

对于小振幅声波，上述第二项显然为二阶小量，可忽略不计，因而近似有

$$\frac{\partial \rho}{\partial t}+\rho \nabla \cdot v=0 \tag{3-21}$$

实验研究表明，当声波传播时，若不考虑介质吸收损耗，介质空间各点处声压和介质密度的变化将遵循绝热变化规律，对于气体介质，若气体压力为 p，密度为 ρ，其定压比热与定容比热之比为 γ，则在气体介质中的声速满足

$$c=\sqrt{\frac{\gamma p}{\rho}} \quad 或 \quad p=c^2 \Delta \rho \tag{3-22}$$

式（3-22）为状态方程式，其中声速 c 为常数。将该式代入式（3-16）可得

$$\frac{1}{c^2} \frac{\partial p}{\partial t}+\rho \nabla \cdot v=0 \tag{3-23}$$

利用运动方程和式（3-23）消去 ρ 和 v，可获得 p 所满足的微分方程式为

$$\nabla^2 p-\frac{1}{c^2} \frac{\partial^2 p}{\partial t^2}=0 \tag{3-24}$$

若仅考虑频率为 ω 的单频声波，并取声波的时间因子为 $e^{-i\omega t}$，则式（3-24）可改写为

$$\nabla^2 p-k^2 p=0 \tag{3-25}$$
$$k=\omega / c$$

式中：k 为波数。

式（3-25）即亥姆霍兹方程，是声学频域仿真的理论基础。对于介质中有声源的空间元，设单位时间内流入（流出）单位体积空间的介质量为 Q，此种情况下的连续性方程为

$$\frac{\partial \rho}{\partial t}+\nabla \cdot(\rho v)=Q(r, t) \tag{3-26}$$

消去 ρ 和 v，可获得有声源情况下 p 满足的微分方程式为

$$\nabla^2 p-\frac{1}{c^2} \frac{\partial^2 p}{\partial t^2}=-\frac{\partial Q}{\partial t} \tag{3-27}$$

该式即为声学波动方程，波动方程是进行声学时域仿真的理论基础。

1. 封装结构优化设计有限元分析方案

有限元分析（finite element analysis，FEA）是目前解决应力分析、热传递、流体力学等工程问题的一种行之有效的手段，可分解为“前处理→总装求解→后处理”三步，具体处理流程为：

（1）前处理。这一步主要包括：①建立求解域，并将其分解为有限个单元，即获得节点和单元；②定义单元的物理属性和几何属性；③利用一个近似的连续函数描述每个单元的解；④定义边界条件和载荷。

（2）总装求解。在相邻单元的节点进行总装，建立起整个离散域的线性或者非线性联合方程组。通过迭代法或者直接求解得到单元结点处的近似值。

（3）后处理。对所求出的解进行分析和评价，以便于进一步信息提取和处理。

COMSOL 仿真分析作为有限元分析的一种，其分析步骤也包括“前处理→总装求解→后处理”三步，COMSOL 的前处理大致遵循的流程为：实际问题抽象化、数学化→公式推导→构建三维/二维几何模型→模型的物理、几何参数设定→设置边界条件→设置载荷→网格划分，随后进行总装求解和后处理。

此处的仿真为声学仿真，对各种封装结构的声波损耗进行模拟并对结构进行部分优化，声学仿真的基础为声学方程，时域仿真利用波动方程，频域仿真利用亥姆霍兹方程。

进行三维/二维结构的声波损耗分析时需要建立与传感器封装结构相同的几何模型，这一步可以通过 SolidWorks 建模导入或者直接在 COMSOL 中建立模型。由于本次仿真涉及封装结构材料与参数的选择，这一步在此略去，后续涉及的相关部分将一一进行具体说明。模型建立之后，在传感器之外设置立方体区域作为仿真进行的空气域。由于该立方体的尺寸无法贴合真实情况，为了使仿真尽可能反映真实情况，需要对边界进行设置。

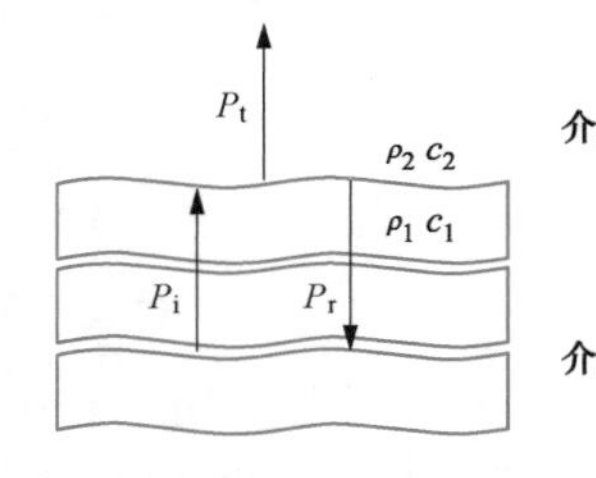

图 3-60　声波透射与反射

如图 3-60 所示，当声波在从一种介质传播至另一介质时，由于界面两端介质的特性阻抗不同，会发生透射与反射。

介质 1 中，声压为

$$P_1 = P_i e^{-i(\omega t+k_1 t)} + P_r e^{-i(\omega t+k_1 t)} \tag{3-28}$$

法向振速为

$$v_1 = \frac{P_i}{\rho_1 c_1} e^{-i(\omega t+k_1 t)} - \frac{P_r}{\rho_1 c_1} e^{-i(\omega t+k_1 t)} \tag{3-29}$$

特性阻抗为

$$Z_1 = \rho_1 c_1 \tag{3-30}$$

介质 2 中，声压为

$$P_2 = P_t e^{-i(\omega t+k_2 t)} \tag{3-31}$$

法向振速为

$$v_2 = \frac{P_t}{\rho_2 c_2} e^{-i(\omega t+k_2 t)} \tag{3-32}$$

特性阻抗为

$$Z_2 = \rho_2 c_2 \tag{3-33}$$

在边界处，界面上声压连续，表示为

$$P_1(x,t)|_{x=0} = P_2(x,t)|_{x=0}, \quad 即 P_i + P_r = P_t \tag{3-34}$$

界面上法向振速连续，表示为

$$u_1(x,t)|_{x=0} = u_2(x,t)|_{x=0}, \quad 即\frac{P_i}{\rho_1 c_1} + \frac{P_r}{\rho_1 c_1} = \frac{P_t}{\rho_2 c_2} \tag{3-35}$$

声压反射系数为

$$R = \frac{P_i}{P_i} = \frac{\rho_2 c_2 - \rho_1 c_1}{\rho_1 c_1 + \rho_2 c_2} = \frac{Z_2 - Z_1}{Z_2 + Z_1} \tag{3-36}$$

声压透射系数为

$$D = \frac{P_t}{P_i} = \frac{2\rho_2 c_2}{\rho_1 c_1 + \rho_2 c_2} = \frac{2Z_2}{Z_2 + Z_1} \tag{3-37}$$

由式（3-37）可知，声波在界面上的反射与透射取决于介质的特性阻抗。

（1）当 $Z_1=Z_2$ 时，$R=0$，$D=1$，声波全部透射。

（2）当 $Z_1>Z_2$ 时，$R<0$，$D<1$，软边界，反射波声压与入射波声压反相。

（3）当 $Z_1<Z_2$ 时，$R>0$，$D>1$，硬边界，反射波声压与入射波声压同相。

（4）当 $Z_1\ll Z_2$ 时，$R\approx 0$，$D\approx 1$，绝对硬边界，反射波声压与入射波声压大小相等、相位相同，边界处合成声压为入射声压的两倍，但实际上发生全反射。

以上几种边界条件中，绝对硬边界由于引入了边界反射声波，对仿真的真实性影响最大，这种声场边界条件即 COMSOL 中的硬声场边界；而 COMSOL 的辐射边界，相当于在求解域外设置了阻抗相等的介质（即 $Z_1=Z_2$），可使通过边界的声波发生全吸收，避免了声波在边界发生反射而影响分析计算结果。这也是此处的仿真所选择的边界条件。COMSOL 中常用的声源有点声源、柱面波声源、球面波声源和平面波声源。此处的仿真主要验证声波损耗问题，为了尽量避免距离及其他因素带来的损耗，选取平面波辐射作为声源进行仿真，平面波声传播过程中波阵面不会扩大，因此能量不会因距离的增加而分散，且质点振速幅值与声压幅值恒定不变。本节所有的仿真都选取声压幅值为 1Pa、频率为 60kHz 的平面波辐射声源。

2. 封装结构仿真验证与设计优化

COMSOL 中建立的封装结构模型如图 3-61 和图 3-62 所示，由封装结构部分与外部空气域共同组成，空气域边界即为声波辐射边界，波辐射方向垂直于帽端面。本次设计结构验证所有的仿真都是依照图中的声源和介质条件进行设置。

3. 封装结构材料仿真

进行材料仿真时，将帽末端面中心后 0.5mm 处的位置作为声压值参考点，在封装帽厚度值进行三次设置，在每种厚度条件下，进行参考点处声压值记录，对比树脂（UTR9000）、铝（Aluminum 3003-H18）、钢材（steel）的透声效

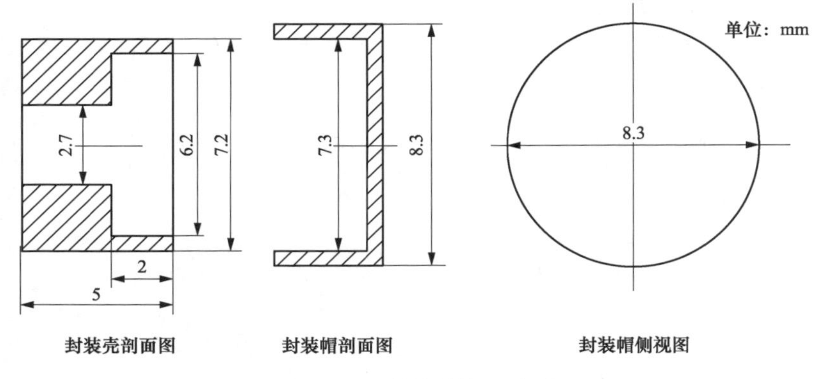

图 3 - 61　封装结构尺寸图

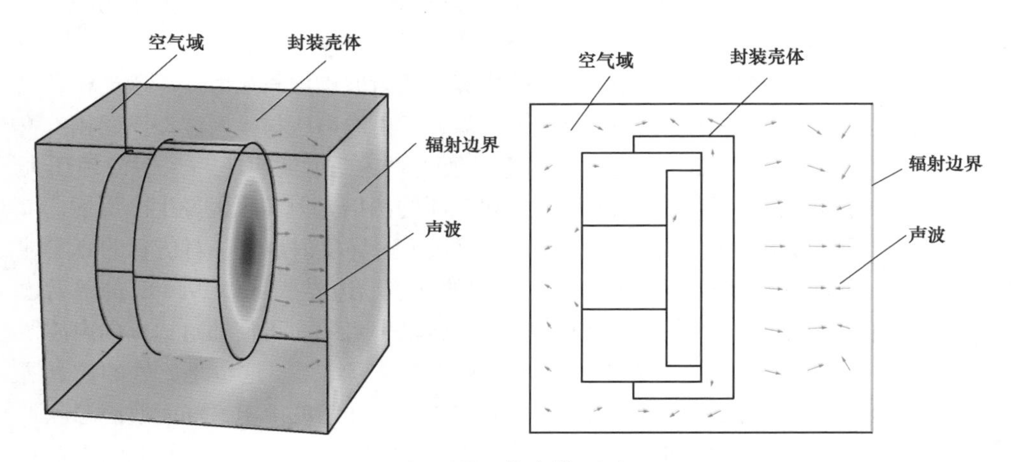

图 3 - 62　仿真模型图

果，结果如表 3 - 1 所示。由理论分析可知，帽材料的声阻抗值越接近空气的声阻抗，则材料的透声性能越好，参考点处的声压值越大，而这三种材料的声阻抗大小为：$Z_S > Z_A > Z_U > Z_{air}$，故声压值应满足 $P_S < P_A < P_U$；由表 3 - 1 可以看出，仿真结果与理论分析得到的结论吻合。因此，仅从减少损耗角度考虑，树脂材料是最佳的封装材料。

表 3 - 1　　树脂、铝、钢材料的参考点处声压值

帽厚度（mm）	声压值 P(Pa)		
	钢材	铝	树脂
1	0.44689	0.44782	0.44826
1.5	0.40946	0.41145	0.41237
2	0.36417	0.36712	0.36878

4. 封装结构厚度仿真

透射系数 D 与帽厚度的关系如图 3 - 63 所示。透射系数 D 为透射声压与入射声压之比，此处的仿真中，用封装帽初末端面中心处的声压值之比作为透射系数 D。理论分析部分得出：在所选定的厚度范围 0～2mm 内，透射系数随厚度增加逐渐减小；而由图 3 - 63 可以看出，仿真所得的透射系数与厚度的关系与理论分析基本一致，呈反相关。但是，理论与仿真两个图像的曲线走向略有不同，这种差异可由多种原因造成，主要有：①理论分析的结构为简单平板状，而仿真时设置的封装帽结构除平板之外，还包括侧壁，结构更为复杂；②仿真设计与理论分析所得的半波长存在差别，这种情况下，即便所选取的厚度范围相同，厚度与半波长之比也不同，这就可能导致理论与仿真的自变量在图 3 - 63 中处于不同阶段，因而曲线变化趋势不相同。分析可知，厚度越小，透声性能越好，因而需尽可能选择较小的封装帽厚度，但设计厚度过小时，实际加工往往难以实现，综合这两方面因素，最终选择封装帽厚度为 1mm。

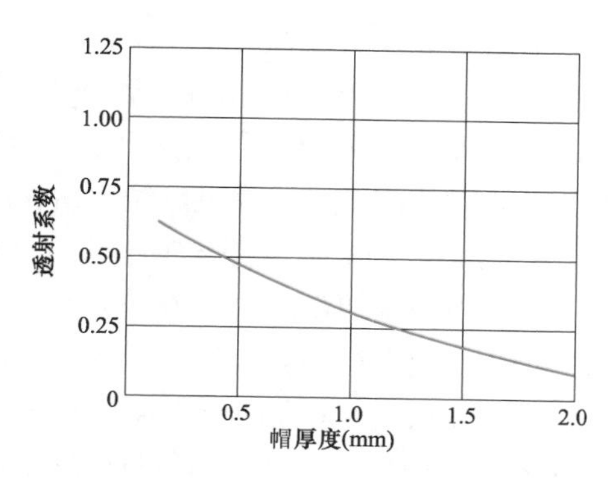

图 3 - 63　透射系数 D 与帽厚度关系图

5. 封装结构的孔结构仿真

通过理论分析可以得到，高穿孔率、小孔径对提高高频波段透射性能有明显改善作用。穿孔率由孔径、孔间距和帽端面尺寸共同决定，由于封装帽本身结构较小，因此，对孔的尺寸和间距造成了一定限制，最终选择在帽端面开 25 个等间距孔，孔半径为 0. 25mm，孔间距为 0. 5mm（见图 3 - 64）。

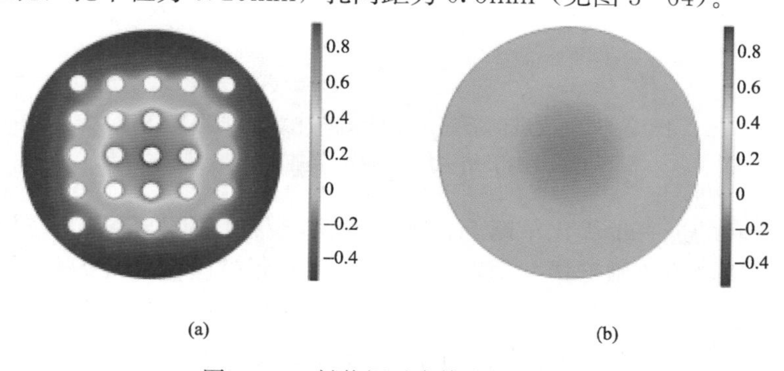

图 3 - 64　封装帽后壳体内部声压图

（a）封装帽前端有孔；（b）封装帽前端无孔

由图中可以明显看出，孔结构后封装壳体内部各个位置的声压数值都有明显增加，可以证明，孔结构对提升封装结构之内的芯片声压有明显改善作用。在进行实验时，由于空气进出孔会产生摩擦损失和声辐射，造成声传播损失，因此实验时的声压对比效果可能比仿真所得有所削减。

6. 封装结构壳体内形状的优化仿真

壳体内腔的初步改进为整体形状的改变，通过设计与分析，内腔形状由阶梯孔状变为超声换能器口形状。图 3-65 为改进前后超声换能器口末端面的声压图像，图 3-66 为末端面沿半径方向的声压值曲线。可以明显看出，阶梯孔结构的声压值在 0.999～1Pa 之间不规则改变，整体浮动范围很小；而超声换能器口结构的声压最大值可达到 2.3Pa 以上，最小值也稳定在 1.9Pa 左右，整个膜片上声压值变化很大，但始终保持较大的数值。与阶梯孔相比，超声换能器口形状将内腔末端接收到的声压大幅提高，增加至原结构的 1.9～2.3 倍。除此之外，内腔形状由阶梯孔向超声换能器口的改变使得声压最大值出现在膜片中心处，而膜片中心形变量对法珀腔的腔长影响最大，这种变化对于提高传感器灵敏度也有明显改善作用。

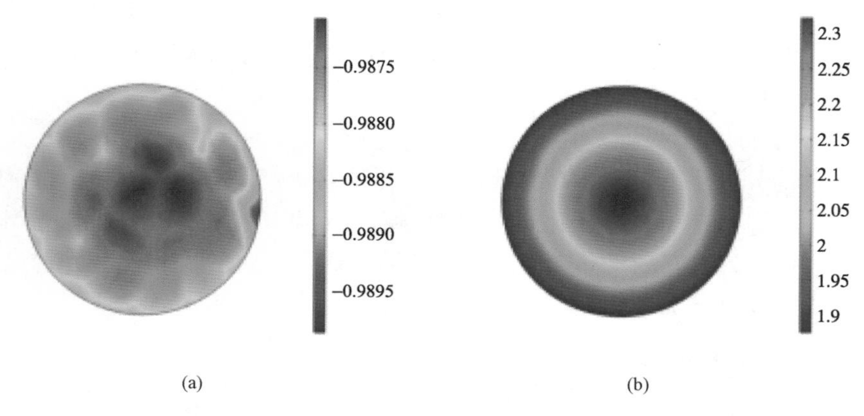

图 3-65　改进前后超声换能器口末端面的声压图像

(a) 阶梯孔结构；(b) 超声换能器口结构

内腔形状的进一步优化策略为：在超声换能器口深度与初末端面半径固定的情况下，通过简单锥形边的形状优化实现末端面声压积分最大化。优化通过建立符合内腔形状的空气域进行，主要通过改进空气域的边界形状实现壳体内腔形状的优化，封装结构的末端附加的半球形完美匹配层（PLM）是用于模拟无限远处的空间，以避免边界反射对结果造成的影响。图 3-67 给出了利用该算法优化后的超声换能器口形状。

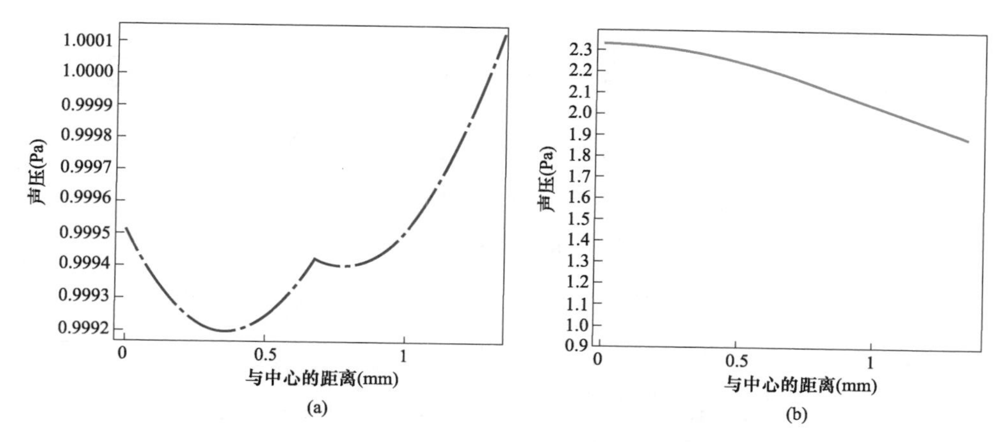

图 3-66　末端面沿半径方向的声压值曲线

（a）阶梯孔结构；（b）超声换能器口结构

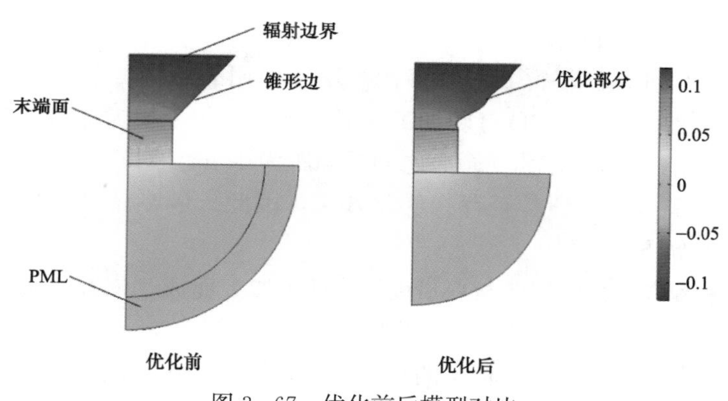

图 3-67　优化前后模型对比

经过优化，简单锥形边变为局部出现弧度的超声换能器口形状，由图 3-68 可以看出，锥形边的形状优化使得沿膜片上的声压值大幅提升，因而这种形状改进是十分有效的封装结构优化方案。实际上，由于封装结构整体尺寸是以毫米为计量单位的，锥形边上的局部弧度尺寸则更小，这种微小结构的加工在目前几乎不能实现，这使得优化后的形状在实际封装中无法应用，因而，本次设计的实验验证将略去这一部分内容，只将其作为一种封装结构的优化方向。

图 3-69 给出了封装帽末端面沿半径方向的声压曲线。两条曲线分别表示封装帽前端无结构与前端增加聚声筒结构时的声压曲线，在增加聚声筒之前，末端面中心的声压值为 2.7Pa 左右，增加聚声结构之后，中心处的声压值增大至 5Pa 以上，声压值增大至 2 倍左右。因此，前端添加聚声筒对提高聚声能力有较为显著的影响。

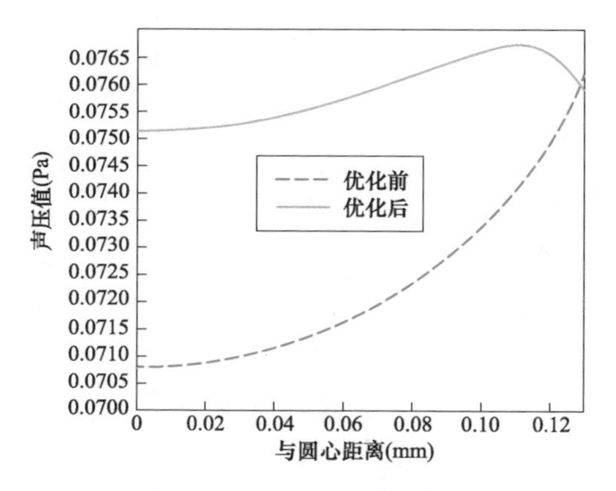

图 3-68 优化前后膜片沿半径方向的声压对比

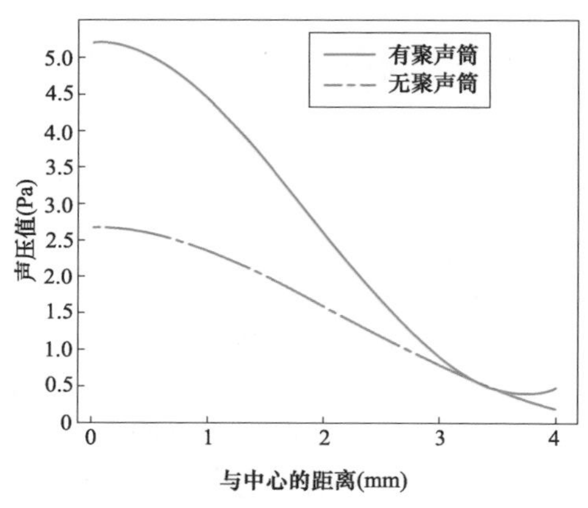

图 3-69 有无聚声筒时帽后声压对比

二、非接触式封装结构的性能表征

（一）敏感结构的封装

经过仿真验证，已经得到一些必然有增强作用的结构，初步确定最终的封装结构为：树脂材料借助 3D 打印加工而成，内腔为超声换能器口结构，封装帽前端开孔，孔径 0.5mm，孔的圆心之间的间距为 1mm。对于一些新型减损结构同样进行测试实验以验证是否存在优化效果，因此，最终需要进行测试实验的两个封装结构如下。

（1）优化结构 1：由树脂材料借助 3D 打印加工而成，内腔为超声换能器口结构，封装帽前端开孔，实物图如下图 3-70（a）所示。

（2）优化结构 2：优化结构 1 的封装帽前端添加聚声筒而形成，实物图如图 3-70（b）所示。

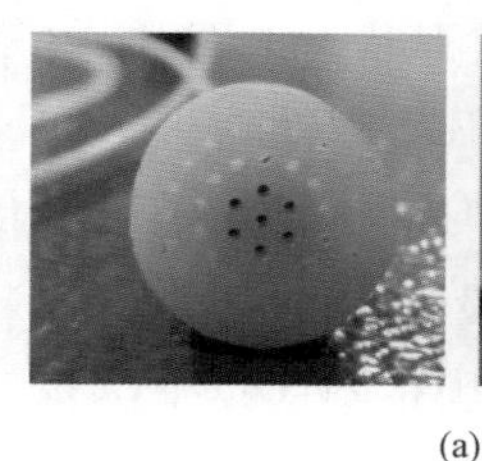
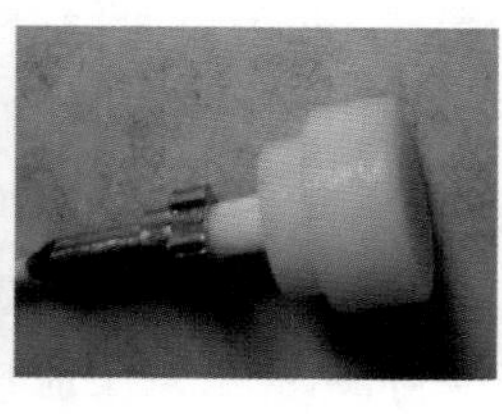

(a)

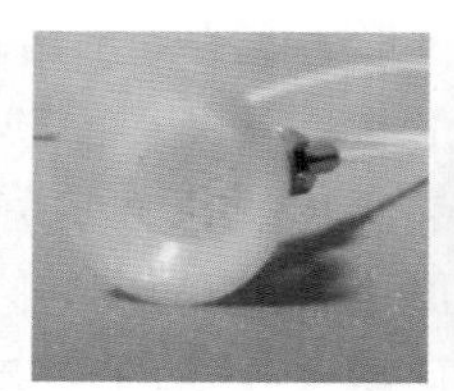
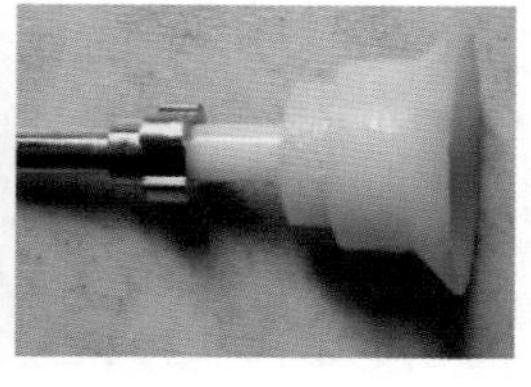

(b)

图 3-70 优化结构

（a）结构 1；（b）结构 2

（二）封装结构的表征

探头加工完成之后即可进行测试系统的搭建，完整的光纤法珀声波探测系统结构如图3-71所示，主要部件为光源、光纤环形器、光纤法珀探头（F-P探头）、放大电路（含光电转换单元、数据采集卡等）以及各种光纤等部件。当声源发射声波时，探头采集声压信号并转化为干涉光信号，干涉光信号经后端的光电转化单元转化为电压信号，随后被数据采集卡的某一通道采集，数据采集卡将采集到的数据传入电脑，在LabView界面显示探测结果。

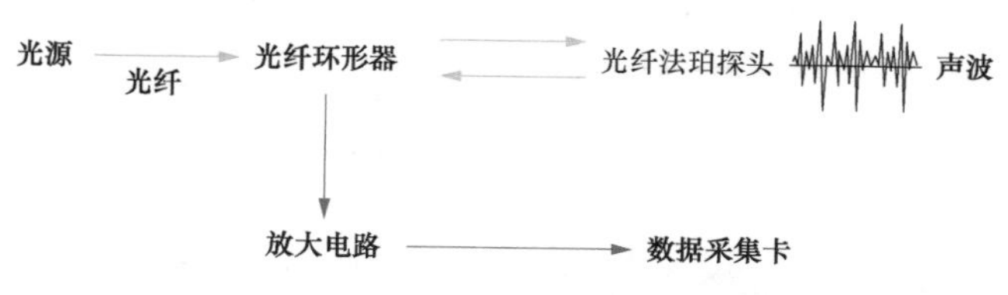

图3-71　光纤法珀声波探测系统结构

光纤法珀探头的探测原理为：光源发射的光经过光纤环形器传输至探头处时，入射光在光纤末端的法珀腔处反射，反射光与入射光形成干涉，干涉光受法珀腔腔长控制，当外界发射声波信号时，芯片采集到声波信号而产生振动，从而导致法珀腔腔长改变，此时干涉光发生变化，干涉光的变化传递着声压信息，通过光电转化单元将干涉光信号转化为电压信号，即可实现声压传感。这些电压信号由数据采集卡采集之后传递给电脑，在LabView中进行电压信号的采集和处理。首先由DAQ助手采集通道中的声压信号向后端传递，采用“DAQ助手函数”对输入到数据采集卡某一通道的信号进行采样，设定的采样频率为250kHz，单周期采样数为200kHz，并选取连续采样的采集模式和RSE的接线端配置；由于实验室内存在各种声源，因此探头采集到的信号来源包括目标声源和其他声波信号，需要对采集到的信号进行滤波，目标声源为特定频率的超声波信号，其与一般声波信号的区别在于频率不同，可通过设定信号的频率范围，筛除由目标声源以外的其他声源产生的声压信号，再设置波形图显示滤波后的信号图，这一步通过在DAQ助手后端设置“滤波器”函数来实现，滤波方式为20～125kHz的带通滤波，采用的拓扑结构为三阶巴特沃斯（butterworth）滤波。

“DAQ助手”“滤波器”和“提取部分信号”三个函数如图3-72示，滤波器设置如图3-73所示。图3-74为滤波后的单次采样图，波形图中的峰值处为膜片起振的时刻，该峰值大小代表本次传感产生的声压大小；为了实现对目标信号进行连续采集，设置While循环结构对每次采样的数据进行储存，并继续下一次采样直至声源发射声波结束。图3-75为While循环结构示意图，图3-76为信号采集与滤波的整体LabView程序图。

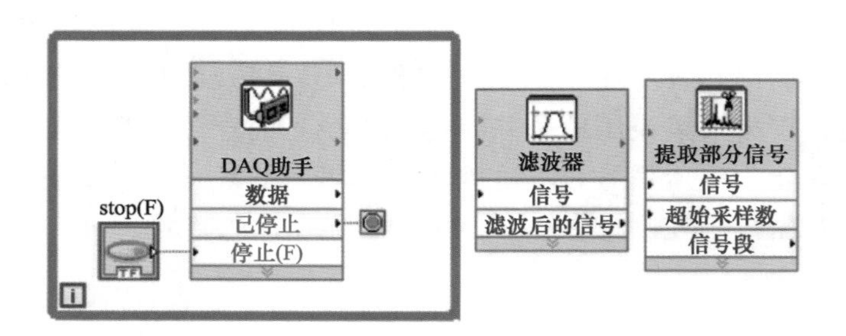

图 3-72　信号采集与初步处理函数

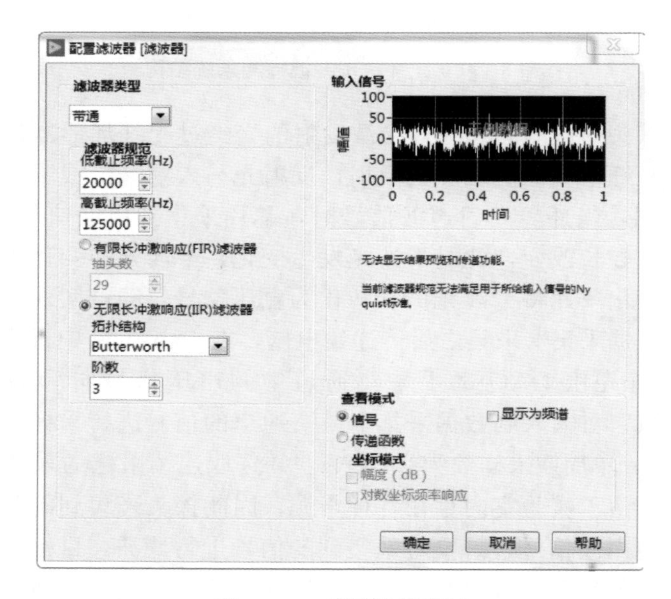

图 3-73　信滤波器设置

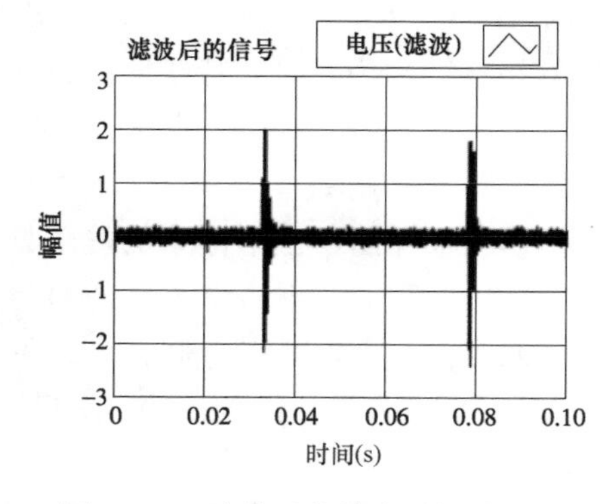

图 3-74　滤波后的单次采样波形图

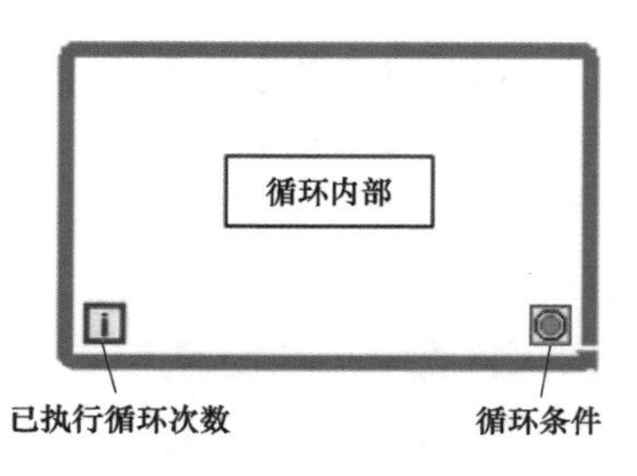

图 3-75　While 循环结构示意图

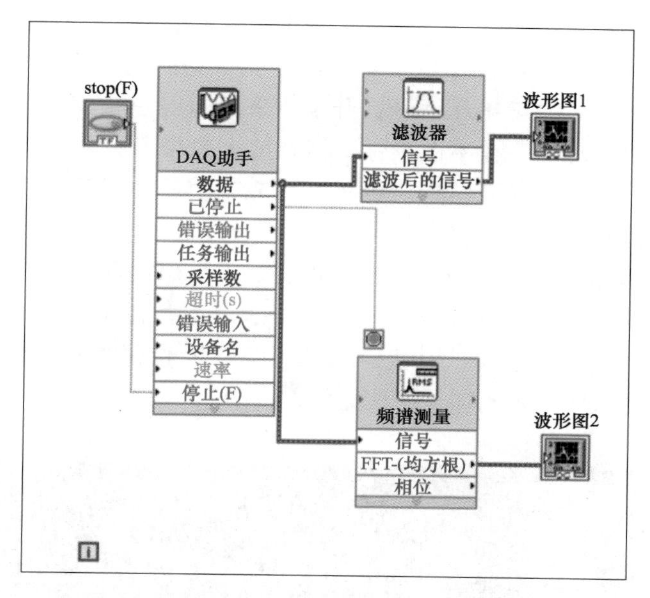

图 3-76　采集信号的 LabView 程序图

此处的测试实验，除了定量获取优化后结构的测量数据外，也是为了验证两种新型声波减损结构是否存在增加接收到的声能、提升传感器性能的作用。为了验证仿真结论，所有测试实验都在统一的前提条件下进行：采用同一声波发射装置；声源在探头封装帽正前方 10cm 处发射声波；不改变入射光的光强。在进行本次优化结构测试实验之前，对实验室的原法珀探头进行信号测试实验。测量结果表明该探头的电压峰值在 0.0035V 以下，由于该探头与优化后的封装探头内部不是同一法珀腔，严格来讲不能作为对比实验，因此，该探头的测试数据仅作为后续进行优化结构数据测试的参考。

首先进行优化结构 1 的测试实验，其测试结果可作为后续新型优化结构的对比，进而验证新提出的封装帽前端添加聚声筒与传感器外部设置抛物面聚声罩能否对传感器性能产生提升作用。由于传感器最终将芯片接收到的声压信号转化为可采集的电压信号，因而传感器性能优劣可通过对比 LabView 中显示的电压信号来获得结论。在之前的仿真验证中，对于优化结构是否有效的评价参数为膜片声压，而实际测试中进行对比的参数为最终的电压信号，因而仿真结论实际上是不精确的，但针对同一种对比，仿真与实验中信号放大或减小的趋势应保持一致。

实验 1 为优化结构 1 的信号测试实验，结合前述仿真分析的结果表明，当树脂材料用于封装时，具有比铝材料更良好的声透射性能，因而本节最终选择的封装材料为树脂材料。借助于 3D 打印加工封装结构，封装结构内腔为超声换能器口结构，封装帽前端有孔，孔径 0.5mm，孔的圆心之间的间距为 1mm。图 3-77 为实验 1 得到的电压信号波形图，本次测试实验得到的电压信号峰值为 0.006～0.007V。与原探头相比，电压信号提升至原来的两倍左右，由于内部的法珀腔不同，这样直接的对比存在不准确性，但就放大效果而言，已经能够表明，本次设计优化后的传感器封装结构对传感器性能有明显的提升作用，并且仍然能够保证对传感器形成保护、确保其使用寿命。另外，从加工角度而言，实验室原本的封装结构都借助于机械加工制造得到，或采用零部件手工组建形成，而本次设计形成的封装结构采用 3D 打印的加工方式，相比于机械加工而言，加工成本和加工周期都大幅减少，但结构的尺寸误差几乎不改变，仅从这一外部因素考虑，加工方式的改进同样是一种优化。

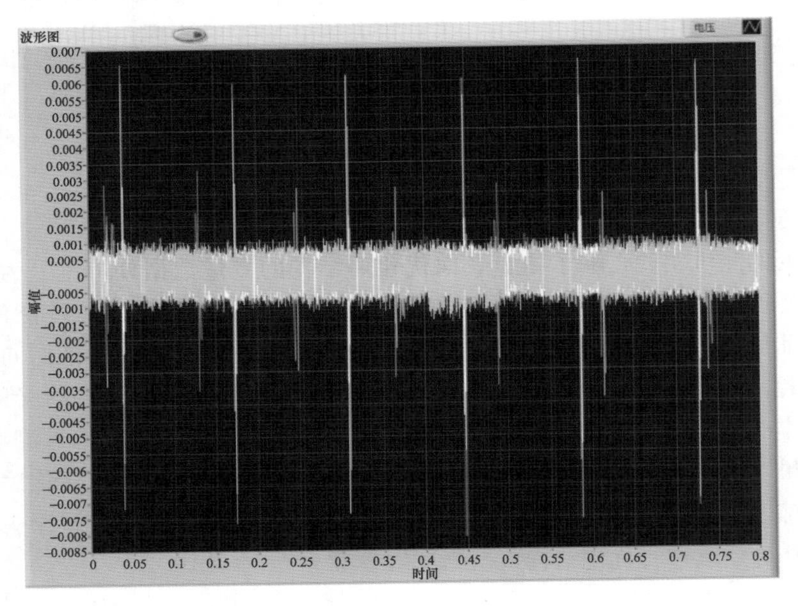

图 3-77　优化结构 1 的电压信号图

实验 2 为优化结构 2 的信号测试实验，该结构在优化结构 1 的封装帽前端设置了聚声筒以聚集周围空间内的部分声波，增加传感器探头内部接收到的声波，该结构仍然采用树脂材料借助于 3D 打印加工而成，内腔为超声换能器口结构，封装帽前端有孔，孔径为 0.5mm，孔的圆心之间的间距为 1mm。图 3-78 为实验 2 得到的电压信号波形图，本次测试实验得到的电压信号峰值为 0.0065～0.009V。与实验 1 的电压信号范围（0.006～0.007V）相比，这一改进措施对电压信号的放大是十分明显的。但是，这种放大效果与仿真结论中所达到的放大倍数也存在较大差异，这种差异可能不仅仅由对比参数的不同导致，还与实验与仿真所设置的外部条件不同有关。在实际中，受限于探头整体的尺寸，前端聚声筒的长度较小，仅为 3mm，这与周围空间的尺寸对比是十分显著的，而在仿真中所设置的理想空间尺寸与探头的尺寸更为接近，因此对于声波的聚集作用也更明显。

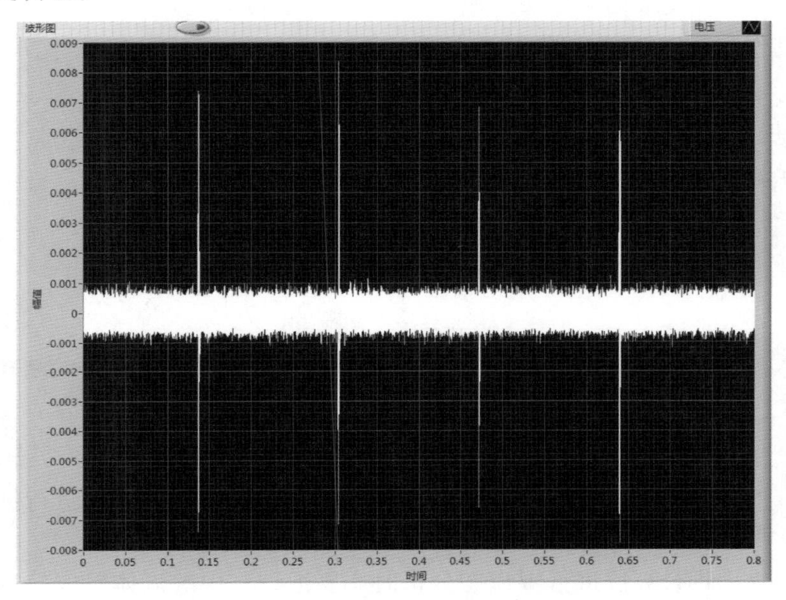

图 3-78　优化结构 2 的电压信号图

三、接触式封装结构的性能表征

局部放电的检测环境常常是油液环境，为了避免敏感膜片被污染，同时降低声波损耗，需对传感器探头进行封装并填充同类介质，但是这种封装方式会对敏感膜片的振动特性产生影响，进而导致传感器的性能出现偏差。本节进一步利用声固耦合法对比分析敏感膜片在油液和空气中的频率响应特性，并设计实验进行验证。

（一）湿模态与声固耦合理论

应用声固耦合原理求解膜片结构的模态时，将流体视作可压缩的声学介质，声场和速度势满足亥姆霍兹波动方程，流体对结构的影响表现为作用在结构壁面的声压动载荷。流体需满足四个条件：①流体可压缩；②流体无黏性；③流体无均匀流动；④流体的密度和压力是均匀的。在实际的湿模态分析中，由于相对振幅较小，故结构服从胡克定律；同时忽略空气和内部液体对结构振动的阻尼作用，将充液结构视为无阻尼线性系统。通过有限元法离散化以后，充液结构系统无阻尼自由振动方程式为

$$\boldsymbol{M}\ddot{\delta}+\boldsymbol{K}\delta=\boldsymbol{f} \tag{3-38}$$

式中：$\boldsymbol{M}$ 为流体质量矩阵；$\boldsymbol{K}$ 为流体刚度矩阵；$\boldsymbol{f}$ 为因结构自由振动而引起的流体矢量。

流体与固体交界面处的法向速度 $\dot{\delta}_n$ 需遵守 Laplace 方程，并利用 Green 函数法对其作离散化处理，即

$$\dot{\delta}_n=\boldsymbol{C}\sigma \tag{3-39}$$

式中：$\boldsymbol{C}$ 为流体阻尼矩阵；σ 由 Green 函数确定。

利用转换矩阵 $\boldsymbol{T}$ 得到

$$\dot{\delta}_n=\boldsymbol{T}\dot{\delta} \tag{3-40}$$

由式（3-39）和式（3-40）可得

$$\sigma=C^{-1}\boldsymbol{T}\dot{\delta} \tag{3-41}$$

引入流体附加质量矩阵 $\boldsymbol{M}_{\mathrm{f}}$ 时，由虚功原理可得到流体作用下的结构运动方程，即

$$(\boldsymbol{M}+\boldsymbol{M}_{\mathrm{f}})\ddot{\delta}+\boldsymbol{K}\delta=0 \tag{3-42}$$

式（3-42）是考虑流体作用下的结构运动方程，通过该式可进行结构湿模态分析。

使用声固耦合算法进行湿模态分析时，要把结构中的流体看成一种声学介质，即一种弹性介质，只需考虑流体体积应变的压力，不考虑流体的黏性力。当结构振动时，在流固交界面上对流体产生负载，同时声压会对结构产生一个附加力。为准确模拟这种情况，需要同时计算结构动力学方程和流体的波动方程来确定交界面上的位移和声压值。假设结构内的流体是理想的声学介质，则波动方程为

$$\nabla^2 p=\frac{1}{c^2}\frac{\partial^2 p}{\partial t^2} \tag{3-43}$$

将声空间有限元方程和结构有限元方程合并求解即可得到声固耦合系统完整的有限元方程，即

$$\begin{bmatrix}\boldsymbol{M}_{\mathrm{s}} & 0\\ \rho_{\mathrm{f}}\boldsymbol{R} & \boldsymbol{M}_{\mathrm{f}}\end{bmatrix}\begin{Bmatrix}\ddot{\boldsymbol{U}}\\ \ddot{\boldsymbol{P}}\end{Bmatrix}+\begin{bmatrix}\boldsymbol{C}_{\mathrm{s}} & 0\\ 0 & \boldsymbol{C}_{\mathrm{f}}\end{bmatrix}\begin{Bmatrix}\dot{\boldsymbol{U}}\\ \dot{\boldsymbol{P}}\end{Bmatrix}+\begin{bmatrix}\boldsymbol{K}_{\mathrm{s}} & -\boldsymbol{R}^T\\ 0 & \boldsymbol{K}_{\mathrm{f}}\end{bmatrix}\begin{Bmatrix}\boldsymbol{U}\\ \boldsymbol{P}\end{Bmatrix}=\begin{Bmatrix}\boldsymbol{F}_{\mathrm{s}}\\ 0\end{Bmatrix} \tag{3-44}$$

式中：$\boldsymbol{M}_{\mathrm{s}}$、$\boldsymbol{C}_{\mathrm{s}}$、$\boldsymbol{K}_{\mathrm{s}}$ 分别为结构质量矩阵、结构阻尼矩阵和结构刚度矩阵；$\boldsymbol{M}_f$、$\boldsymbol{C}_f$、$\boldsymbol{K}_f$ 分别为声场质量矩阵、声阻尼矩阵和声场刚度矩阵；$\boldsymbol{R}$ 为流体和结构的耦合矩阵；$\ddot{\boldsymbol{U}}$、$\dot{\boldsymbol{U}}$、$\boldsymbol{U}$ 分别为结构加速度、速度和位移向量；$\boldsymbol{P}$ 为节点声压向量；$\boldsymbol{F}_s$ 为结构载荷向量。

在分析中不考虑阻尼，故式（3-44）可写成

$$\begin{bmatrix} \boldsymbol{M}_s & 0 \\ \rho_f \boldsymbol{R} & \boldsymbol{M}_f \end{bmatrix} \begin{Bmatrix} \ddot{\boldsymbol{U}} \\ \ddot{\boldsymbol{P}} \end{Bmatrix} + \begin{bmatrix} \boldsymbol{K}_s & -\boldsymbol{R}^T \\ 0 & \boldsymbol{K}_f \end{bmatrix} \begin{Bmatrix} \boldsymbol{U} \\ \boldsymbol{P} \end{Bmatrix} = \begin{Bmatrix} \boldsymbol{F}_s \\ 0 \end{Bmatrix} \tag{3-45}$$

（二）敏感膜片干/湿模态分析模型

本书使用的仿真软件为 Ansys workbench。为了设置对比实验，首先选取 Model 模块对敏感膜片进行干模态分析，建模过程不需要设置流体域。在 Workbench 中建立湿模态有限元模型：敏感膜片为圆柱体模型，半径为 400μm，厚度为 5μm，材料为硅；利用 Encolsure 工具建立外部流体域模型，流体域四周与膜片的距离为 0.5mm，并将膜片和流体域模型合并成 1 个新的整体，目的是避免在网格划分时出现网格干涉问题，为尽量平衡计算资源和计算精度，不同区域采用不同的网格划分类型，设置参数完成后，最后求解湿模态。膜片式法珀传感器的法珀腔两个反射面由光纤端面和敏感膜片组成，内部为空气，膜片并未全部浸没在油中。基于这一点，设计了更加接近实际情况的模拟法珀腔仿真，即在膜片一侧添加空气域来模拟法珀腔，其他区域为水域。法珀腔厚度为 80μm，空气密度为 1.293kg/m³，上层为厚度 5μm 的硅膜片，设置参数完成后，最后求解湿模态。同时利用 Parameters 模块进行参数化分析，将膜片的半径、厚度以及模拟法珀腔的尺寸设为输入参数，将膜片的一阶固有频率设置为输出参数，建立二者的关系，通过参数化仿真寻找其中的规律，避免由于不确定性引发的误差。

（三）敏仿真结果及讨论

本次实验加工膜片的半径分别为 0.2、0.35、0.37、0.4、0.45、0.52、0.54、0.71mm。对半径为 0.4mm、厚度为 5μm 的硅膜片进行多阶模态仿真，得到其前 9 阶固有频率并对其进行线性拟合，结果如图 3-79 所示。

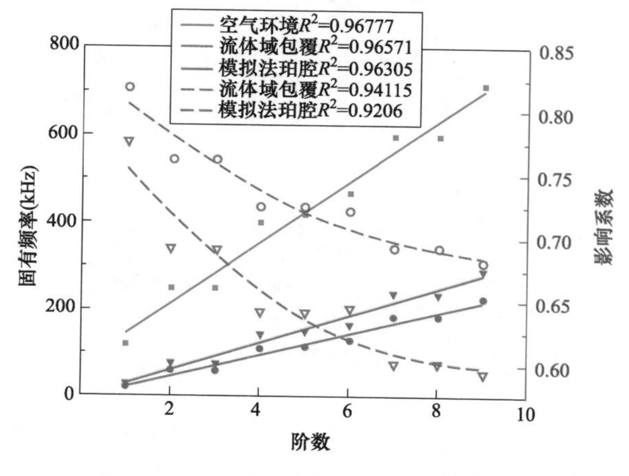

图 3-79　不同阶数固有频率变化趋势

由图 3-79 可知，敏感膜片固有频率在湿模态下远小于干模态，随着阶数的增加，固有频率的增加呈线性趋势、固有频率干湿模态之间的差值不断增加，但流体对结构的影响系数逐渐降低。固有频率有很多阶，但多数研究中只需考虑一阶固有频率，所以后续着重讨论一阶固有频率。

为了探究不同尺寸的膜片受到流体作用的程度，保持膜片厚度为 5μm，对不同半径的膜片进行参数化仿真，得到仿真结果如图 3-80 所示；为了探究不同厚度的膜片受到流体作用的程度，保持膜片直径为 0.8mm，将膜片厚度从 5μm 增加至 14μm，得到仿真结果如图 3-81 所示。

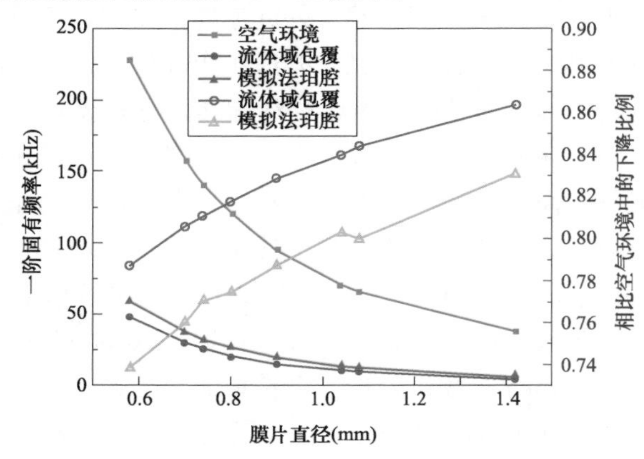

图 3-80　不同膜片直径对不同环境中膜片固有频率的影响

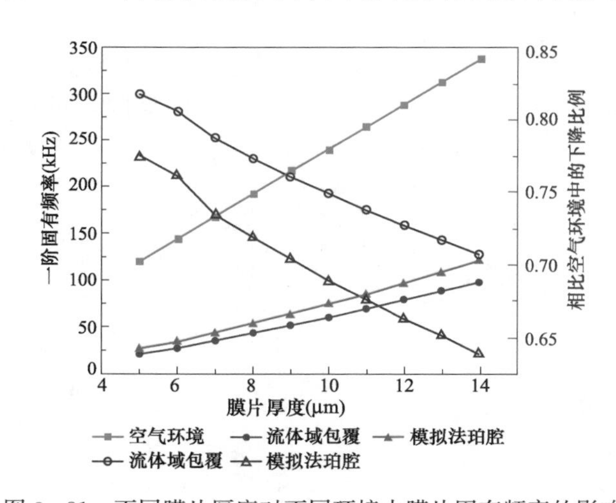

图 3-81　不同膜片厚度对不同环境中膜片固有频率的影响

分析可得，干模态与湿模态均基本符合圆形膜片的振动频率公式：随着厚度的增加，膜片固有频率线性增加；随着半径的增大，膜片的固有频率下降。

同时，随着厚度的增加、膜片半径的减小，即膜片固有频率的增大，无论是流体域包覆还是模拟法珀腔，与干模态相比，一阶固有频率下降的比例均越来越少，即随着振动频率的升高，液体对结构模态特性的影响在逐渐减弱。但是，在目前已加工超声波敏感膜片的尺寸前提下，湿模态与干模态的一阶固有频率差距依然较为明显，膜片在油中的固有频率相比空气中会下降60%～80%，如果继续以空气中膜片的固有频率为标准来使用，那么大概率会导致传感器工作区间低于待测信号的最高频率，影响传感器的正常使用。因此，在实际应用时必须考虑这一点，设计时若采用介质填充封装的MEMS光纤法珀传感器敏感膜片时，应适当增加敏感膜片的固有频率。

（四）接触式封装结构的表征

利用MEMS工艺加工的敏感膜片和光纤端面分别作为MEMS光纤法珀传感器的两个反射面，结构如图3-82所示。光源发出的光经环形器到达探头后，会在光纤端面发生反射和透射，由于反射光在同一根光纤中传输，满足条件而产生干涉，携带干涉信号的光被光电二极管接收后经放大电路传输到信号处理单元。在外界声压的作用下，传感器敏感膜片产生微小形变，法珀腔的腔长也随之发生变化，由法珀干涉的双光束干涉理论可知，法珀腔的反射光强度也会随之改变。将外界声音信号调制到了法珀腔的反射光强度上，并通过后续的解调处理来还原外界声音信号。

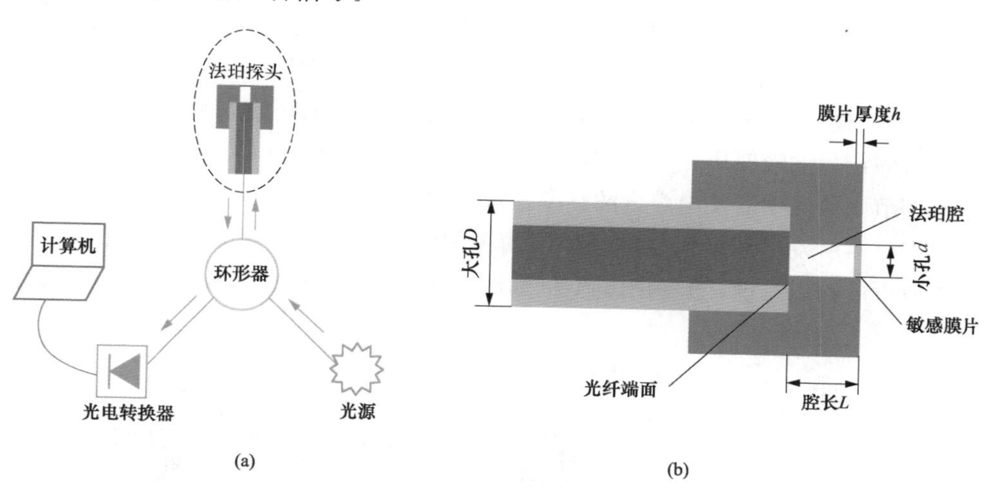

图3-82　MEMS光纤法珀传感器

（a）传感器工作路径；（b）探头结构图

实验所用的敏感膜片为硅材料膜片，采用SOI工艺制备，膜片厚度为5μm，半径为520μm。膜片采用大小孔阶梯状结构。实验室所用标准光纤陶瓷插芯直径为 2.5mm，可直接插入大孔。通过膜片大孔和小孔的孔径差来控制法珀腔的腔长，最后用胶将膜片与单模光纤固定即可，组装好的探头（见图 3－83）腔长约 200μm。

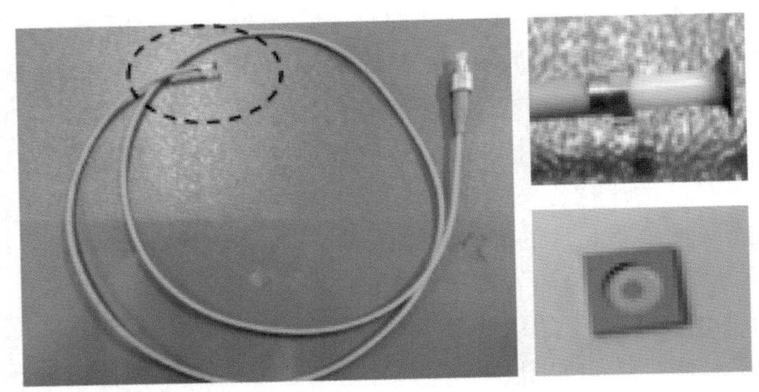

图 3－83　法珀传感器探头实物图

除探头以外，完整的 MEMS 光纤法珀传感系统还包括光源、光纤环形器、光电二极管等光学器件以及放大电路和数据采集卡等电学设备，因此，为了保证最终系统的性能，首先需要选取合适的光学器件。其中，光纤传感系统集成模块将光源、环形器及光电转换单元耦合在一起，由计算机光源软件来控制光源及光功率。实验需分别测试法珀探头无封装状态下在空气中和油液中的固有频率并对比，其中超声波声源使用函数发生器控制，实验系统如图 3－84 所示。实验分为两组，分别在空气中和油液中将函数发生器的声发射模块与传感器探头正对固定，油液使用变压器油，二者距离 1cm，函数发生器的输出电平为 2V。不断调节函数发生器发出声波的频率，观察示波器上的图案，输出幅值最大时，函数发生器所发出超声信号的频率即为膜片的固有频率，测试谐振频率前后多个频率下的输出幅值，绘制出的空气和油中频率—幅值曲线，如图 3－85 所示。

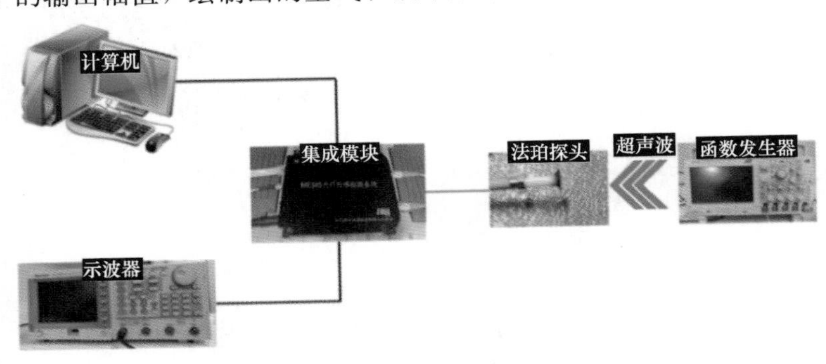

图 3－84　实验系统实物图

分析可得：在空气中输出信号幅值最高点处的振幅为 1.1dB，此时函数发生器所发出的超声信号频率为 56kHz，即敏感膜片固有频率为 56kHz；而当在油液中发出频率为 56kHz 的信号时，传感器输出幅值仅为－14.7dB，可见以空气中的谐振频率值进行信号输入无法让油液中的膜片产生共振，输出幅值较低。当减小频率至新的谐振频率时，传感器输出幅值达到最大，最高点处振幅为 1.4dB，此时函数发生器所发出超声信号频率为 34kHz，即膜片在油中的固有频率为 34kHz，且输出信号的峰值与空气中相近。

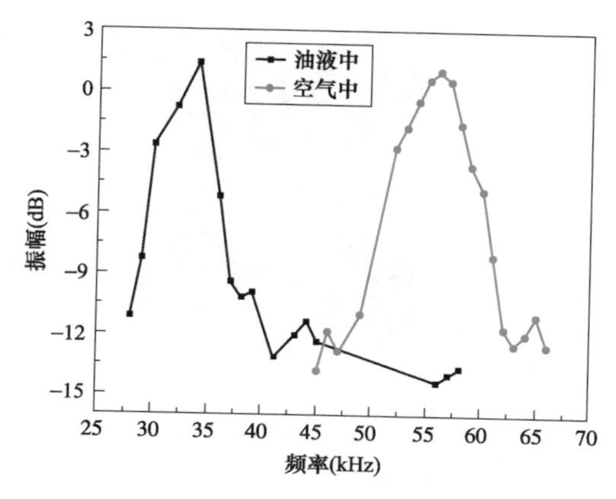

图 3 - 85　法珀传感器空气和油中的幅值—频率曲线

计算可得，敏感膜片在油中的固有频率相比在空气中下降约为 39.3%，虽然由于敏感膜片加工精度的限制、探头组装时的手工误差以及测试误差等因素，与仿真结果中的下降 80%有着较大差距，但验证了仿真中的结论。

上述装配时采用滴胶工艺固定光纤端面与敏感膜片，该固定方式所构建的连接点刚度较低，易受到被测物理量及环境影响，进而引起光纤振动，产生信号噪声。上述装配将光纤与敏感膜片均裸露于空气中，易受到环境污染及损坏，且本节设计的实验场景是在变压器油中对超声信号进行检测，变压器油介质黏滞阻尼和附加质量会对敏感膜片产生影响。因此，需对上述装配完成的检测探头进行封装保护，使得其在变压器油中不被污染和损坏，同时具有稳定的性能。

目前法珀传感器探头最常用的结构如图 3 - 86（a）所示，由封装壳体包裹探头，前面设有通孔封装帽达到对敏感芯片的保护效果。采用该封装方式的传感器探头多用于空气中测量。若采用该封装方式，则传感器探头检测变压器油中局部放电超声信号时，敏感膜片会受到局部放电超声波信号和变压器油介质的黏滞阻力等因素的共同作用，导致膜片的振动能量衰减。同时，变压器油会浸入法珀腔，进而影响腔体内的光束干涉。因此，本节对空气中法珀传感器探头的封装进行了改进，采用声阻抗较小，对液体有较好的隔离效果的防尘防水透声膜和连接点胶封的方式来重点强化封装结构的密封性，避免液体与敏感膜片接触，原理图如图 3 - 86（b）所示。封装得到的传感器探头实物如图 3 - 87 所示。

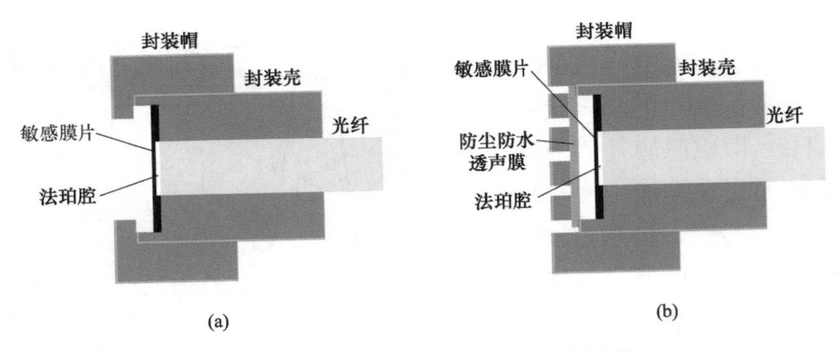

图 3-86　变压器油中传感器探头封装

（a）空气中 EFPI 光纤超声传感器探头封装原理图；（b）变压器油中 EFPI 光纤超声传感器封装原理图

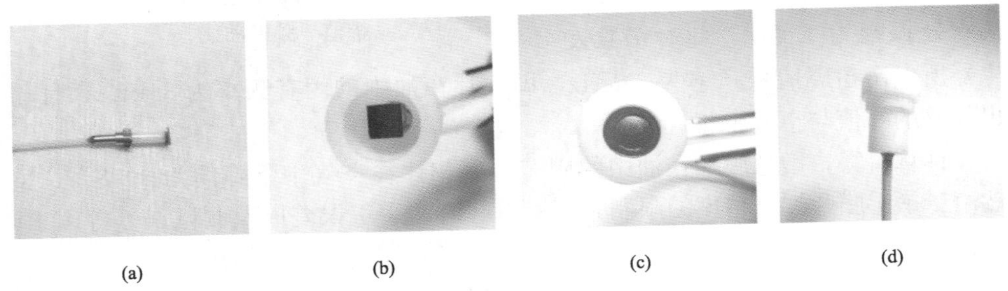

图 3-87　多孔式敏感膜片传感器探头

（a）实物图；（b）未封装图；（c）传感器成品图；（d）传感器成品侧视面

本节通过 SOLIDWORKS 建立密封结构模型并利用 3D 打印工艺打印出可实现嵌入式安装的圆柱形封装外壳。在实验室的液体实验环境下，传感器检测探头仅置于变压器油中，液体压强极低，因此，可忽略液压对防尘防水透声膜和封装外壳的影响。防尘防水透声膜将检测探头与液体环境隔绝起来，使得敏感膜片两端面均处于气体环境中，且其两端气压一致，可认为敏感膜片在液体中无变形。防尘防水透声膜的隔绝作用使得液体环境下敏感膜片对超声信号的感知环境仍为空气，超声信号仅在防尘防水透声膜处发生了液-固-气耦合，仅信号的强度发生变化。因此，敏感膜片对超声信号的耦合仍遵循空气环境下的仿真结果。

考虑本次实验是在实验室环境下考察传感器对超声信号的响应，敏感膜片的工作环境仍为空气，工作环境较为理想且工作时间较短，因此可参考敏感膜片在空气中的受热变形。采用 COMSOL 分析变压器油介质温度从室温上升到 85℃，结果发现，敏感膜片在 z 轴方向的受热变形仅为纳米级别，对法珀腔的影响可忽略，如图 3-88 所示。

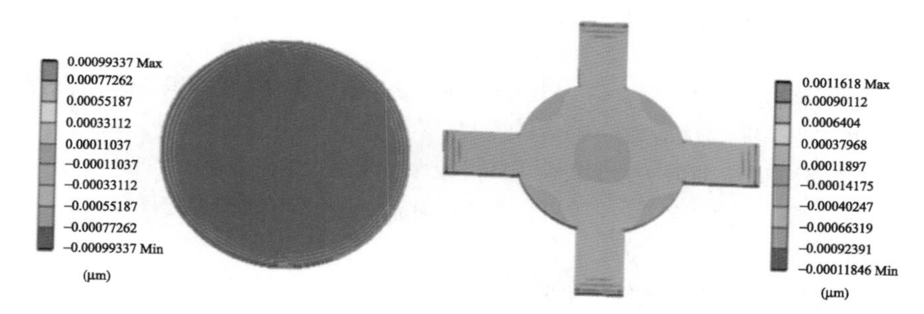

图 3-88　5μm 厚圆形膜片和梁支撑结构在 85℃下沿 z 方向的变形

温度导致的敏感结构变形主要由两个因素引起：①圆形膜片法珀腔完全密封，工作环境中的温度变化引起膜结构内外表面之间的气压不平衡，进而引起敏感膜片变形，然而本节研制的梁支撑结构由于膜结构内外表面存在孔洞，已经完全消除了这一不足；②温度直接导致敏感膜片的热变形。变压器中油温一般低于 85℃，采用热稳态和静结构分析的方法对圆形膜片和梁支撑膜片在 85℃温度下沿 z 方向的变形进行了仿真分析，结果表明膜片变形小于 1.2nm，而该量级变形对传感器性能的影响可完全忽略。

参考文献

[1] MORRIS P, HURRELL A, SHAW A, et al. A Fabry-Perot fiber-optic ultrasonic hydrophone for the simultaneous measurement of temperature and acoustic pressure [J]. Journal of the Acoustical Society of America, 2009, 125 (6): 3611-22.

[2] 张伟超. 液—固复合绝缘局放声发射光纤传感检测技术研究 [D]. 哈尔滨：哈尔滨理工大学，2015.

[3] 贾春艳. 微型低压光纤法布里—珀罗干涉传感器研究 [D]. 大连：大连理工大学，2009.

[4] 李成. 光纤法珀压力传感器的研究 [D]. 成都：电子科技大学，2013.

[5] 靳伟，阮双深，等. 光纤传感技术新进展 [M]. 北京：北京科学出版社，2005.

[6] 章鹏. 光纤法—珀传感器变换解调原理研究及嵌入式系统实现 [D]. 重庆：重庆大学，2005.

[7] DONG B, HAN M, WANG A. Two-wavelength quadrature multipoint detection of partial discharge in power transformers using fiber Fabry-Perot acoustic sensors [J]. Proceedings of SPIE, 2012, 8370: 83700K.

[8] 司文荣，傅晨钊，黄华，等. 局部放电非本征法珀光纤传感检测技术述评 [J]. 高压电器，2018，54 (11)：20-32.

[9] 陈程，洪玮. 化学腐蚀硅表面结构反射率影响因素的研究 [J]. 电子器件，2017，40 (2)：272-275.

[10] 王学会，张伟超，赵洪，等．液体绝缘对光纤法布里—珀罗局放超声传感器特性参数影响［J］. 光学学报，2018，38（4）：88-96.

[11] 李燕青，陈志业，律方成，等．超声波法进行变压器局部放电模式识别的研究［J］. 中国电机工程学报，2003，23（2）：108-111.

[12] 叶玉堂，饶建珍，肖峻．光学教程［M］. 北京：清华大学出版社，2005.

[13] 郭少朋，韩立，徐鲁宁，等．光纤传感器在局部放电检测中的研究进展综述［J］. 电工电能新技术，2016，35（3）：47-53，80.

[14] 赵雷，陈伟民，章鹏．光纤法布里—珀罗传感器光纤端面反射率优化［J］. 光子学报，2007，36（6）：1008-1012.

[15] 李敏．液体电介质局放声测的光纤非本征法珀型传感器的研究［D］. 哈尔滨：哈尔滨理工大学，2009.

[16] 王伟，王赞，吴延坤，等．用于油中局部放电检测的 Fabry-Perot 光纤超声传感技术［J］. 高电压技术，2014，40（3）：814-821.

[17] SHANG Y，NI Q，DING D，et al. Fabrication of optical fiber sensor based on double-layer SU-8 diaphragm and the partial discharge detection［J］. 光电子快报（英文版），2015，11（1）：61-64.

[18] 董青青．绝缘油介质中固体介质对局放声传播影响及 F-P 聚声结构优化设计［D］. 哈尔滨：哈尔滨理工大学，2019.

[19] 杨士莪．声学原理概要［M］. 哈尔滨：哈尔滨工程大学出版社，2015.

[20] 何祚镛，赵玉芳．声学理论基础［M］. 北京：国防工业出版社，1981.

[21] 杜玉新．一种用于局部放电测量的超声波增强接收器及其设计方法：CN110244196A［P］. 2019-09-17.

第四章

基于多物理场耦合的变压器局部放电内置式传感器工作特性仿真分析

目前关于 F-P 传感器固有频率和灵敏度的动力学研究较为丰富，但考虑温度和介质黏性对膜片振动影响的研究相对较少。针对完整膜片（IM）传感器在温度变化时抵抗力低的现象，研究人员提出了一种悬臂支撑膜片（BSM），发现 BSM 结构具有良好的线性响应区域和平坦度，更强的信噪比，但是并未考虑温度对 BSM 膜片的影响，以及膜片在变压器油中振动时，油的附加质量和阻尼效应对振动幅度和固有频率的影响。因此，本章在膜片固体力学的基础上，考虑了温升引起的热膨胀对膜片造成的应力软化和参数变化，通过耦合了膜片热黏性声学与压力声学分析了变压器油对膜片振动相关参数的影响。此外，还结合传感器可能的布置位置以及变压器的实际运行条件，分析了变压器油内的温度场和压力场对膜片振动特性的影响。

第一节　变压器油中法珀腔膜片工作特性影响分析

一、变压器油黏性影响

（一）物理模型及计算方法

依据现有制造工艺和局部放电检测中对特征频率和灵敏度的要求，本模型设计膜片半径 a 为 0.6mm，膜片厚度 h 为 40μm，膜片周围被变压器油包围（见图 4-1），膜片周向外围固定，膜片沿厚度方向自由振动。

在本节中，传感器膜片为圆形石英膜片，石英膜片力学参数如表 4-1 所示。另外，在模拟过程中热粘性声学计算域直径 d_1 为 0.8mm，压力声学计算域直径 d_2 为 1.1mm。变压器油的热物性参数选自 COMSOL Multiphysics 5.2，其密度 ρ、动力黏度 η、定压比热容 c_p 和导热系数 k 均随温度变化，具体如表 4-2 所示。

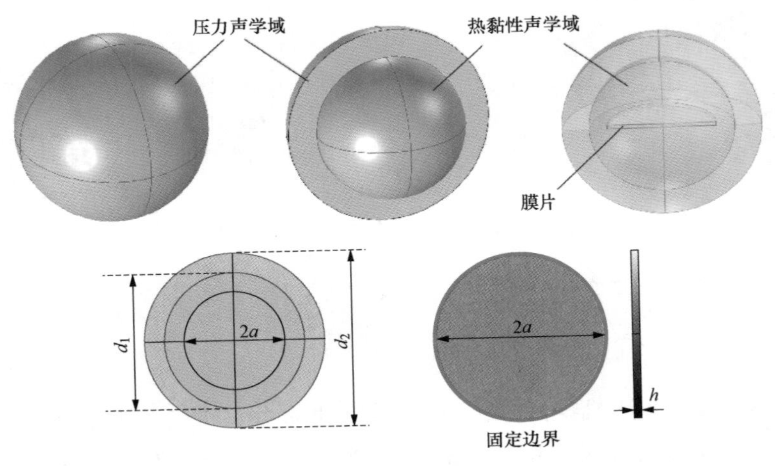

图 4-1　EFPI 传感器膜片计算区域及几何尺寸

表 4-1　圆膜的物性参数

名称	密度 ρ(kg/m³)	杨氏模量 E(GPa)	泊松比 υ	热膨胀系数 α(1/K)
膜片	2200	80	0.17	2.6×10^{-6}

表 4-2　变压器油的热物性参数

参数	关联式
密度（kg/m³）	$\rho=1055.05-0.581753T-6.40532\times10^{-5}T^2(223\text{K}\leqslant T\leqslant373\text{K})$
动力黏度 [kg/(m·s)]	$\eta=\begin{cases}4492.202-64.74088T+0.349900959T^2-8.40477\times10^{-4}T^3\\+7.57041667\times10^{-7}T^4(243\text{K}\leqslant T\leqslant293\text{K})\\91.4525-1.3327058T+0.0077768T^2-2.272714\times10^{-5}T^3\\+3.324197\times10^{-8}T^4-1.94631\times10^{-11}T^5(293\text{K}\leqslant T\leqslant373\text{K})\end{cases}$
定压比热 [J/(kg·K)]	$c_\text{p}=\begin{cases}-117056.38+1816.762T-10.305786T^2+0.02566919T^3\\-2.36742424\times10^{-5}T^4(223\text{K}\leqslant T\leqslant293\text{K})\\-13408.1491+123.044152T-0.335401786T^2\\+3.125\times10^{-4}T^3(293\text{K}\leqslant T\leqslant373\text{K})\end{cases}$
导热系数 [W/(m·K)]	$k=0.134299084-8.04973822\times10^{-5}T(223\text{K}\leqslant T\leqslant373\text{K})$

目前已有研究中，还没有建立起考虑黏性损耗和热损耗的相关的膜片振动模型，而热损耗与黏性损耗在振动过程中是必然发生的。为了简化膜片在变压器油振动的计算，在建立耦合热黏性声学的膜片振动模型之前需作如下假设：①忽略变压器油流动对膜片振动的影响；②膜片周围的环境温度是不变的；

③忽略膜片热膨胀对振动特性的影响；④认为膜片两侧的条件完全相同，不考虑法珀腔限制的影响。

当超声波传播到膜片处，膜片产生振动，附着在膜片上的变压器油会使膜片振动产生质量阻尼与黏性阻尼，从而影响膜片的振动特性。膜片的流—固耦合振动方程为

$$M_s\ddot{w}(t)+C_s\dot{w}(t)+K_s w(t)=F_T(t)+F_P(t,w(t),\dot{w}(t),\ddot{w}(t)) \quad (4-1)$$

式中：M_s 表示质量矩阵；C_s 表示阻尼矩阵；K_s 表示刚度矩阵；F_T 表示外载荷，N；F_p 表示结构振动引起的力，N；$\ddot{w}(t)$ 表示 t 时刻膜片振动的加速度，m/s^2；$\dot{w}(t)$ 表示 t 时刻膜片振动的速度，m/s；$w(t)$ 表示 t 时刻膜片振动的位移，m。

声波在微小的几何结构中传播时，固体壁面附近会产生黏性损耗。声—热效应通常在膜片处于共振状态时最为明显，共振会增强声—热效应并降低膜片的共振频率。为了模拟膜片的声—热效应，须在控制方程中加入黏性损耗和热传导项，并通过纳维—斯托克斯（Navier-Stokes）方程、质量守恒（连续性）方程及能量守恒方程求解，将计算结果代入式（4-1），即可获得膜片在变压器油内的振动方程，具体控制方程如下。

连续性方程为

$$i\omega\rho=-\rho_0(\nabla\cdot\vec{v}) \quad (4-2)$$

式中：i 表示虚数；ω 表示振动角频率，rad/s；ρ 表示背景密度，kg/m^3；ρ_0 表示平均密度，kg/m^3；$\vec{v}$ 表示速度，m/s。

动量方程为

$$\begin{cases}\rho\left[\dfrac{\partial\vec{v}}{\partial t}+(\vec{v}\,\nabla)\vec{v}\right]=-\nabla p+\eta\nabla^2\vec{v}+\left(\eta_B+\dfrac{4}{3}\eta\right)\nabla(\nabla\cdot\vec{v})\\ \eta=b_0\left(\dfrac{1}{Y}+0.8+0.761Y\right)\\ \eta_B=1.002b_0Y\end{cases} \quad (4-3)$$

式中：p 表示压力，Pa；η 表示剪切黏度，Pa・s；η_B 表示容积黏度，Pa・s；b_0 表示第二维里系数；Y 表示相对碰撞频率。

能量守恒方程为

$$i\omega(\rho_0 c_p T-T_0\alpha_0 p)=-\nabla\cdot(-k\nabla T) \quad (4-4)$$

式中：c_p 为恒压热容，J/kg・K；k 为导热系数，W/m・K；α_0 为热膨胀系数，1/K；T 为温度，K；T_0 为平均温度，K。

膜片周边为固定边界，即可认为膜片的边界会约束膜片振动，其边界条件为

$$\begin{cases}w\big|_{r=a}=0\\ \dfrac{\partial w}{\partial r}\Big|_{r=a}=0\end{cases} \quad (4-5)$$

式中：w 表示膜片径向位移，m；a 表示膜片半径，m。

膜片与变压器油的接触面设为流—固耦合边界，在此界面上，流体域的速度与固体域速度相等，不会发生空穴区域，其边界条件为

$$\vec{v}(t)_{\text{fluid}} = \vec{v}(t)_{\text{solid}} \tag{4-6}$$

式中：$\vec{v}(t)_{\text{fluid}}$ 表示变压器油的速度，m/s；$\vec{v}(t)_{\text{solid}}$ 表示膜片的速度，m/s。

热黏性声学域与压力声学域交界设为绝热边界，热损耗与黏性损耗在此界面之外无影响，其边界条件为

$$-k\nabla T = 0 \tag{4-7}$$

压力声学域外边界设为声辐射边界，波动传递到此边界时不会发生反射，而是被全部吸收，其边界条件为

$$-\left(-\frac{1}{\rho}\nabla p\right)+\left(i\frac{\omega^2}{c^2}+\frac{2}{d_2}\right)\frac{p^2}{\rho} = 0 \tag{4-8}$$

式中：ω 表示振动角频率，rad/s；c 表示声音的传播速度，m/s；d_2 表示压力声学域的直径，m。

（二）计算结果分析

对自由振动、不考虑变压器油黏性及考虑变压器油黏性条件下 EFPI 膜片振动的特征频率进行分析。自由振动条件下 EFPI 膜片振动的一阶、二阶和三阶振型如图 4-2 所示。

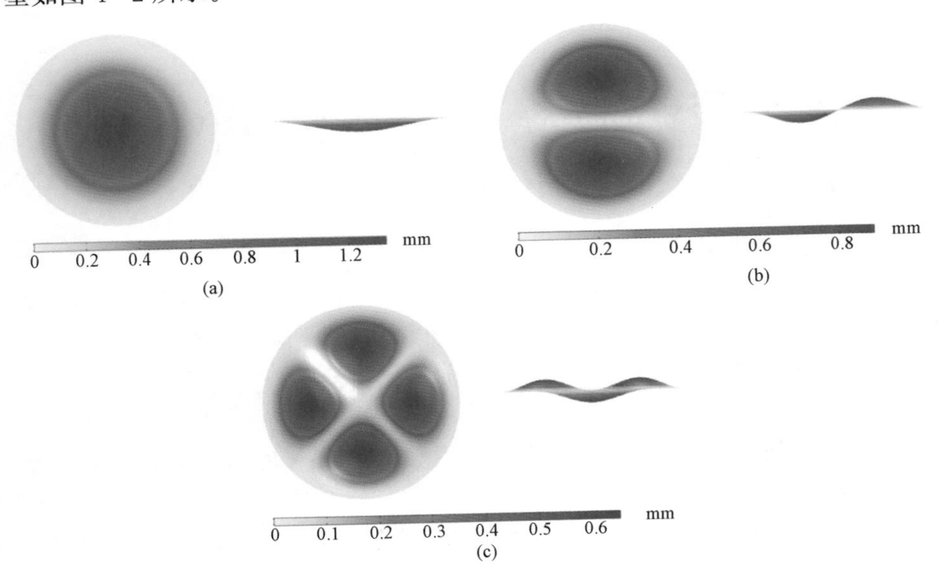

图 4-2　自由振动条件下 EFPI 膜片振型图

（a）一阶振型；（b）二阶振型；（c）三阶振型

从图 4-2 可以看到，在一阶模态下 EFPI 膜片具有相同的相位点，而高阶模态下 EFPI 膜片各点的相位不尽相同，相位不同的振型不利于超声信号解调，所以高阶振动模态下，不利于通过反射光强度判断膜片的振动情况。因此，在 EFPI 膜片设计时，应控制膜片的一阶响应频率在超声波检测范围内，并且高阶响应频率应该超过局部放电超声波的频率上限。此外，还可以看到，随振动模态阶数增加，膜片振幅逐渐减小，这表明 EFPI 膜片在一阶模态下灵敏度最高。

不同条件下 EFPI 膜片一阶、二阶和三阶固有频率如表 4-3 所示。从表中可以看到，相比自由振动状态，不考虑变压器油黏性和考虑变压器油黏性时，EFPI 膜片的一阶固有频率下降 61.1%和 61.3%，二阶固有频率下降 51.7%和 52%，三阶固有频率下降 46.1%和 46.4%。这表明，变压器油对 EFPI 膜片振动的固有频率影响显著，且对低阶模态固有频率影响更为明显，这是因为当膜片工作在变压器油介质中时，膜片的质量阻尼相比自由振动增大，膜片固有频率随之降低。另外，考虑黏性时，膜片周围变压器油的温度会出现波动，改变变压器油密度和质量分布，进而影响膜片振动的固有频率。由于变压器油温度波动较小，其对膜片固有频率影响较小。

表 4-3　　不同条件下膜片固有频率

振动模态	自由振动（kHz）	变压器油无黏性（kHz）	变压器油有黏性（kHz）
一阶振型	315.4	122.55	121.91
二阶振型	648.9	313.34	311.57
三阶振型	1050.9	566.63	563.05

在变压器箱体内部，局部放电产生的超声波声压可达 0～300Pa。本处假设 EFPI 膜片的面载荷为 100Pa，对自由振动、不考虑变压器油黏性及考虑变压器油黏性条件下 EFPI 膜片振动进行频域分析。首先对考虑变压器油黏性条件下 EFPI 膜片振动一阶模态速度场进行分析。考虑变压器油黏性时，EFPI 膜片周围流体的速度分布如图 4-3 所示，从图 4-3 可以看到，膜片振动时，膜片表面附近流体速度梯度较大，从而导致膜片振动过程产生黏性损耗。

通过比较膜片振动频率分别为 120010Hz 和 121760Hz 时膜片周围流体的速度分布，发现当膜片振动接近固有频率时（122460Hz，见图 4-4），由于膜片振幅较大，其对流体速度场影响范围较宽，强度较大。当膜片振动远离固有频率时（122460Hz，见图 4-4），膜片振动对流场影响相对较小。考虑变压器油黏性时，流体最大速度随膜片振动频率变化如图 4-4 所示，从图 4-4 可以看到，当膜片振动频率趋近固有频率时，膜片周围流体速度较大，反之膜片周围流体速度较小。当膜片振动处于固有频率时，膜片周围流体速度达到峰值。

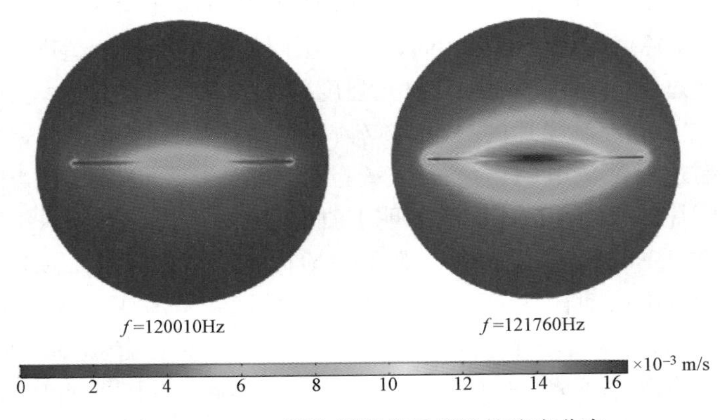

图 4-3　EFPI 膜片周围变压器油的速度分布

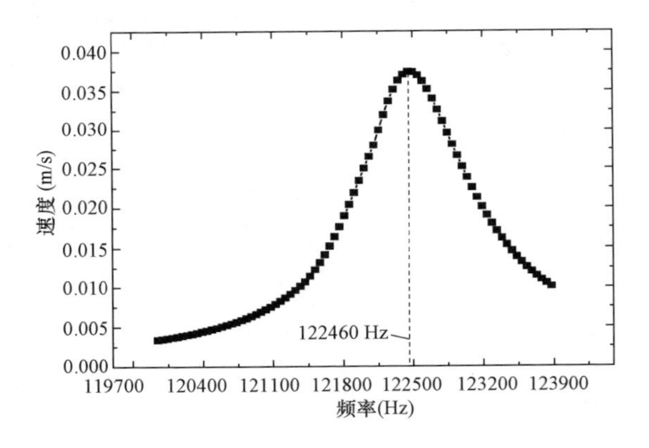

图 4-4　流体最大速度随膜片振动频率变化

考虑变压器油黏性时，EFPI 膜片周围流体的温度分布如图 4-5 所示，从图 4-5 可以看到，膜片振动时，其表面附近流体温度梯度较大，相比不同振动频率下膜片周围流体的速度变化（图 4-3），当膜片振动频率变化时，膜片周围流体温度变化相对较小。

不同条件下 EFPI 膜片一阶模态振幅随频率的变化如图 4-6 所示，从图 4-6 可以看到，考虑变压器油黏性影响时，膜片振动固有频率减小，不考虑变压器油黏性和考虑变压器油黏性条件下 EFPI 膜片一阶模态固有频率对应的振幅分别为 2.87×10^{-4}m 和 4.31×10^{-5}m。由此可见，变压器油黏性对 EFPI 膜片一阶模态固有频率所对应的振幅影响显著。变压器油的黏性损耗会导致膜片振动减弱，振幅减小。因此，在 EFPI 膜片设计时，须考虑变压器油对膜片灵敏度的影响。

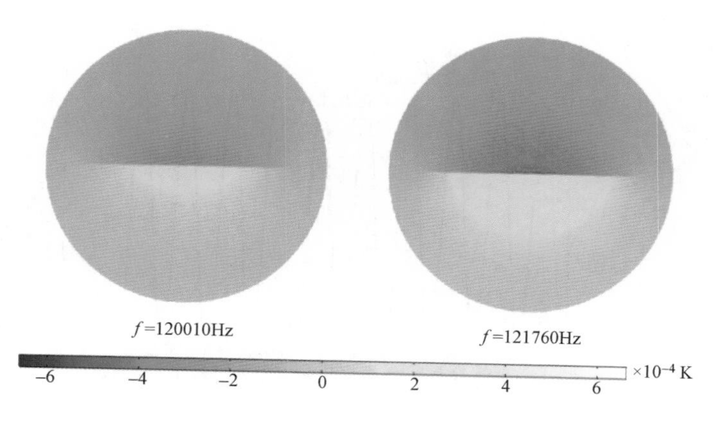

图 4-5　EFPI 膜片周围变压器油的温度分布

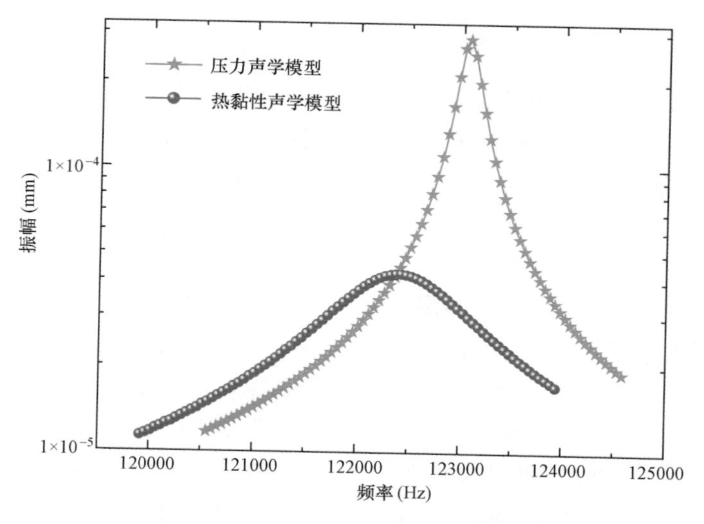

图 4-6　不同条件下 EFPI 膜片一阶模态振幅随频率的变化

对不考虑变压器油黏性和考虑变压器油黏性条件下 EFPI 膜片振动进行时域分析。计算时间步长为 0.05 倍周期时长，膜片面载荷为 100Pa，计算分析膜片在 10 个振动周期内的瞬态响应。不同条件下 EFPI 膜片中心位移随时间的变化如图 4-7 所示。

从图 4-7 可以看到，在不考虑变压器油黏性时，膜片振动为无阻尼振动，其振幅不随时间变化，考虑变压器油黏性时，膜片振动为阻尼振动，膜片振动过程中存在能量损耗，其振幅随时间逐渐减小。由此可见，变压器油黏性对 EFPI 膜片振动的时域特性影响较为明显，在设计 EFPI 传感器膜片时，须考虑变压器油黏性对膜片振动位移衰减的影响。

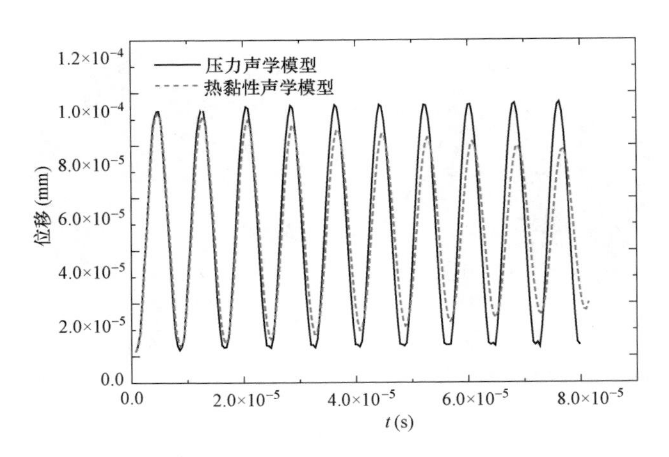

图 4 - 7　不同条件下 EFPI 膜片中心位移随时间的变化

二、油温度场与压力场影响

（一）物理模型及计算方法

本节选取膜片的半径 a 为 0.6mm，厚度 h 为 40μm，膜片处于变压器油介质中。热黏性声学域半径 d_1 为 0.8mm，压力声学域半径 d_2 为 1.1mm，具体结构如图 4 - 1 所示。

根据前述变压器温度场计算结果可知，变压器油的热点温度随入口流速在一定范围内波动，要保证变压器温度在合适范围内尽可能节省能量消耗，减小入口流速，因此此处选取入口流速为 0.1m/s 时的计算结果进行分析。

当入口流速为 0.1m/s 时，变压器内的热点温度波动为 337.66～371.06K。因此，选取的温度波动范围为 333～373K，假设膜片的加工设计温度为 293K，求解计算温升 40～80K 时，膜片产生的热应力。膜片作为传感器重要的弹性元件，可以由硅（石英）、银、石墨烯等材料制成，不同材料的热膨胀系数、泊松比等物性参数差别很大，本节选用由石英和银材料制成的膜片进行热应力分析。石英膜片物性参数如表 4 - 4 所示。

表 4 - 4　　石英膜片物性参数

材料	密度（kg/m^3）	杨氏模量（GPa）	泊松比	热膨胀系数（1/K）
石英	2200	80	0.17	2.6×10^{-6}
银	10500	83	0.37	18.9×10^{-6}

膜片可以认为是具有特殊形状的弹性物体，由于本书所研究膜片的厚度远小于膜片的半径，因此，可以将膜片应力简化为平面应力，忽略法向热应力的影响。根据弹性力学原理可知，平面无体积力的应力方程可以简化为

$$\begin{cases}\frac{\partial\sigma_{xx}}{\partial x}+\frac{\partial\sigma_{xy}}{\partial y}+\frac{\partial\sigma_{xz}}{\partial z}=0\\\frac{\partial\sigma_{yx}}{\partial x}+\frac{\partial\sigma_{yy}}{\partial y}+\frac{\partial\sigma_{yz}}{\partial z}=0\\\frac{\partial\sigma_{zx}}{\partial x}+\frac{\partial\sigma_{zy}}{\partial y}+\frac{\partial\sigma_{zz}}{\partial z}=0\end{cases}\tag{4 - 9}$$

式中：σ 表示应力张量，N/m^2。

考虑热应力的应力应变关系式为

$$\begin{cases}\frac{\partial^2\varepsilon_{xx}}{\partial y^2}+\frac{\partial^2\varepsilon_{yy}}{\partial x^2}=\frac{\partial^2\varepsilon_{xy}}{\partial x\,\partial y}\\2\,\frac{\partial^2\varepsilon_{xy}}{\partial x\,\partial y}=\frac{\partial}{\partial x}\left(\frac{\partial\varepsilon_{xy}}{\partial z}-\frac{\partial\varepsilon_{yz}}{\partial x}+\frac{\partial\varepsilon_{xz}}{\partial y}\right)\end{cases}\tag{4 - 10}$$

式中：ε 表示应变张量。

本构方程为

$$\begin{cases}\varepsilon_{xx}=\frac{1}{E}(\sigma_{xx}+\nu\sigma_{yy})-\frac{\nu_z}{E_z}\sigma_{zz}+\alpha\cdot\Delta T\\\varepsilon_{yy}=\frac{1}{E}(\sigma_{yy}+\nu\sigma_{xx})-\frac{\nu_z}{E_z}\sigma_{zz}+\alpha\cdot\Delta T\\\varepsilon_{zz}=\frac{1}{E_z}\sigma_{zz}-\frac{\nu_z}{E_z}(\sigma_{yy}+\nu\sigma_{xx})+\alpha_z\cdot\Delta T\\\varepsilon_{jz}=\frac{1}{G}\sigma_{jz}\quad\varepsilon_{xy}=\frac{1}{G}\sigma_{xy}\quad j=\{x,y\}\end{cases}\tag{4 - 11}$$

式中：E 表示杨氏模量，GPa；G 表示剪切模量，GPa；ν 表示材料的泊松比；α 表示材料的热膨胀系数，1/K；ΔT 表示温度变化量，K。

膜片圆周设置为固定边界条件，上下表面设置为自由边界，当迭代计算残差小于 10^{-6}时，认为计算达到收敛。

（二）计算结果分析

当温度升高 40K 时，石英膜片的应力分布结果见图 4 - 8，膜片产生的应力主要是由固定边界造成的，膜片受热向外膨胀，在边界处受到挤压而产生应力。膜片产生的热应力与温度的关系如图 4 - 9 所示，从图中可以看出，膜片所受的应力与温升成线性变化，温升越高，膜片的应力越大，这与膜片膨胀的热应力模型相吻合，不

图 4 - 8　温升 40K 时膜片应力（石英）

同的材料由于泊松比、热膨胀系数等参数的差异，在相同的温度变化下，产生的应力可能会有一个甚至几个数量级的差异。

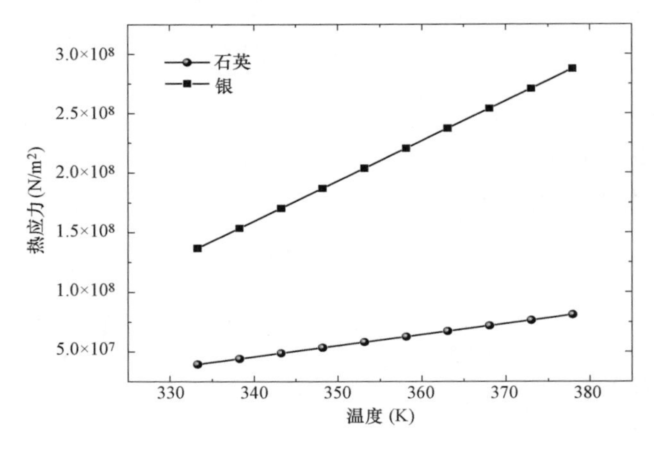

图 4-9　膜片应力与温度关系

膜片自由振动与变压器油内振动的固有频率与温度变化的关系如图 4-10 所示。

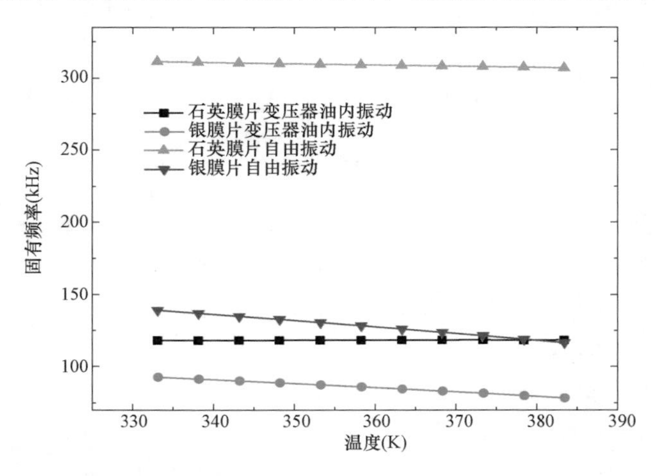

图 4-10　不同材料膜片的热应力对固有频率的影响

可以发现，无论是银膜片还是石英膜片，自由振动时的固有频率都随着温度的升高而降低，这是因为温度升高时，膜片受热膨胀产生热应力，造成膜片的应力软化，降低膜片的刚度，使膜片的固有频率降低。石英膜片的热膨胀系数要比银膜片小一个数量级，因此石英膜片的固有频率受温度的影响较小；银膜片的热膨胀系数较大，温度升高时热应力也要高于石英膜片，因此银膜片的固有频率受温度影响较大。

在变压器油内振动时，石英膜片的固有频率受温度的影响很小，基本保持在恒定值，而银膜片的固有频率则随温度的升高而降低。石英膜片固有频率平均降为自由振动的39%左右，而银膜片固有频率平均降为自由振动的68%左右。当温度升高时，变压器油的黏性会降低，膜片所受到的黏性阻尼会减小，从而使膜片的固有频率增加；但是温度升高时，同样会导致膜片热膨胀产生的热应力增加，造成膜片应力软化，刚度降低，导致固有频率下降。石英的固有频率之所以变化很小，是因为当温度高于60℃时，变压器油黏性的物性参数改变较小，对固有频率影响较小，但与此同时，由于石英的热膨胀系数也较小，在温度升高时造成的应力软化效应与变压器油的阻尼效应相互抵消，从而导致石英膜片的固有频率基本保持不变。通过物性参数表可以发现，银的热膨胀系数比石英膜片高一个数量级，所以温度升高时，膜片的热应力所占权重要大于黏性阻尼，导致银膜片的固有频率随温度升高而降低。

系统在振动时振动幅值逐渐减小的过程称为阻尼现象。阻尼现象的本质是能量转化的过程，振动时的机械能转化为热能。对于由 M 个频率分量构成的指数衰减信号的振动表达式为

$$x[n] = \sum_{m=0}^{M-1} A_m e^{2\pi(\mathrm{j}f_m + \alpha_m)\frac{n}{N} + \mathrm{j}\phi_m}, \quad n = 0,\cdots,N-1 \tag{4-12}$$

式中：A_m 表示第 m 个分量的振幅，m；f_m 表示第 m 个分量的频率，Hz；ϕ_m 表示第 m 个分量的初相位；N 表示采集样点；α_m 表示第 m 个频率分量的衰减因子。衰减因子用于表征指数衰减正弦信号的衰减速率，衰减因子越大，信号幅值衰减速度越快。

阻尼比是指阻尼系数与临界阻尼系数之比，表示振动系统所受阻尼的大小，描述能量耗散情况。阻尼比 ζ 的表达式为

$$\zeta = \sqrt{\alpha^2/(\alpha^2 + f^2)} \tag{4-13}$$

式中：α 表示衰减因子；f 表示固有频率，Hz。

此外，对于阻尼振动，品质因子 Q 也是一个重要参数，品质因子 Q 的定义为一个周期内系统的能量与一个周期内损失能量的比值，表达式为

$$Q = \frac{f}{f_{\mathrm{H}} - f_{\mathrm{L}}} \tag{4-14}$$

式中：f_{H}、f_{L} 分别代表系统振动势能下降一半时的上、下截止频率。

Q 值越大，幅频特性曲线越尖锐。通常采用幅频曲线半功率带宽法测量 Q 值，测量原理如图 4-11 所示，从相应数据中找到谐振频率 f 与振幅 A，并找到 $\sqrt{2}/2A$ 幅值对应的频率 f_{L} 和 f_{H}，此时系统振动的势能下降一半。

通过观察图 4-12 和图 4-13 可知，无论是银膜片还是石英膜片，系统振动

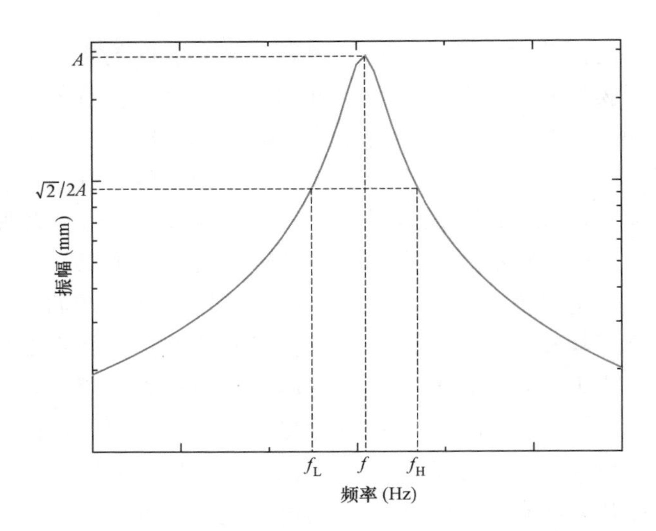

图 4-11　半功率带宽法测品质因子 Q 原理示意图

的衰减因子与阻尼比都随着温度的升高而减小，因为当温度升高时，变压器油的黏性减小，系统黏性阻尼降低，从而导致膜片振动的衰减率降低，根据阻尼比的定义式可知，阻尼比也会随温度升高而降低。

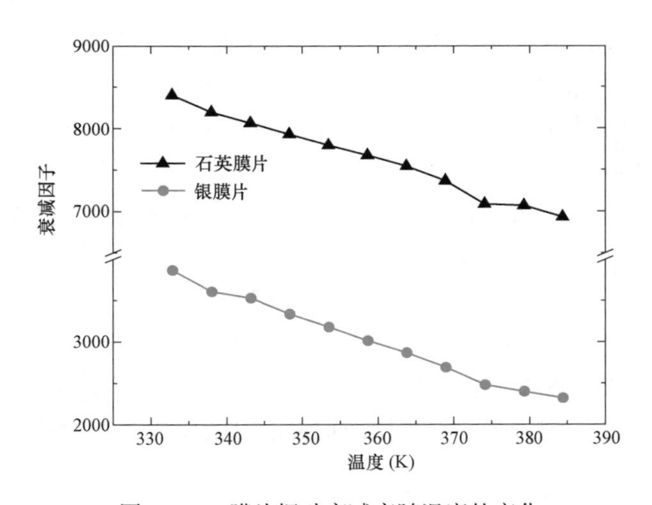

图 4-12　膜片振动衰减率随温度的变化

品质因子 Q 与温升的关系曲线如图 4-14 所示。

根据图 4-14 品质因子 Q 的关系曲线可知，银膜片和石英膜片的 Q 值均随温度升高而增大，即随着温度的升高，膜片振动的幅频特性曲线变尖锐，膜片的振幅增加。这是因为温度升高后阻尼比和衰减率降低，每一次振动膜片损失

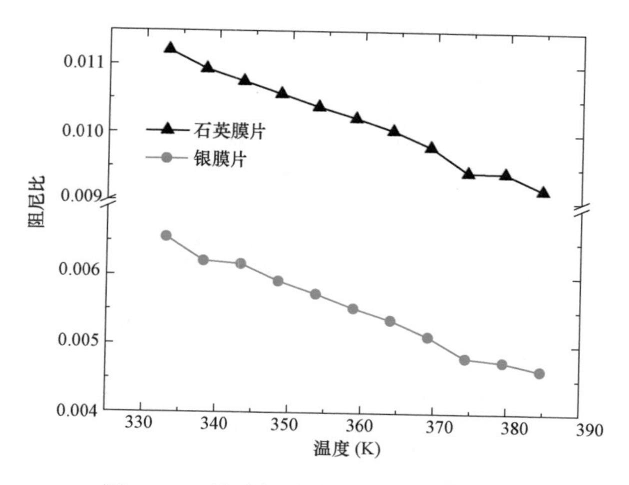

图 4-13　膜片振动阻尼比随温度的变化

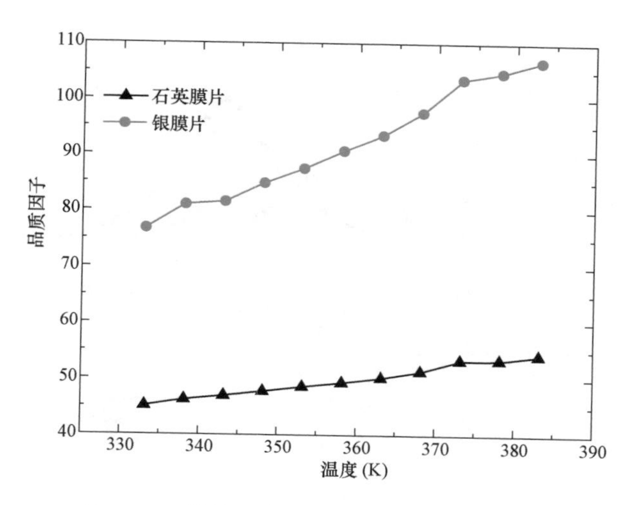

图 4-14　膜片振动品质因子 Q 随温度的变化

的能量减小，所以品质因子 Q 增加。银膜片的 Q 值要比石英膜片的 Q 值要增长迅速，说明在温度升高时，银膜片的固有频率虽然降低，但是其半功率处的频率降低幅度更多，幅频特性曲线更加尖锐。

由于传感器在变压器内的布置差异，声波在变压器内经过多次的折射与反射之后，会导致膜片处的压力发生较大变化。声压的波动范围一般为 0～1000Pa，所以还需针对不同压力和不同温度对传感器膜片进行频域分析。本节选取压力为 100、300Pa 和 500Pa 三种情况下的石英膜片进行频域分析，求解膜片在不同压力与温度下的幅频特性曲线，计算结果如图 4-15 所示。

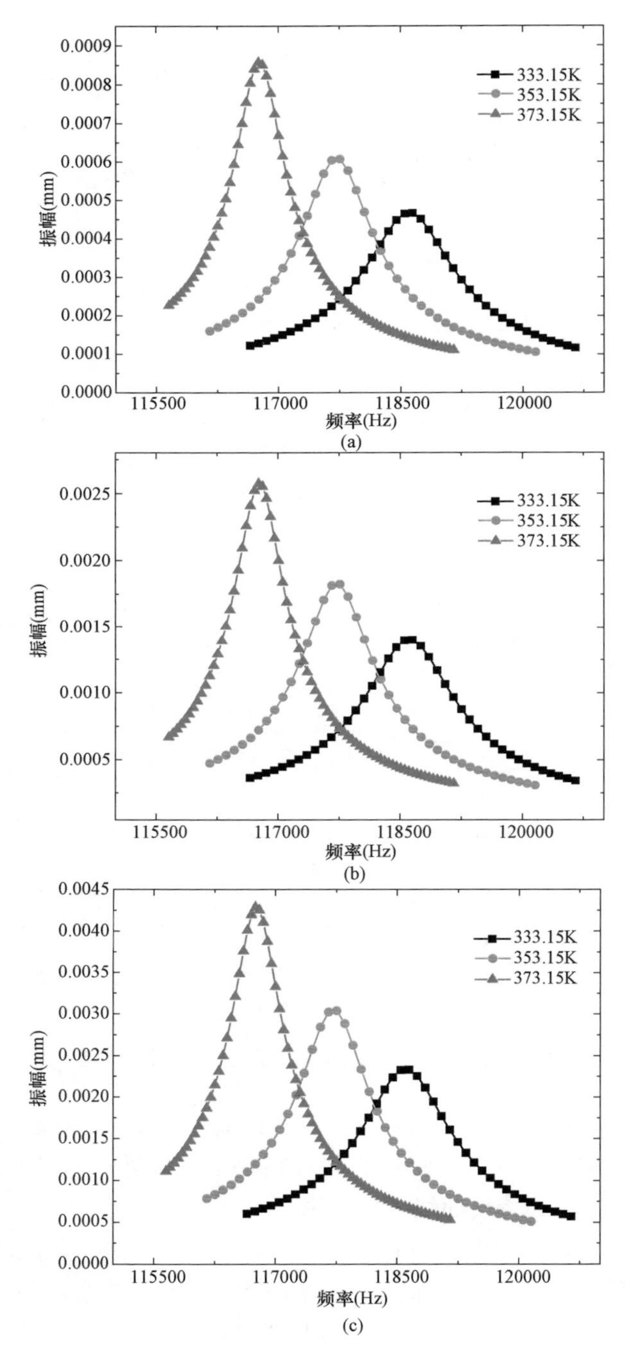

图 4-15　不同压力及温度下石英膜片的振幅随频率的变化

(a) 压力为 100Pa；(b) 压力为 300Pa；(c) 压力为 500Pa

通过对石英膜片在不同温度以及不同压力下的幅频特性曲线分析可以发现，在压力相同的情况下，温度越高，膜片的幅频特性曲线越陡峭，振幅也越大，这与前面分析膜片振动品质因子的结果是吻合的，虽然石英膜片热膨胀系数较小，品质因子随温度变化比较小，但还是会随着温度升高而增大。温度相同时，随着压力的增加，膜片的振幅也会增加，因此在传感器布置时，由于位置分布而造成的声压不同同样会影响膜片的振幅。

第二节 不同位置安装传感器与变压器的相互影响分析

传感器内置于变压器中检测局放超声信号时，必然受各物理场的影响。除了EFPI传感器膜片的工作特性受温度和变压器油黏性影响外，EFPI传感器的空腔在电磁场强度较大的位置也会有击穿风险，而特高频传感器的检测灵敏度和击穿定位的准确性也受电磁场影响，所以需要分析变压器内的电磁场和温度分布。目前学者们大多通过单场模拟计算变压器内的电磁场分布和温升过程，且计算模型均经过简化，缺乏对组件上各物理量的详细分析。本节建立三维变压器的电磁—热—流多物理场耦合计算模型，得到变压器内温度场和流场分布。计算了考虑金属构件时，变压器绕组、油箱壁和变压器油进出口的电场强度，分析了EFPI传感器布置位置和伸入深度对传感器工作安全性和变压器油箱内电场强度分布的影响。根据一体化传感器与变压器内电磁场间的相互作用，优化传感器的布置方案。

一、变压器内电-磁-热-流多物理场的耦合计算

（一）物理模型及计算方法

本节选用400kVA-15kV/400V三相强迫油循环变压器作为计算模型。其模型结构和几何尺寸如图4-16所示，包括变压器整体和绕组结构。

变压器油的热物性、绕组的材料物性参数如表4-5和表4-6所示。其中，参考电阻率ρ_0为$1.6679\times10^{-8}\Omega\cdot m$，电阻率温度系数$\alpha$为$3.9\times10^{-3}1/K$，参考温度$T_{ref}$为293.15K。

表4-5　变压器油热物性参数

材料	导热系数 [W/(m·K)]	动力黏度（Pa·s）	恒压热容 [J/(kg·K)]	密度（kg/m³）
变压器油	$\lambda(T)$	$\mu(T)$	$c_p(T)$	$\rho(T)$

$\lambda(T)=0.134-(8.05\times10^{-5})T$

$\mu(T)=91.45-1.33T+0.0078T^2-(2.27\times10^{-5})T^3+(3.32\times10^{-8})T^4-(1.95\times10^{-11})T^5$

$c_p(T)=-13408.15+123.04\times T-0.34\times T^2+(3.13E-4)\times T^3$

$\rho(T)=1055.05-0.58\times T-(6.41E-5)\times T^2$

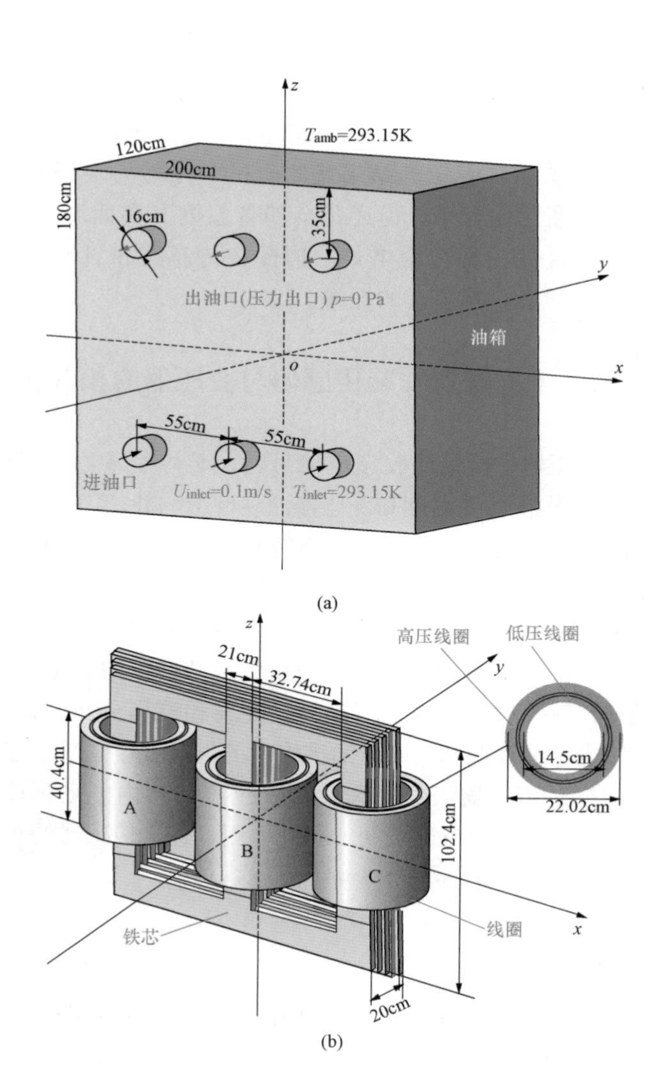

图 4-16　变压器模型及几何尺寸

（a）变压器整体；（b）绕组（线圈和铁芯）

表 4-6　　变压器绕组物性参数

构件	材料	导热系数 [W/(m·K)]	电导率 (S/m)	相对磁导率	恒压热容 [J/(kg·K)]
线圈	铜	$\lambda_{copper}(T)$	$\sigma(T)$	1	$c_{p,copper}(T)$
铁芯	无损软磁铁	$\lambda_{iron}(T)$	0.1	μ_r	$c_{p,iron}(T)$

续表

$\lambda_{copper}(T) = 1.22\times10^{-4}(T-273.15)^2 - 0.128(T-273.15) + 83.71$
$c_{p,copper}(T) = -3.20\times10^{-4}(T-273.15)^2 + 0.221(T-273.15) + 376.98$
$\lambda_{iron}(T) = 8.64\times10^{-5}(T-273.15)^2 - 0.104(T-273.15) + 404.18$
$c_{p,iron}(T) = -2.91\times10^{-4}(T-273.15)^2 + 0.522(T-273.15) + 431.88$
$\sigma(T) = 1/\rho(T) = 1/\rho_0[1+\alpha(T-T_{ref})]$
$\mu_r = \mu' - j\mu'' = 950 - j30$

在计算过程中，将变压器模型分为固体域（绕组）和流体域（变压器油），线圈通入额定正弦激励源，固体域的电磁—传热耦合方程为

$$\begin{cases} \text{绕组传热方程：} & \nabla\cdot(\lambda\,\nabla T) + Q_e = 0 \\ \text{电磁损耗方程：} & Q_e = Q_{rh} + Q_{ml} = \dfrac{1}{2}\mathrm{Re}(\vec{J}\cdot\vec{E}^*) + \dfrac{1}{2}\mathrm{Re}(j\omega\vec{B}\cdot\vec{H}^*) \\ \text{电磁场方程：} & -\omega^2\gamma\vec{A} + j\omega\sigma(T)\vec{A} + \nabla\times(\mu^{-1}\,\nabla\times\vec{A}) = 0 \\ \text{本构关系：} & \nabla\times\vec{A} = \vec{B};\quad \vec{E} = -j\omega\vec{A};\quad \vec{B} = \mu\vec{H};\quad \vec{J} = \sigma(T)\vec{E} \end{cases}$$

$$\omega = 2\pi f \tag{4-15}$$

式中：Q_{rh}和Q_{ml}分别为电损耗和磁损耗，W/m^3；Re为虚数的实部。$\vec{A}$为磁矢势，Wb/m；$\vec{B}$为磁感应强度，T；$\vec{E}$为电场强度，N/C；$\vec{H}$为磁场强度，A/m；$\vec{E}^*$和$\vec{H}^*$为$\vec{E}$和$\vec{H}$的共轭复数；$\vec{J}$为电流密度，A/m^2；j为虚数单位；ω为相位角，rad；f为电激励频率，50Hz；γ为介电常数，F/m；μ为磁导率，H/m；$\sigma(T)$为电导率，S/m；λ为绕组导热系数，W/(m$^2\cdot$K)。

流体域的流动—传热耦合方程为

$$\begin{cases} \text{质量守恒方程：} & \nabla\vec{v} = 0 \\ \text{油流传热方程：} & \rho(T)(\vec{V}\cdot\nabla T) = \nabla\cdot\left[\left(\dfrac{\lambda(T)}{c_p(T)} + \dfrac{\mu_t}{\sigma_T}\right)\cdot(\nabla T)\right] \\ \text{动量守恒方程：} & \rho(T)(\vec{v}\cdot\nabla\vec{v}) = -\nabla p + \nabla\cdot[(\mu(T)+\mu_t)(\nabla\vec{v} + (\nabla\vec{v})^T)] \end{cases} \tag{4-16}$$

RNG[1] k-ε 湍流控制方程为

$$\begin{cases} k: & \rho(T)(\vec{v}\cdot\nabla k) = \nabla\cdot\left[\left(\mu(T) + \dfrac{\mu_t}{\sigma_k}\right)\cdot\nabla k\right] + P_k - \rho(T)\varepsilon \\ \varepsilon: & \rho(T)(\vec{v}\cdot\nabla\varepsilon) = \nabla\cdot\left[\left(\mu(T) + \dfrac{\mu_t}{\sigma_\varepsilon}\right)\cdot\nabla\varepsilon\right] + \dfrac{c_{\varepsilon1}\varepsilon}{k}P_k - c_{\varepsilon2}\rho(T)\dfrac{\varepsilon^2}{k} \end{cases} \tag{4-17}$$

[1] RNG—重整化群，英文全称为 renormalization group.

式中：T 为温度，K；$\vec{v}$ 为变压器油的速度矢量，m/s；p 为压力，Pa；$c_p(T)$ 为变压器油的定压比热容，J/(kg・K)；$\rho(T)$ 为变压器油密度，kg/m^3；μ_t 为变压器油的湍流黏度，kg/(m・s)；σ_T 为变压器油传热方程普朗特数；$\mu(T)$ 为变压器油的动力黏度，kg/(m・s)；k 为湍动能，m^2/s^2；ε 为湍流耗散率，m^2/s^3；P_k 为湍流剪切产生项，kg/(m・s^3)；σ_k 和 σ_ε 分别为 k 方程和 ε 方程普朗特数；$c_{\varepsilon 1}$ 和 $c_{\varepsilon 2}$ 分别为 k 方程和 ε 方程模型参数。

油箱壁处的磁绝缘边界条件为

$$\vec{n} \times \vec{A} = 0 \tag{4-18}$$

油箱外壁与空气自然对流换热，边界条件为

$$-q = h(T_{amb} - T) \tag{4-19}$$

式中：T_{amb} 为环境温度，293.15K；h 为变压器油箱外壁空气对流换热系数，W/(m^2・K)。变压器油箱顶部和底部外壁面换热视为水平壁外部自然对流换热，油箱四周外壁面换热可视为竖直平壁外部自然对流换热。变压器内绕组与变压器油接触面设为流固耦合换热边界，进口油流速为 0.1m/s。

（二）计算结果分析

多物理场耦合计算时，电导率受温度影响，此时高压线圈损耗密度为 28343W/m^3，低压绕组损耗密度为 39516W/m^3，铁芯损耗密度为10691W/m^3。多物理场耦合方法计算所得温度和流场分布如图 4-17 所示，可以看出，油箱底部有涡旋产生，且铁芯两侧油流速更大，故绕组温度从下到上逐渐升高。线圈热点温度为 371.06K，在 A 相高压线圈高 82%处，铁芯热点温度为 337.53K，在铁芯上轭处（总高度的 93%处）。

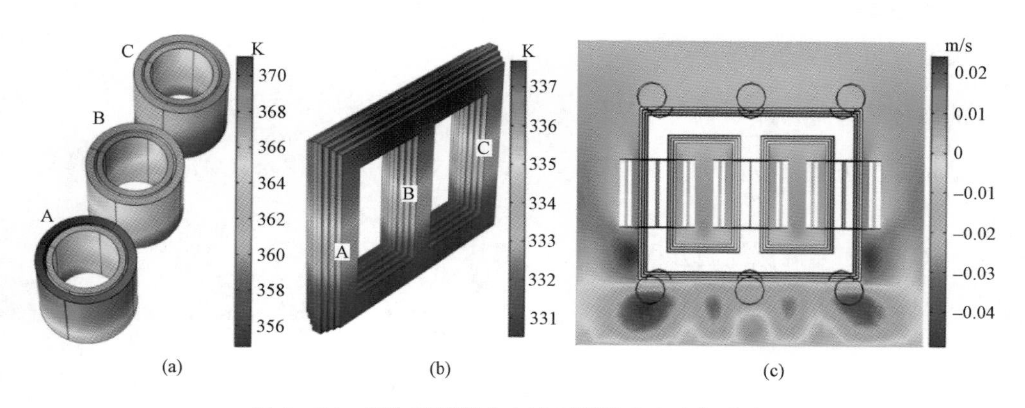

图 4-17　多物理场耦合方法所得温度和流场分布

（a）线圈热点温度；（b）铁芯热点温度；（c）z 方向速度（x-z 切面）

不考虑电导率随温度变化时（$\sigma=6\times10^7$S/m），绕组的损耗恒定，高低压线圈损耗密度分别为 21849W/m³ 和 31181W/m³，铁芯损耗密度为 10752W/m³。使用热-流单向耦合方法计算所得温度分布及油流分布如图 4-18 所示。线圈热点温度为 352.28K，在 B 相低压绕组高 87.5 %处。铁芯热点温度为 337.66K，在铁芯上轭（总高度的 95.2%）处。

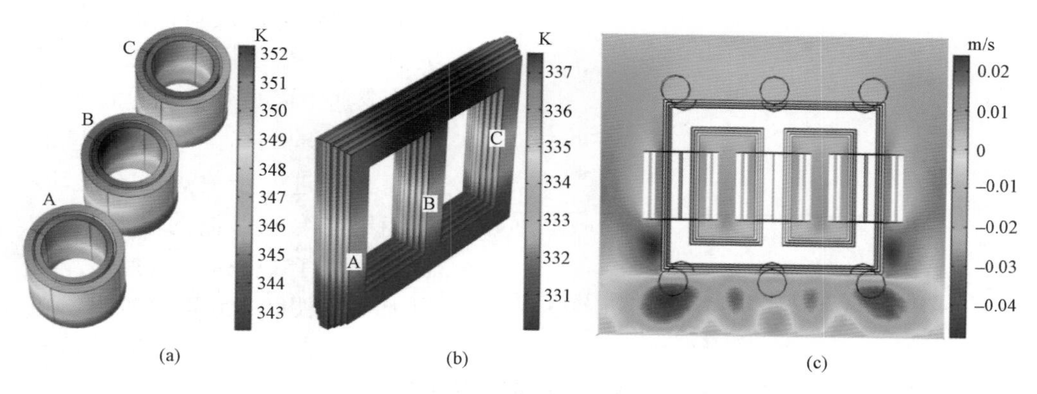

图 4-18 热-流单向耦合方法所得温度和流场分布

（a）线圈温度分布；（b）铁芯温度分布；（c）z 方向速度（x-z 切面）

对比图 4-17 和图 4-18 可知，多物理场耦合计算时，温度场和电磁场相互影响，高压线圈和低压线圈的电磁损耗分别升高了 29.72%和 26.73%，线圈热点温度相应地升高了 18.78K，线圈热点位置也发生改变。铁芯损耗密度与铁芯内磁通密度有关，额定负载时铁芯内磁通饱和，铁芯损耗基本不变，故铁芯热点温度和位置不变。

不同进口油流速下，多物理场耦合计算所得线圈损耗密度结果以及相比于恒定热源（$\sigma = 6 \times 10^7$S/m，高低压线圈损耗密度分别为 21849W/m³ 和 31181W/m³）增加的百分比如表 4-7 所示，随着进口油流速的增加，线圈损耗密度逐渐减小，相比于恒定热源增加的百分比也逐渐减小。

表 4-7 多物理场耦合所得线圈损耗密度及相比恒定热源增加的百分比

进口流速（m/s）	高压线圈损耗（W/m³）	低压线圈损耗（W/m³）	高压线圈损耗增加百分比	低压线圈损耗增加百分比
0.1	28343	39516	29.7%	26.7%
0.2	25745	36021	17.8%	15.5%
0.3	24795	34730	13.5%	11.4%
0.4	24280	34031	11.1%	9.1%
0.5	23948	33588	9.6%	7.7%
0.6	23716	33278	8.5%	6.7%

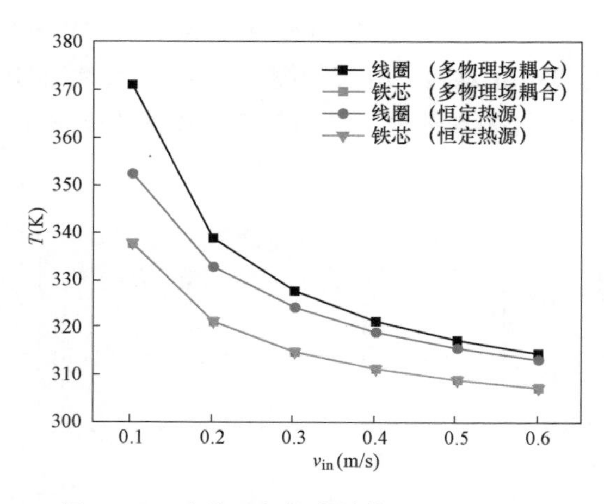

图 4-19　多物理场耦合计算所得热点温度随进口流速的变化

绕组热点温度随进口油流速的变化如图 4-19 所示，相同进口油流速下，多物理场耦合计算所得线圈热点温度更高，且由于线圈损耗密度随进口油流速的增大而减小，故线圈热点温度随进口油流速下降更快。当进口油流速超过 0.5m/s 时，增大进口油流速无法进一步促进油流扰动，且绕组与变压器油的温差减小，因此无法有效促进绕组换热。从表 4-7 和图 4-20 可以看出，随着进口油流速的增加，电磁场和温度场间的影响相互减弱，两种温升计算方法的结果的差异逐渐降低。

二、金属构件的电磁场分布

（一）物理模型及计算方法

在前述三相强迫油循环变压器（400kVA-15kV/400V）计算模型的基础上，进一步考虑金属构件存在时，变压器内绕组的电磁场分布和杂散损耗大小，并进一步分析金属构件上杂散损耗对变压器绕组温升的影响。带金属构件的绕组结构和几何尺寸如图 4-20 所示。金属构件材料物性参数如表 4-8 所示。

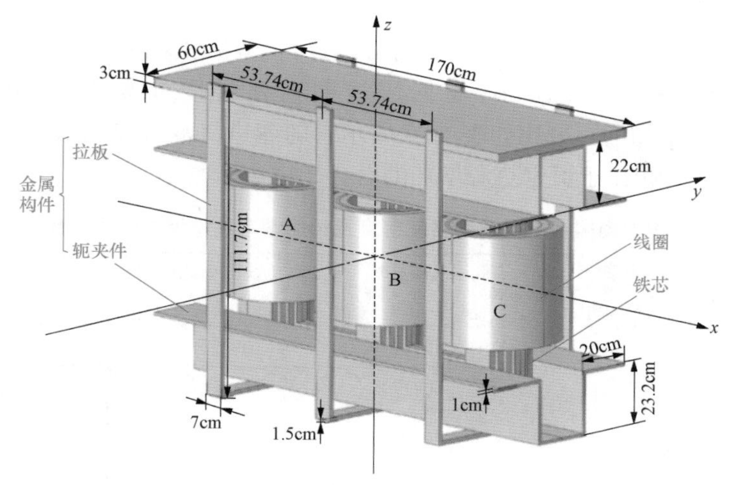

图 4-20　变压器内结构件和绕组模型及几何尺寸

表 4-8　金属构件和油箱材料参数

组件	材料	导热系数 [W/(m·K)]	电导率 (S/m)	相对磁导率	恒压热容 [J/(kg·K)]
金属构件	铁	$\lambda_{iron}(T)$	1.12×10^7	50	$c_{p,iron}(T)$
油箱	碳钢	76.2	1.12×10^7	600	440

$c_{p,iron}(T)=-2.91\times10^{-4}(T-273.15)^2+0.522(T-273.15)+431.88$

$\lambda_{iron}(T)=8.64\times10^{-5}(T-273.15)^2-0.104(T-273.15)+404.18$

电磁场频域方程、传热方程和动量方程与上节相同，由于考虑金属构件时，绕组结构复杂，为简化数值模型，减少计算量，本节不考虑电导率随温度的变化，电磁场和温度场单向耦合。由于磁场在铁磁材料传播时，其趋肤深度远小于变压器几何尺寸，为便于合理剖分网格，在结构件和变压器油箱壁面采用表面阻抗边界进行简化处理，即

$$\sqrt{\frac{\mu_0\mu_r}{\gamma_0\gamma_r-\mathrm{j}\dfrac{\sigma}{\omega}}}\vec{n}\times\vec{H}+\vec{E}-(\vec{n}-\vec{E})\vec{n}=(\vec{n}\cdot\vec{E}_s)\vec{n}-\vec{E}_s \qquad (4-20)$$

式中：$\vec{E}_s$ 为电场强度的切向分量；$\vec{n}$ 为金属表面的法向量；μ_0 为真空相对磁导率，$4\pi\times10^7$ H/m；μ_r 为材料相对磁导率；γ_0 为真空介电常数，$10^{-9}/36\pi$F/m；γ_r 为相对介电常数。

（二）计算结果分析

变压器满负载状态时，高低压线圈上均有额定电流通过，且线圈上的电压均为额定电压。交变电场在铁芯中产生励磁，为主磁通，此时铁芯内磁通饱和。而漏磁通交链金属构件和油箱，在其表面形成新的回路，产生涡流损耗。变压器满载状态下的电磁损耗包括线圈的铜损、铁芯的铁损、金属构件和油箱表面的涡流损耗。

满负载状态时，金属构件与油箱表面磁通密度的对数分布如图 4-21 所示。从图 4-21（a）中可以看到，金属构件上的漏磁通主要集中在金属构件的内侧表面（面向绕组），与铁芯接触部分的磁通密度最大。轭夹件正对线圈上下端面处的漏磁通大于正对线圈侧面的拉板表面的漏磁通，这主要是因为漏磁通主要由线圈上下端面产生。从图 4-21（b）中可以看到，油箱四周侧壁上的漏磁通明显大于油箱上下面的漏磁通，这主要是由于受金属构件的磁屏蔽作用，漏磁通无法穿过轭夹件到达油箱的顶部和底面。由于相邻线圈间的漏磁通会相互抵消，油箱侧壁 A 面漏磁通明显大于油箱侧壁 B 面漏磁通。

金属构件与油箱表面电流密度和表面损耗密度的对数分布如图 4-22 所示。

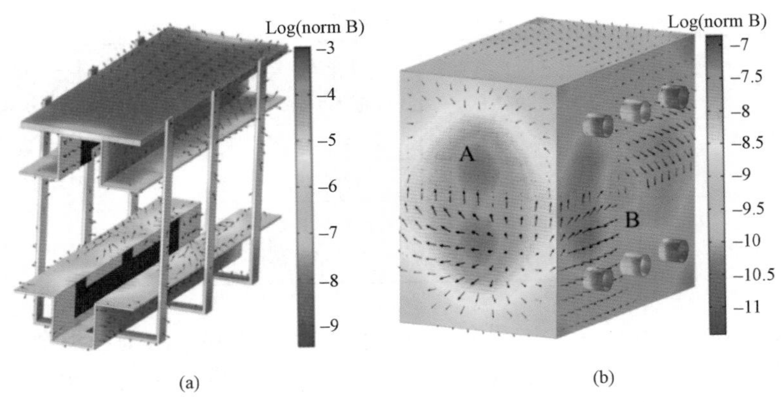

图 4-21　变压器结构件与油箱壁表面电磁感应密度对数分布

（a）金属构件表面磁通密度对数分布；（b）油箱表面磁通密度对数分布

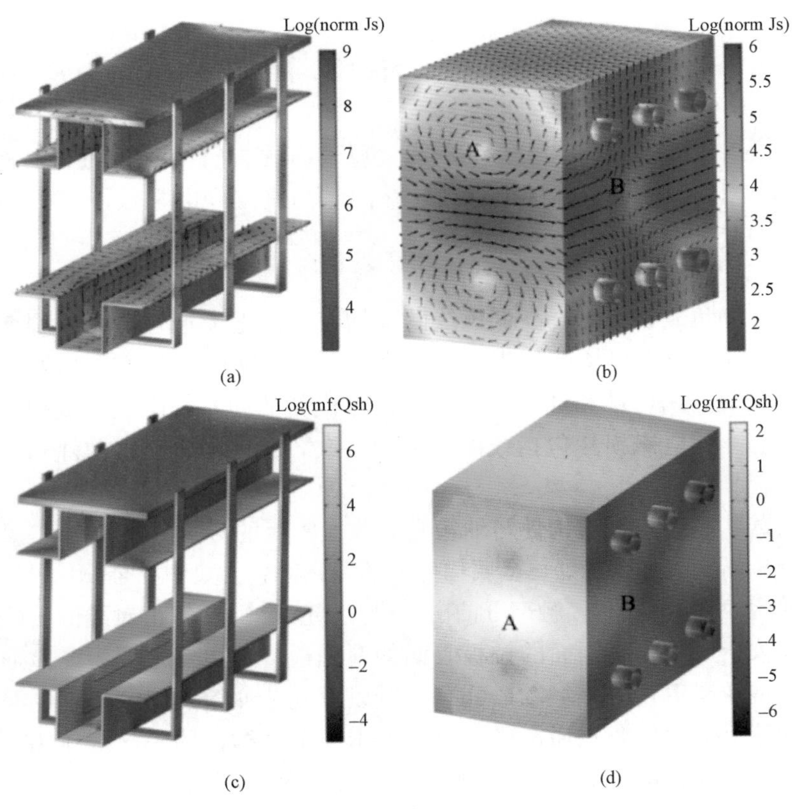

图 4-22　金属构件与油箱表面电流密度和表面损耗密度的对数分布

（a）金属构件表面电流密度分布；（b）油箱表面电流密度分布；

（c）金属构件表面电磁损耗密度；（d）油箱表面电磁损耗密度

从图 4-22（a）可以看出，金属构件表面电流由漏磁通产生，漏磁集中的区域，表面电流密度大。但轭夹件与铁芯接触部分的感应电流较小，这是因为该处磁通在轭夹件表面沿铁芯方向传播，不垂直于夹件表面，无法在夹件表面形成回路。从图 4-22（b）中可以看出，油箱侧壁 A 面射出和射入油箱壁的漏磁通在油箱壁中心产生的感应电流叠加，故油箱侧壁 A 面中心的电流密度最大。而油箱侧壁 B 面，穿出油箱的漏磁通在油箱壁中心产生的感应电流相互抵消，故油箱侧壁 B 面中心电流密度最小。由图 4-22（c）和图 4-22（d）可以看出，金属构件和油箱壁表面损耗密度分布与表面电流分布基本一致，金属构件的表面损耗远大于油箱壁上的表面损耗。

金属构件和油箱表面的涡流损耗除了与漏磁场有关，也与材料的相对磁导率有关。从图 4-23 可以看到，随着金属构件相对磁导率（μ_1）增大，金属构件和油箱表面的损耗增大。而改变油箱相对磁导率（μ_2）对金属构件和油箱表面的损耗影响不大。为减小变压器内的杂散损耗，可选用相对磁导率较小的金属构件。

变压器在不同负载系数下各构件的损耗密度如表 4-9 所示。随着变压器负载增大，线圈内电流密度增加，线圈损耗增加，而铁芯、金属构件和油箱的损耗基本不变，这是因为涡流损耗与感生电压的平方成正比，而感生电压与磁通密度（铁芯内磁通密度基本不随负载系数变化）及频率有关。

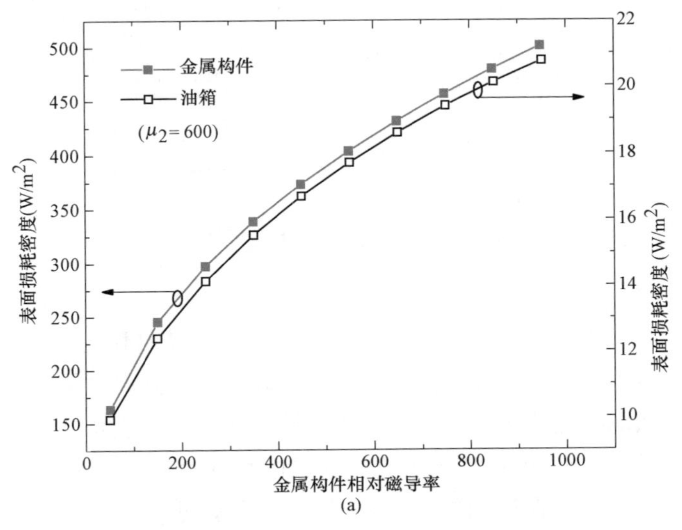

图 4-23　金属构件和油箱壁表面损耗随其相对磁导率的变化（一）

（a）金属构件和油箱表面损耗随金属构件相对磁导率的变化

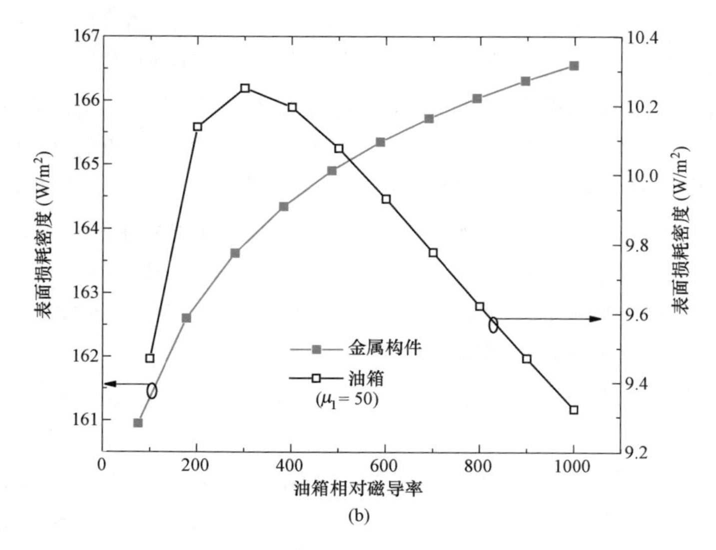

图 4-23　金属构件和油箱壁表面损耗随其相对磁导率的变化（二）

（b）金属构件和油箱表面损耗随油箱相对磁导率的变化

表 4-9　　不同负载系数下各构件损耗密度

负载率	金属构件损耗（W/m²）	油箱壁（W/m²）	高压线圈（W/m³）	低压线圈（W/m³）	铁芯（W/m³）	铁芯平均磁通密度（T）
0.9	16.07	0.6	17966.04	24974.5	10836.92	1.57191
1.0	16.6	0.61	22071.72	30832.72	10830.86	1.57141
1.1	17.17	0.62	26607.55	37307.6	10824.88	1.57098

三、传感器安装位置与变压器电磁场的相互影响

（一）物理模型及计算方法

仍选用 400kVA-15kV/400V 三相强迫油循环变压器作为电场分析的计算模型，考虑变压器内金属构件对变压器电场强度分布的影响。带金属构件的绕组结构几何尺寸如图 4-20 所示。金属构件材料物性参数如表 4-8 所示。模型结构几何尺寸和金属构件材料物性与上节相同，电场频域计算方程为麦克斯韦方程（包含电流守恒方程），在结构件和变压器油箱壁面同样采用表面阻抗边界进行简化处理，计算方程与前述相同。

（二）计算结果分析

变压器处于满载状态、空载状态、短路状态时，线圈的电流和电压不同。

变压器满负载运行时，高低压线圈上均有额定电流通过，且线圈上的电压均为额定电压。变压器空载状态时，高压线圈开路，低压线圈通入额定电压，铁芯内磁通量饱和。变压器短路状态时，高压线圈通入短路阻抗电压，低压线圈短路，此时高电压线圈有额定电流通过，但铁芯内的磁通量很小，铁芯内的感应电压也很小。

满载状态时，变压器线圈、铁芯和金属构件表面的电场强度模如图 4－24 所示。满载时，金属构件与铁芯接触的位置电场强度模最大，铁芯中 B 相铁芯柱的上下部分电场强度模最大，低压线圈电场强度模大于高压线圈电场强度模，A 相线圈和 C 相线圈靠近 B 相线圈的部分电场强度模最大。变压器内部构件中，线圈的电场强度模最小，金属构件表面的电场强度模最大。

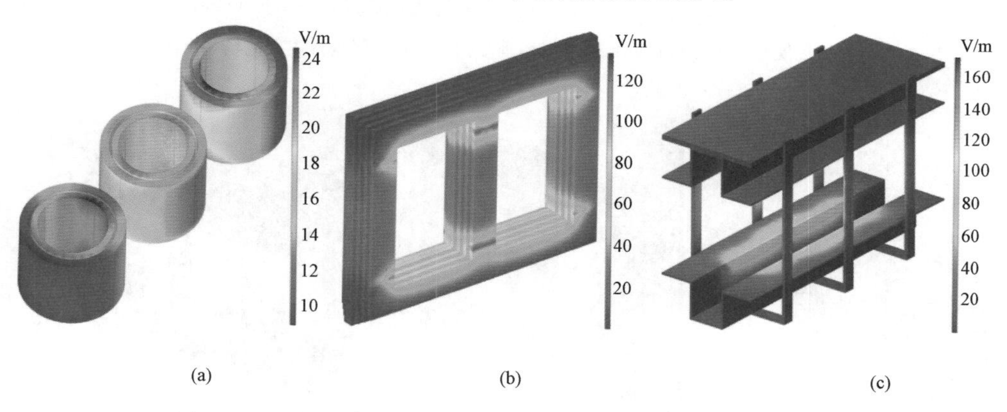

图 4－24　满载状态时线圈、铁芯和金属构件表面的电场强度模

（a）线圈电场强度模；（b）铁芯电场强度模；（c）金属构件表面电场强度模

变压器短路状态时，变压器线圈、铁芯和金属构件表面的电场强度模如图 4－25 所示。短路状态时，电场强度模分布与满载时的电场强度模分布相似，但各构件的电场强度模明显小于满载时的电场强度模，这是因为短路状态时，高压线圈通入阻抗电压，阻抗电压为额定电压的 2.57％左右，因此各构件电场强度模明显较小。高压线圈的电场强度模大于低压线圈的电场强度模，A、B、C 各相高压线圈靠近的部分，电场强度最大。

变压器空载状态时，变压器线圈、铁芯和金属构件表面的电场强度模如图 4－26所示。空载时，变压器内部各构件的电场强度模分布与满载时的电场强度模分布相似。最大电场强度模出现在金属构件与铁芯接触的位置。低压线圈电场强度模大于高压线圈电场强度模，各相铁芯相互靠近的部分电场强度模最大。

综上所述，不同负载状态时，变压器内电场强度模大小不同。短路状态时，高压线圈内通入的阻抗电压为额定电压的 2.57％，低压线圈短路，此时变压器

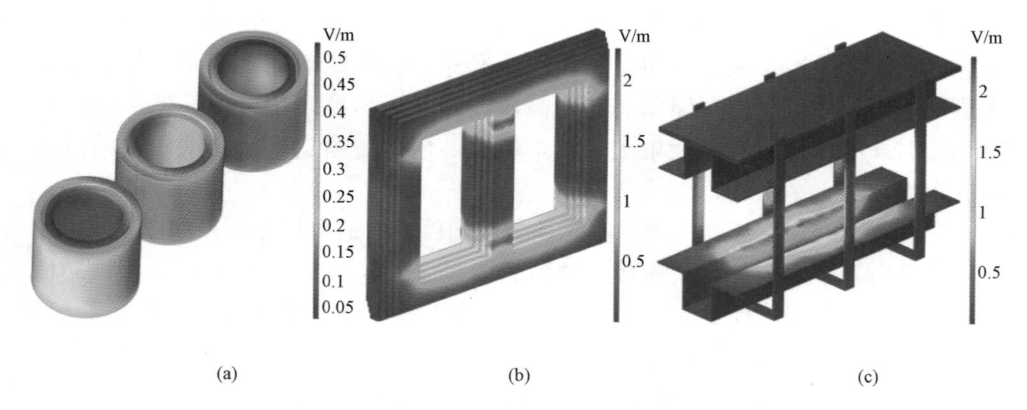

图 4-25　短路状态时线圈、铁芯和金属构件表面的电场强度模

（a）线圈电场强度模；（b）铁芯电场强度模；（c）金属构件表面电场强度模

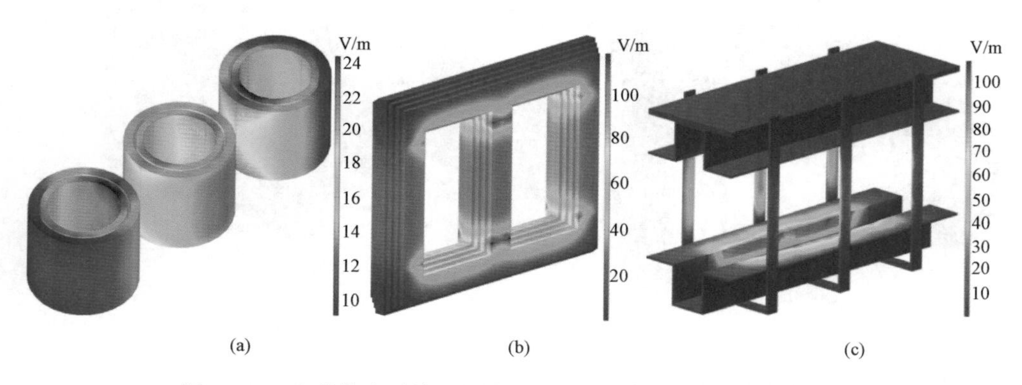

图 4-26　空载状态时线圈、铁芯和金属构件表面的电场强度模

（a）线圈电场强度模；（b）铁芯电场强度模；（c）金属构件表面电场强度模

内电场强度模最小，EFPI 传感器的击穿危险最小。满载状态时，高低压线圈内均通入额定的电流和电压，此时变压器内各构件的电场强度模最大，在金属构件与铁芯接触部分的电场强度最大，为保证 EFPI 传感器的法珀腔无电场击穿危险，应避免将 EFPI 传感布置在该处。空载状态时，高压线圈通入额定电压，低压线圈开路，此时铁芯内磁通量饱和。此时线圈电场强度模与满载状态时相似，铁芯和金属构件的电场强度模略小于满载时的铁芯和金属构件电场强度模，金属构件与铁芯接触的部分电场强度模最大，因此空载状态时，仍要注意避免将 EFPI 传感器布置在金属构件与铁芯接触的部分，避免 EFPI 传感器法珀腔在高电场强度下击穿。

由于 EFPI 传感器通过变压器放油阀伸入变压器内部进行安装，为避免 EF-PI 传感器在变压器放油阀处发生放电击穿，因此对变压器满载状态下油进出口及油箱表面的电场强度进行分析，计算结果如图 4-27 所示。结果表明，变压器满载时，油箱壁、进油口和出油口的电场强度相比于变压器内部绕组和金属构件的电场强度较低。由此可见，放油阀处的电场强度不会对 EFPI 传感器造成场强击穿，不会对 EFPI 的工作安全性造成影响。

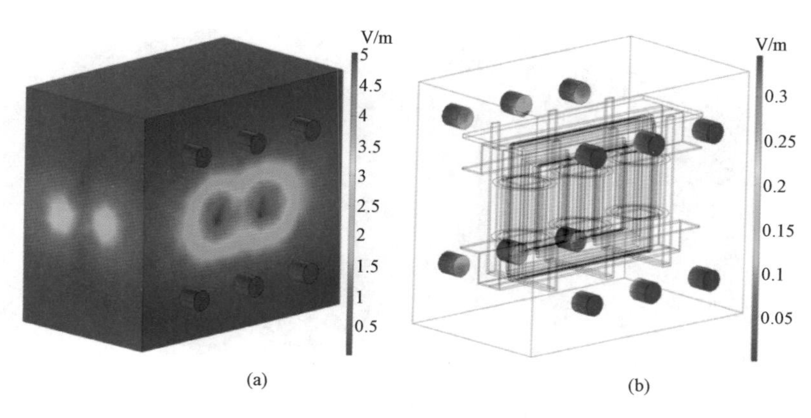

图 4-27　变压器满载状态下放油阀及油箱表面的电场强度

(a) 油箱表面电场强度模；(b) 进油口、出油口表面电场强度模

虽然放油阀的电场强度通常较小，但传感器伸入变压器内部的深度可能会影响变压器内绕组的电场分布，进而影响传感器的检测灵敏度。以往实验证明，在更保守的工程应用安装中（如图 4-28 所示），对于伸入深度 d_0，是 UHF 信号检测灵敏度最差的变压器最安全的条件，而对于伸入深度 d_2，组合传感器中的超高频天线在变压器内壁上超过 30mm，能够达到良好的超高频信号的检测灵敏度。对于伸入深度 d_1，如果油阀通道的直径大于最大波长的 1/4，则组合局部放电传感器也可以接收 UHF 信号。

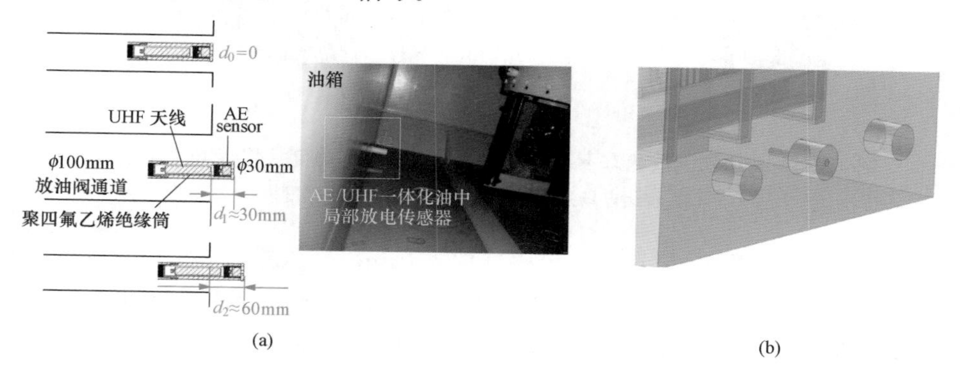

图 4-28　基于油阀的组合 AE/UHF 油内局部放电传感器在变压器不同伸入深度的说明

(a) 传感器工程安装；(b) 模拟传感器伸入深度

为分析传感器伸入深度对油箱内电磁场影响，对不同传感器伸入深度下的变压器电磁场进行模拟。工况分别为：无传感器，传感器伸入与油箱壁平齐（伸入 0cm），伸入油箱壁 3、6、15cm。不同工况下变压器内绕组电场强度和油箱表面的电场强度如图 4 - 29～图 4 - 33 所示。

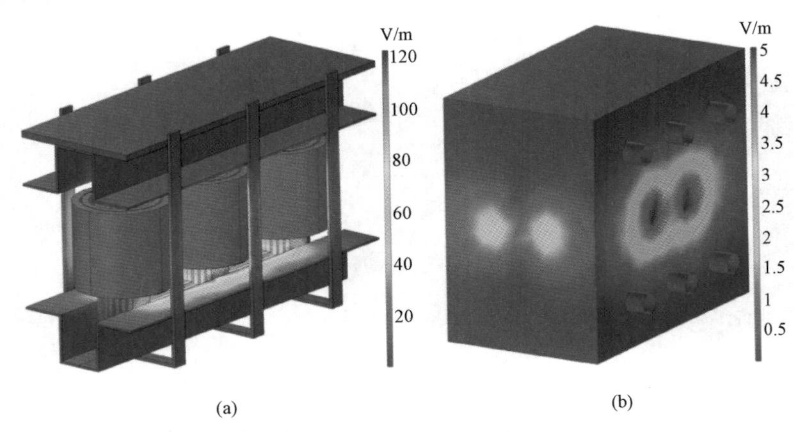

图 4 - 29　变压器满载状态下绕组及油箱表面的电场强度（无传感器）

（a）绕组电场强度模；（b）油箱表面电场强度模

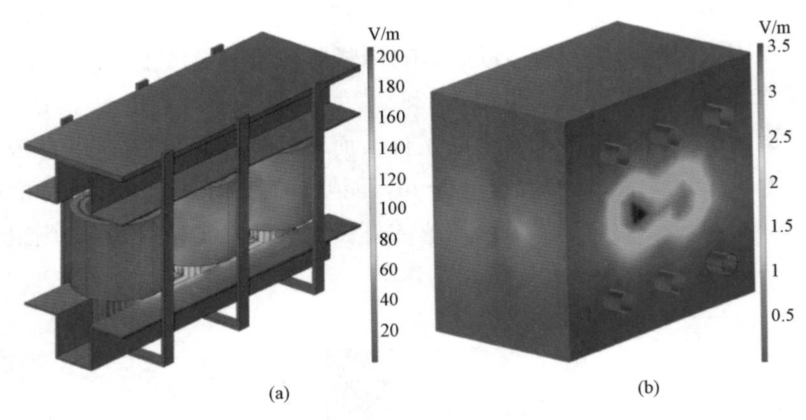

图 4 - 30　变压器满载状态下绕组及油箱表面的电场强度（传感器伸入 0cm）

（a）绕组电场强度模；（b）油箱表面电场强度模

如图 4 - 29～图 4 - 33 所示，传感器伸入 0cm，变压器内绕组电场强度模相比无传感器时增大，油箱电场强度模降低。传感器伸入 3cm 与 6cm 时，绕组电场强度和油箱表面电场强度分布与传感器伸入 0cm 基本相同。传感器伸入 15cm 时，绕组电场强度和油箱表面电场强度降低。因此，传感器的伸入会对变压器电场有一定影响，但在伸入深度为 3～6cm 时，电场强度随伸入深度的变化较小，

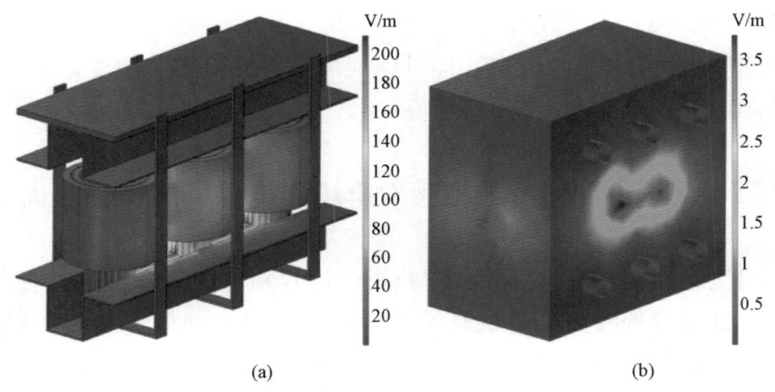

图 4-31　变压器满载状态下绕组及油箱表面的电场强度（传感器伸入 3cm）

（a）绕组电场强度模；（b）油箱表面电场强度模

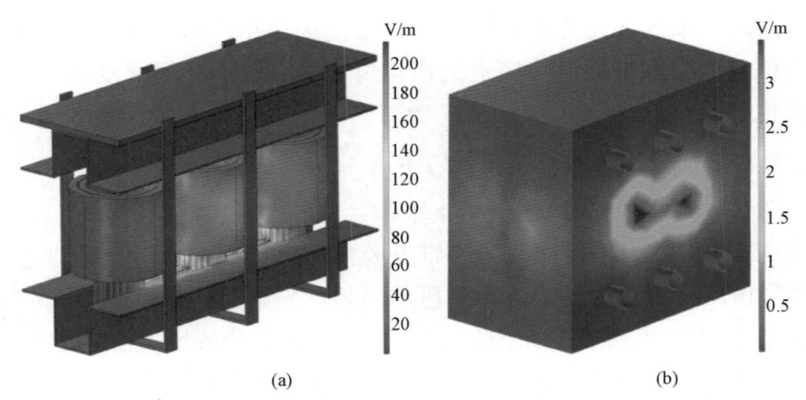

图 4-32　变压器满载状态下绕组及油箱表面的电场强度（传感器伸入 6cm）

（a）绕组电场强度模；（b）油箱表面电场强度模

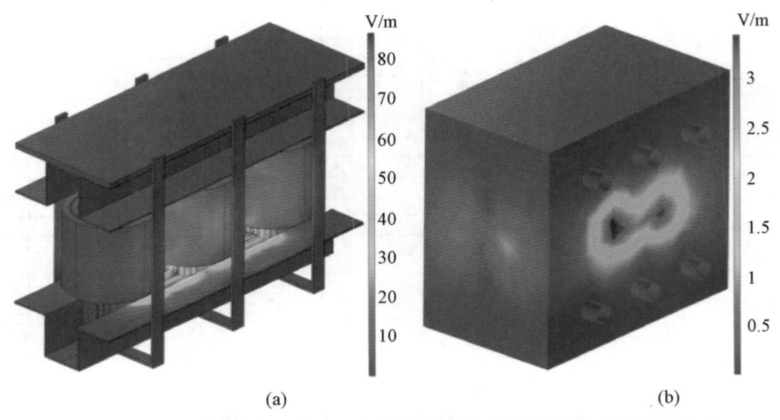

图 4-33　变压器满载状态下绕组及油箱表面的电场强度（传感器伸入 15cm）

（a）绕组电场强度模；（b）油箱表面电场强度模

随着传感器进一步伸入，变压器电场强度降低。因此在实际工程安装时，传感器伸入油箱深度保持在 3～6cm 内，即可保证传感器的检测灵敏度，也可保证不对变压器油箱内电场造成太大的影响。

第三节　基于内部局部放电激发声场和电磁场的传感器优化布置

变压器内绕组结构复杂，局放激发的超声信号和电磁波在传播过程中折射、反射、衰减，且受背景噪声和电磁环境的干扰。要提高一体化传感器局放定位的准确性，就需要分析局放激发超声信号和电磁波在变压器内的传播过程，优化传感器的布置方案。但变压器结构复杂，实际尺寸较大，而声场计算网格尺寸通常设置为 $\lambda_{min}/2$ 到 $\lambda_{min}/1.5$，变压器实际尺寸与声场计算所要求的网格存在大尺度差问题。本节首先分析变压器油背景流场对超声传播的影响，再对变压器内超声信号传播和电磁波传播进行模拟。最后，依据声场强度和电磁波传播规律优化传感器布置。

一、超声波流—声耦合及变压器内传播

（一）流—声耦合的物理模型及计算

将变压器内的超声传播简化为二维方腔内的声场—流场耦合模型进行计算，分析流场对超声波传播的影响，为变压器内超声—流场耦合模拟计算奠定基础。在二维方腔内，将由底边热孤岛驱动的自然对流作为背景流场，在方腔底边施加超声波源，计算超声波在方腔内的传播过程。物理模型和超声波波形如图 4-34 所示。

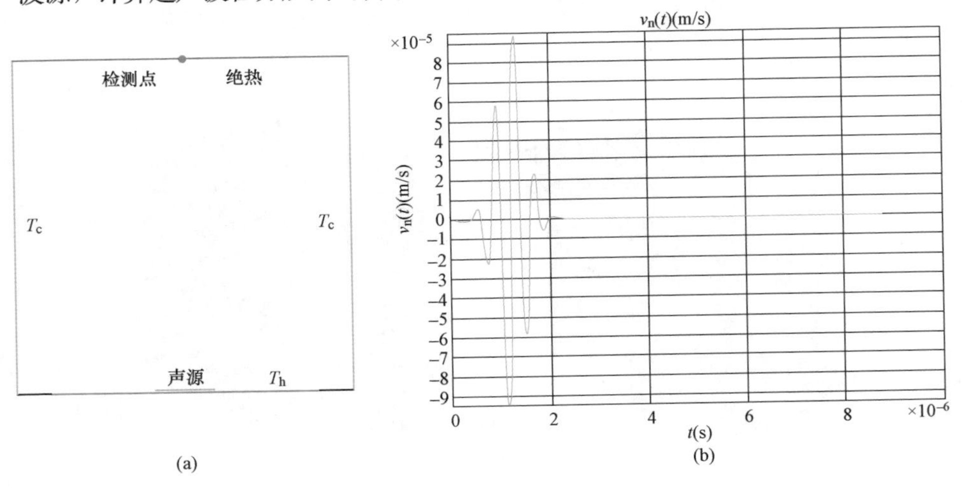

图 4-34　计算模型及超声波信号波形

（a）方腔模型；（b）超声波波形

方腔边长 0.015m，两侧边温度 T_c 为 328.5K，底部中心有一长 0.012m，温度 T_h 为 333.5K 的加热片，方腔其余部分绝热，方腔内流体为空气。此时方腔内自然对流瑞利数为 1000，为层流流动。另外，方腔底面设置长 0.002m 的超声波声源，指定法向速度 V_n 模拟高斯脉冲调制的正弦波，作为超声波初始信号，法向速度如下：

$$V_n(t) = Ae^{-[f_0(t-3T_0)^2 \sin(\omega_0 t)]} \tag{4-21}$$

式中：$A=0.1$mm 是信号振幅，$\omega_0=2\pi f_0$，$f_0=2.5$MHz，$T_0=1/f_0=4\times10^{-7}$s。信号带宽约为 f_0 为 2.5×10^6Hz，与载波信号的频率相同。

流—声耦合的超声传播过程通过绝热状态线性化欧拉方程［式（4-22)］进行计算。

$$\begin{cases} \dfrac{\partial\rho}{\partial t} + (u_0 \cdot \nabla)\rho_0(\nabla\cdot u_0) + \rho_0(\nabla\cdot u) = f_p \\ \dfrac{\partial u}{\partial t} + (u_0 \cdot \nabla) + (u \cdot \nabla)u_0 + \dfrac{1}{\rho_0}\nabla p - \dfrac{\rho}{\rho_0^2}\nabla p_0 = f_v \\ \rho = \dfrac{p}{c_0^2} \end{cases} \tag{4-22}$$

式中：u_0 为背景平均流速，m/s；p_0 为背景平均流压力，Pa；ρ_0 为背景平均流密度，kg/m^3；c_0 为声速，m/s。所有背景物性都可随空间变化。u、ρ、p 为微小的声扰动，f_P 和 f_v 通过域源定义。

声场边界分为硬声场壁和声阻抗边界，边界条件分别如下，其中 n 为法向量。

$$\begin{cases} \text{硬声场壁：} & n \cdot u_0 = 0,\quad n \cdot u = 0 \\ \text{声阻抗：} & n \cdot u = \dfrac{p}{z},\quad z = c_0 \cdot \rho_0 \end{cases} \tag{4-23}$$

本节研究方腔中声波的传播时，不添加源域，通过在边界上添加速度变化产生超声波源，方腔壁面均为硬声场边界。

计算所得方腔内背景流场和压力场如图 4-35 所示，将其作为超声波传播的背景流场。方腔内声场计算网格与流场计算网格并不相同，需将流场的解从流场计算网格映射到声场计算网格上，从而避免将非物理数值噪声引入声学解。为映射流场解，运用弱形式偏微分方程接口设置映射方程，将平均背景流压力 p_0、速度 u_0 映射到声学网格上的相应变量为 $P_{0,aco}$、$u_{0,aco}$，其映射方程为

$$\begin{cases} P_{0,aco} - P_0 = \delta h^2 \nabla\cdot(\nabla P_{0,aco}) \\ u_{i,aco} - u_{i,0} = \delta h^2 \nabla\cdot(\nabla u_{i,0,aco}) \end{cases} \tag{4-24}$$

式中：等式右侧项采用各向同性扩散来增加映射平滑效果。扩散项由参数 $\delta(1\times10^{-4})$ 和网格尺寸的平方 h^2 来进行控制。

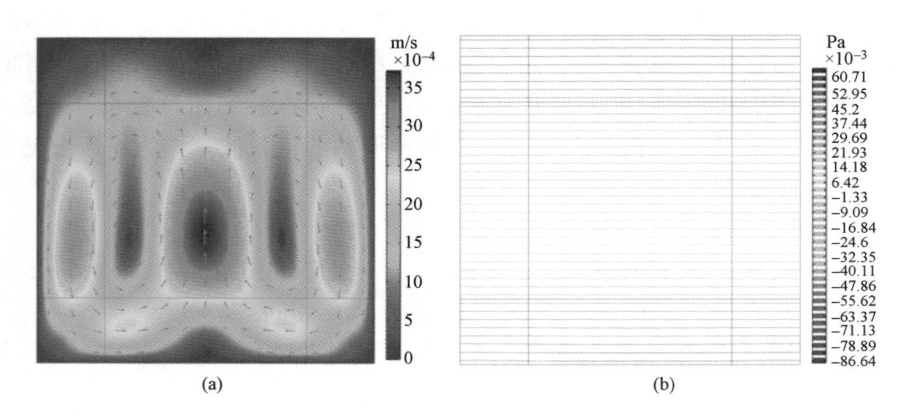

图 4-35　方腔内自然对流流场与压力场分布

(a) 流场；(b) 压力场

计算超声传播时的背景流场和温度场如图 4-35 所示，方腔内平均温度为 329.9K，声场计算时将其作为物性的参考温度，自然对流的平均流速 0.00157m/s。

将时间步设置为 $T_0/12=3.3333\times10^{-8}$ s，计算 $0\sim150\times T_0$ 时刻的声波传播过程，不考虑背景声场时，超声波声压分布和超声检测点接收的信号如图 4-36 所示，超声波以球面波传播，正对声源处的波面前锋声压最大，随时间推移，声压减小。当声波触碰到壁面时，声波反射，一次波面与折射波面重叠干涉，波形变化。

考虑背景声场时，超声波声压分布如图 4-37 所示，对比发现，由于背景流场的流速相比于声速量级相差过大，所以对声波传播波形和声压分布的影响并不明显。但通过对比超声检测点的超声信号随时间变化的波形图，发现无背景流时，检测点在 1.0666667×10^{-6}s 时接收到超声信号；而考虑到自然对流的背景流时，监测点在 9.999997×10^{-6}s 时接收到超声信号，两者相差两个时间步，这是因为方腔自然对流中，空气在方腔中心向上的流动，两侧向下流动，所以自然对流对声波的传播有一定的促进作用。无流动时，检测点的声压的峰值在 4.42667×10^{-5}s 到达，声压峰值为 3.58382×10^{-5}Pa；有自然对流时，监测点的声压的峰值在 4.18×10^{-5}s 到达，声压峰值为 4.54751×10^{-5}Pa，到达峰值时间相差 75 个时间步，为 2.46667μs，有微小的时延，且有背景流动时，声压峰值更大一些。

综上所述，声-流耦合计算超声传播时，流场对声压分布的影响并不明显，但流场会使声波的传播有微秒的时延，在变压器尺寸较大，采用时延法确定局部放电位置时，变压器油箱内的油流对局部放电定位的准确性影响较小。

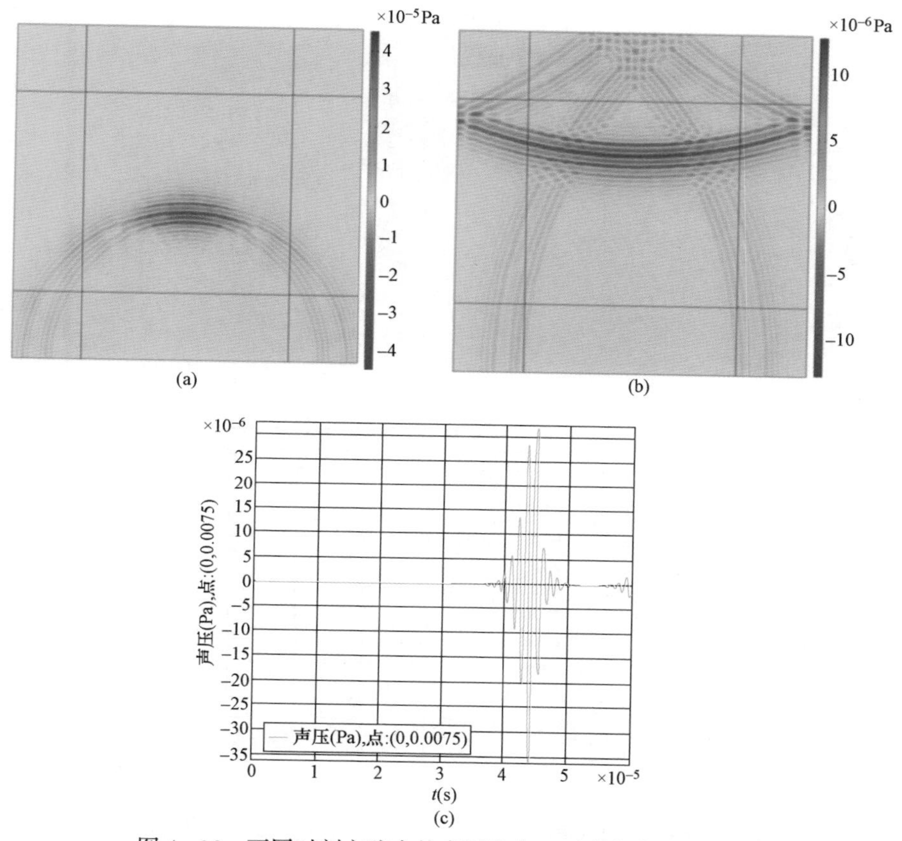

图 4-36　不同时刻方腔内的声压分布（不考虑背景流场）

（a）$t=2\times10^{-5}$s；（b）$t=6\times10^{-5}$s；（c）超声检测点的超声信号

（二）超声传播的物理模型及计算

变压器具有复杂的几何结构，局部放电产生的超声波向外传播时要经过铁芯、绕组、夹板以及变压器油等结构。本节选用 400kVA - 15kV/400V 三相强迫油循环变压器，变压器几何模型为 2.0m（长）×1.2m（宽）×1.8m（高）的长方体，内部固体包含一级绕组、二级绕组、铁芯、夹板等结构，具体结构如图 4-38 所示。变压器内充满变压器油，变压器油的密度为 890kg/m³，声速为 1400m/s。本模型假设声波在传播至内部固体壁面时仅发生镜面反射，不考虑声波在固体内传播。以变压器中心作为坐标原点，假设局部放电源的坐标为（－25cm，－40cm，－25cm），局部放电声源为点声源。为了探究变压器油以及内部结构对声波传播特性的影响，在距离壁面 5cm 处选择两个参考平面，靠近局部放电源的为 1 号参考平面，远离局部放电源的为 2 号参考平面。局部放电位置和参考平面如图 4-39 所示。

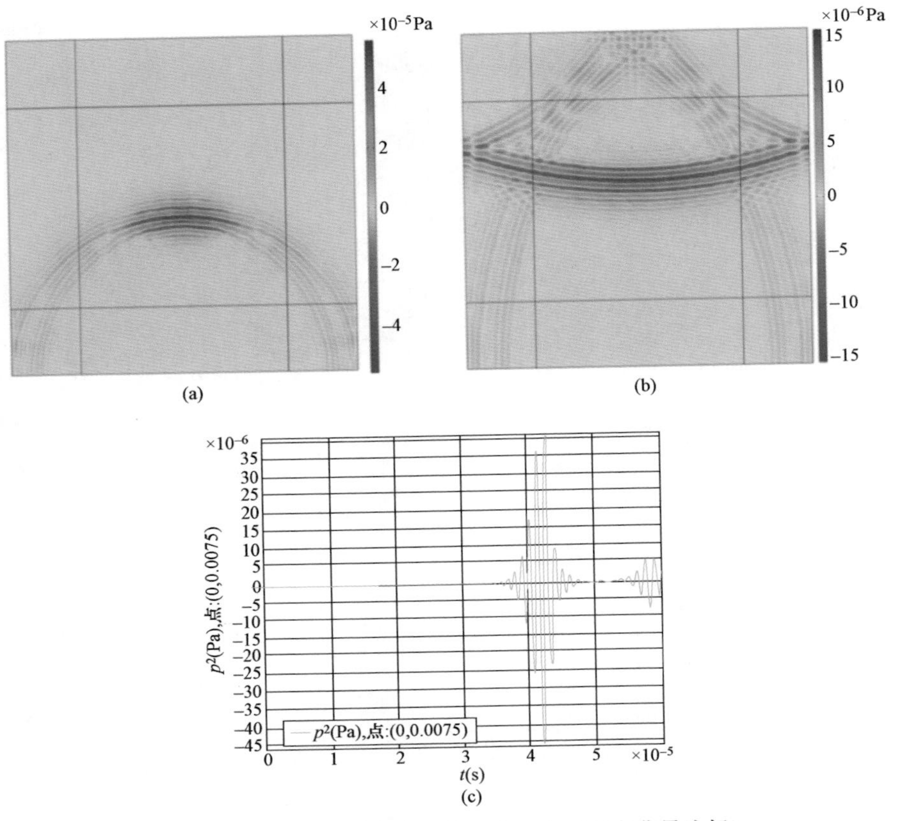

图 4 - 37　不同时刻方腔内的声压分布（考虑背景流场）

（a）$t=2\times10^{-5}$s；（b）$t=6\times10^{-5}$s；（c）局放监测点的超声信号

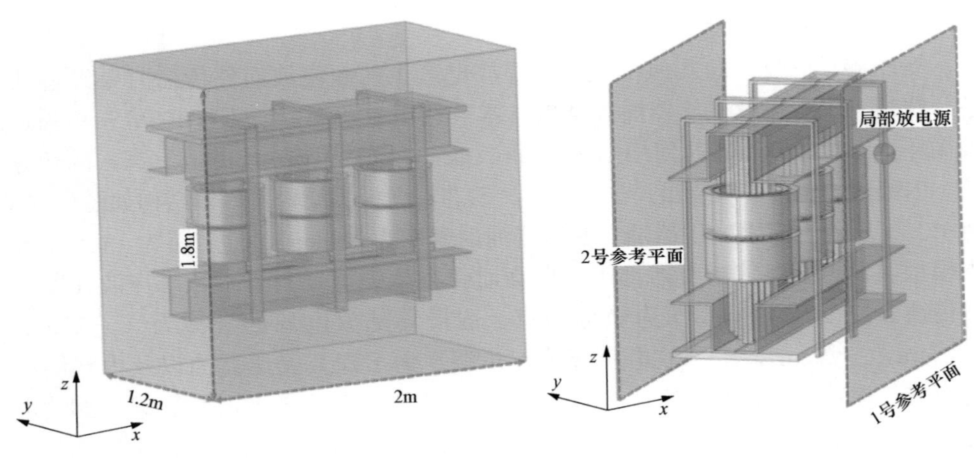

图 4 - 38　变压器简化模型

图 4 - 39　声源、接收器以及参考平面

声波是一种机械振动状态的传播现象，它可以在一切弹性介质中传播。三维理想流体介质中声波传播公式为

$$\nabla^2 p = \frac{1}{c_0^2} \frac{\partial^2 p}{\partial t^2} \tag{4-25}$$

式中：p 为声压，Pa；c_0 为声速，m/s。

声波在介质中传播时，随着传播距离的增加，声波强度将越来越弱。声波在变压器油内传播过程中强度逐渐衰减是由多种原因造成的，主要可归纳为下列两个方面：

（1）扩展损失。指由于声波在传播过程中波阵面的不断扩展，引起声强的衰减，也称几何衰减。在理想介质中，对于沿矢径 r 方向传播的简谐均匀球面波，声压可表示为

$$p = \frac{p_0}{r} \mathrm{e}^{\mathrm{j}(\omega t - kr)} \tag{4-26}$$

式中：p_0/r 为球面波声压幅值，Pa，该幅值随距离 r 反比减小。

（2）吸收损失。通常指不均匀介质中，由于介质黏滞效应引起的声强衰减，又称物理衰减。由于实际传播的介质为非理想流体，当声波在介质中传播时，随着距离的增加声波的强度会逐渐衰减。也就是说，由于耗散效应，声波衰减过程中声波的机械能转化为热能。通过求解一维黏性波动方程，可以获得声波传递到某点处速度的解，即

$$u(x,t) = U\mathrm{e}^{-\alpha_\eta x} \sin(\omega t - kx) \tag{4-27}$$

$$k = 2\pi/\lambda$$

式中：k 为波矢量；α_η 是描述振幅由于黏性而随距离衰减快慢的物理量，称为声波的吸收系数。$\mathrm{e}^{-\alpha_\eta x}$ 说明振幅随传播距离的增大而成指数函数形式衰减。

根据经典声波衰减理论，当声波的频率一定时，α_η 直接跟介质本身的性质相关，吸收系数的表达式为

$$\alpha_\eta = \frac{\omega^2}{2\rho_0 c^3}\left[\frac{4}{3}\eta + k\left(\frac{1}{c_\mathrm{V}} - \frac{1}{c_\mathrm{p}}\right)\right] \tag{4-28}$$

式中：ω 为声波的角频率，rad/s；ρ_0 为介质气体密度，kg/m^3；η 为介质的黏滞系数；k 为导热系数，W/(m・K)；c_p 和 c_v 分别为恒压比热容和恒容比热容，J/(kg・K)；c 为介质中的声速，m/s。

由于变压器油的恒压热容与恒容热容基本相同，因此可得到变压器油内声波的吸收系数为

$$\alpha_\eta = \frac{\omega^2 \eta}{2\rho_0 c^3} = \frac{2\omega^2}{3\rho_0 c^3}\eta \tag{4-29}$$

为了模拟传感器在变压器内接收到的声波信息，需要建立合适的接收器模

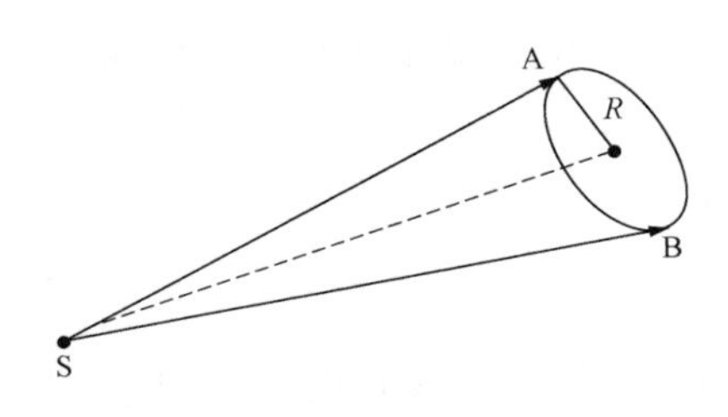

图 4-40　接收器模型最小半径

型。接收器的半径主要取决于射线密度，因此空间体积、射线密度以及接收器与声源距离都应该被考虑进去。因此，为了构建一个包含上述所有因素的模型，需要先做一个假设，即空间中任意位置的接收器至少有一条射线直接射入，由此可以得到最小半径（见图 4-40）。两条射线与球体相切，射线与球体之间近似组成一个圆锥体。

假设声波传到接收点时的波面为一个大球面，那么大球面与接收器球体之间的关系为

$$\frac{4}{3}\pi d_{\mathrm{SR}}^{3} = N \cdot \frac{1}{3}\pi R^{2} \cdot d_{\mathrm{SR}} \tag{4-30}$$

式中：d_{SR}为接收器与波源之间的距离，m；N 为射线总数。

因此，接收器模型的半径为

$$R = d_{\mathrm{SR}} \sqrt{\frac{4}{N}} \tag{4-31}$$

根据声波射线到达的时间和激发的声强，可以得到接收器处的声强时间关系式，由此计算出的声压级关系式为

$$SPL = 10\log_{10}\left(\frac{\int_{0}^{\infty} \rho c I(t)\mathrm{d}t}{4 \times 10^{-4}}\right) \tag{4-32}$$

式中：ρ 为介质的密度，$\mathrm{kg/m^3}$。此方法被广泛应用于声压级计算。

本书选取声波射线总数 N 为 10000。为了研究声波在变压器油中的吸收系数以及固体壁面吸收系数的影响，选取变压器油吸收系数 α_η 为 0.2Np/m 和 10Np/m，壁面吸收系数 α 为 0.2 和 0.8。求解时间为 10 000μs，时间步长为 10μs，功率密度低于 $10^{-12}\mathrm{W/m^2}$ 时射线终止。本研究基于有限元软件 COMSOL Multiphysics 5.2，采用直接求解器 MUMPS 对上述方程与定解条件进行求解，当迭代计算残差小于 10^{-6}时，认为计算达到收敛。

图 4-41 显示了变压器油吸收系数 α_η 为 0.2Np/m，壁面吸收系数 α 为 0.8 时的超声波信号声压随传播时间的变化关系。根据图 4-41 可知，当变压器内发生局部放电时，超声波以球面的形式向外传播，随着传输距离的增加，超声波的声压逐渐减小。首先，随着传输距离的增加超声波会发生扩散损耗，此时声波的总能量不会变化。其次由于变压器油的热声效应会让声波发生吸收损耗，将声波的机械能转化为热能，声波传播的能量逐渐减少。声波传播至铁芯、绕组等内部结构以及变压器壁面时会发生镜面反射，同时也会被吸收一部分，造

成声波能量衰减，多部件的反射造成变压器内部的声学射线分布错综复杂。声压从 500μs 时的 400Pa 迅速降至 1000μs 时的 200Pa，最终在 2000μs 时变压器内的声波射线区域均匀，直至射线能量密度低于 10^{-12} W/m^2 后无法被设备检测。

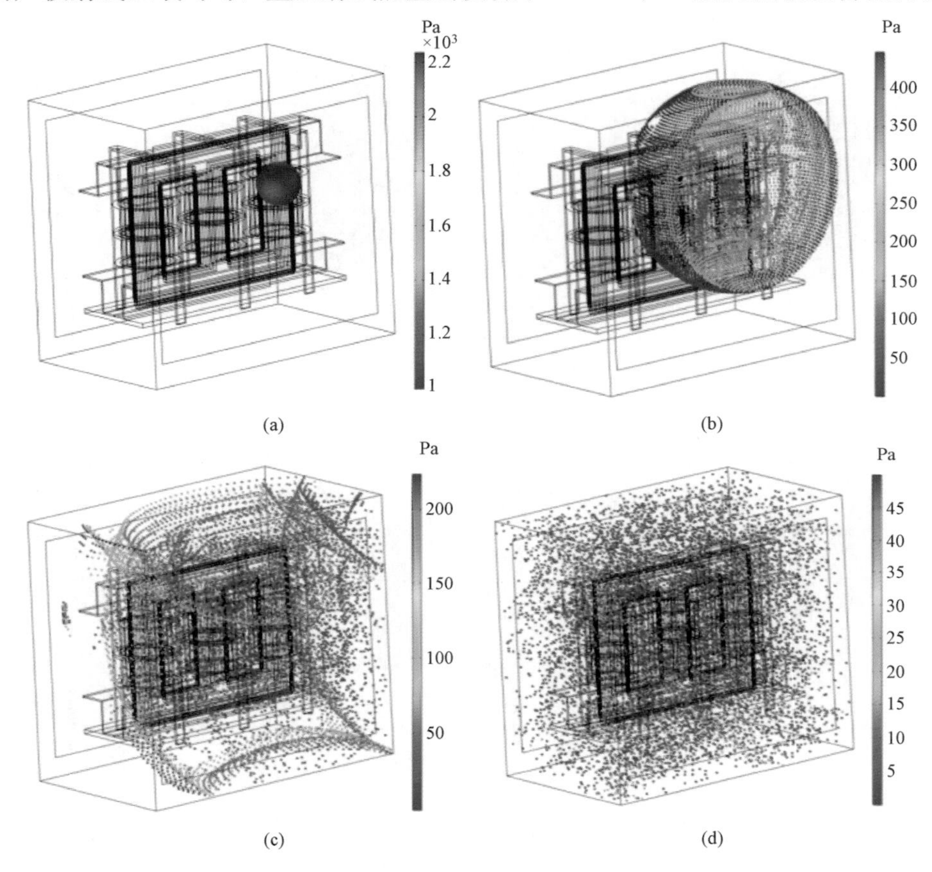

(a)　(b)　(c)　(d)

图 4-41　变压器内的声压分布（α_η=0.2Np/m，α=0.8）

（a）100μs；（b）500μs；（c）1000μs；（d）2000μs

当壁面吸收系数 α 为 0.2 时，两个参考平面在不同时刻的累积声压级如图 4-42 所示。比较两个参考平面的声压级可知，与声源位于同一侧的 1 号参考平面大部分位置都能有效接收到超声波信号，而与声源位于另一侧的 2 号参考平面只有在正对绕组间隙部分可以检测到超声信号。

当壁面吸收系数 α 为 0.8 时，两个参考平面在不同时刻的累积声压级如图 4-43 所示。比较两组累积声压级云图可知，虽然壁面的吸收系数对于接收器的脉冲响应影响较大，但是对于两个参考平面的累积声压级影响基本可以忽略，观察云图可知，参考平面的有效接收面积基本不随时间发生变化，有效接收面积基本都是直达波通过的地方，因此在传感器布置时，应将传感器阵列布置在有效面积内，从而可以有效检测局部放电信息。

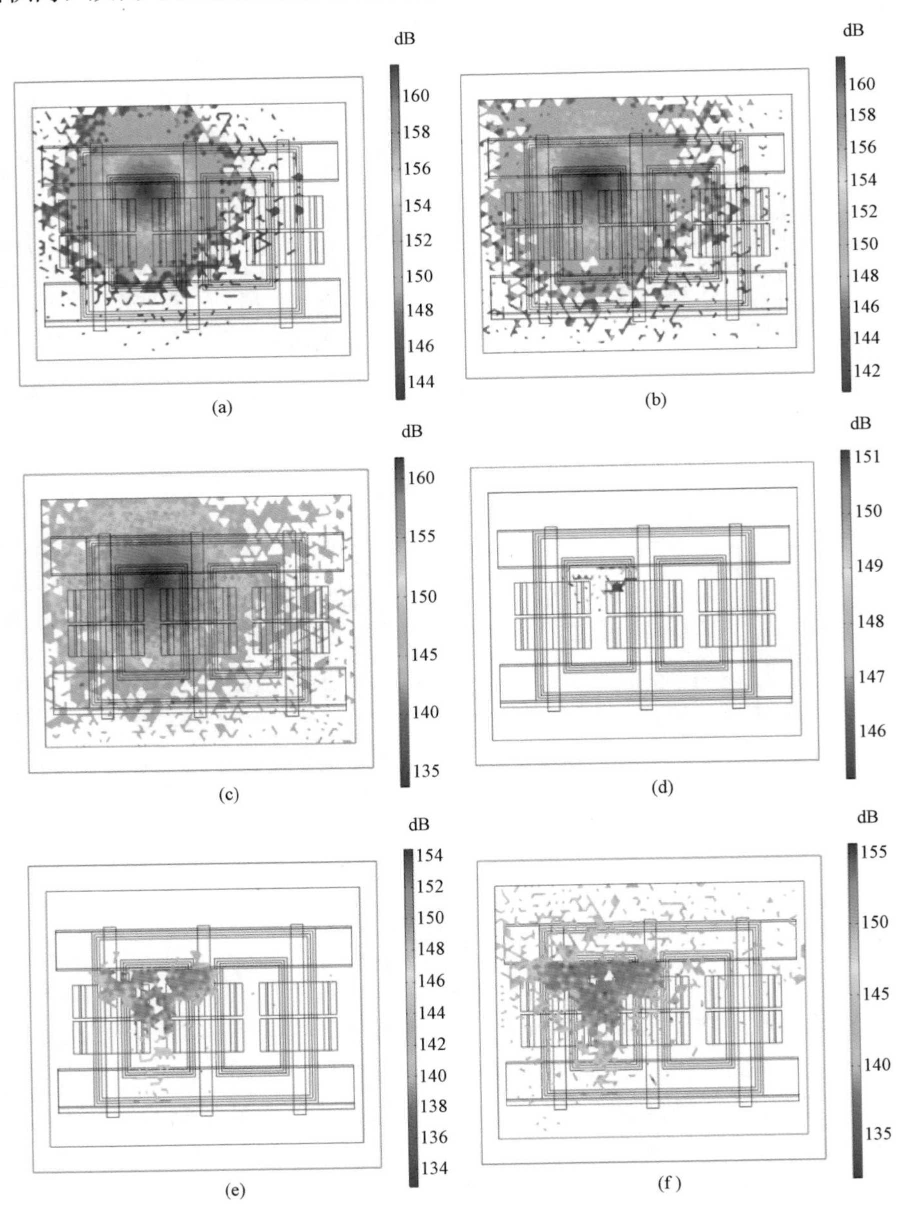

图 4-42　壁面吸收系数 $\alpha=0.2$ 时参考平面的累积声压级（$\alpha_{\eta}=0.2\mathrm{Np/m}$）

(a) 1号参考平面（700μs）；(b) 1号参考平面（1000μs）；(c) 1号参考平面（1500μs）；(d) 2号参考平面（700μs）；(e) 2号参考平面（1000μs）；(f) 2号参考平面（1500μs）

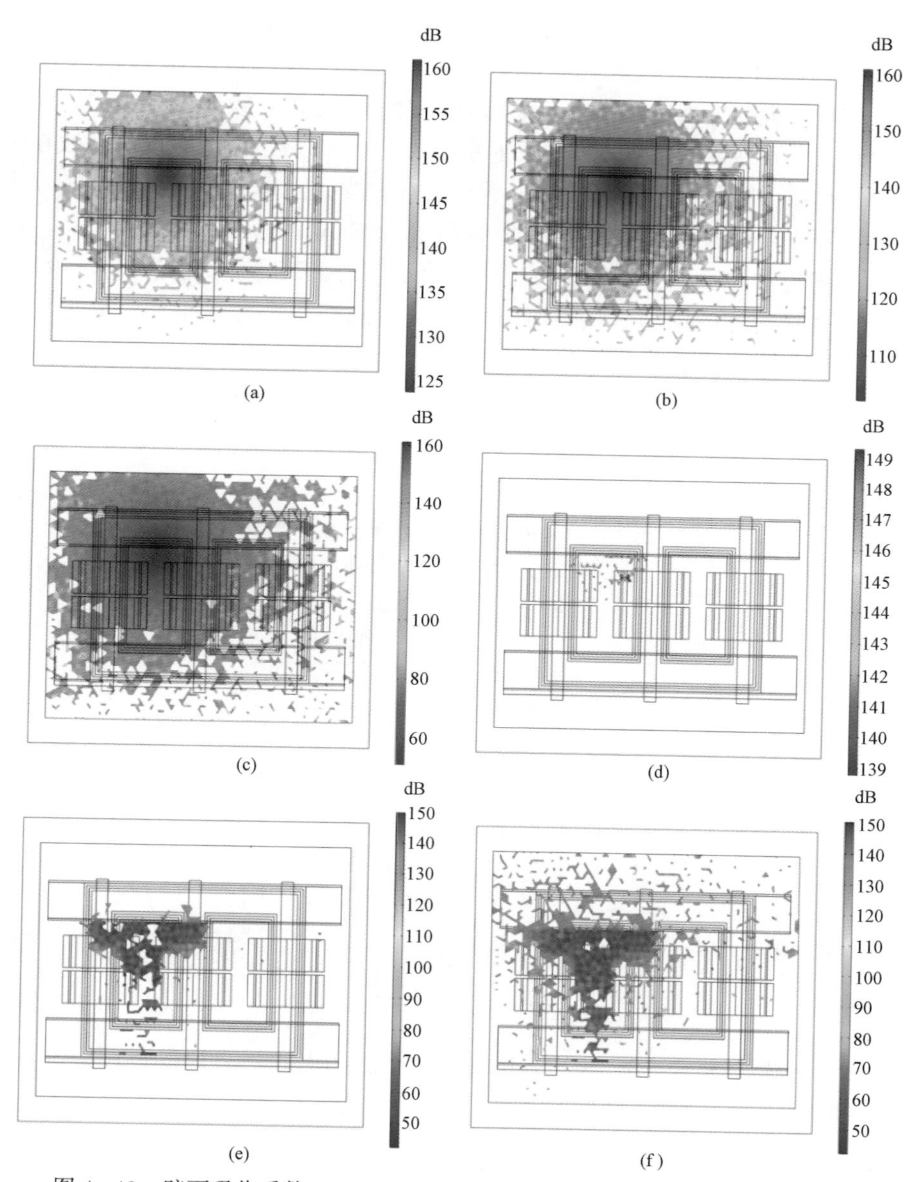

图 4-43　壁面吸收系数 $\alpha=0.8$ 时参考平面的累积声压级（$\alpha_\eta=0.2$Np/m）

（a）1 号参考平面（700μs）；（b）1 号参考平面（1000μs）；（c）1 号参考平面（1500μs）；（d）2 号参考平面（700μs）；（e）2 号参考平面（1000μs）；（f）2 号参考平面（1500μs）

二、变压器内的电磁波传播

（一）物理模型及计算方法

本节选用 400kVA-15kV/400V 三相强迫油循环变压器，具体参数见图 4-38，变压器内充满变压器油，变压器油的密度为 890kg/m^3，电磁波在真空中的速度为 3×10^8m/s，变压器油的折射率为 1.51，变压器箱体壁面和金属结构对电磁波的吸收率比较低，大部分被反射回去，金属对电磁波的反射系数为 $\alpha_w=0.95$，而绕组由于绝缘纸的存在反射系数较低，反射系数为 $\alpha_r=0.5$。本模型假设电磁波在传播至内部固体壁面时仅发生镜面反射，不考虑电磁波在固体内传播。以变压器中心作为坐标原点，假设局部放电源的坐标为（−25cm，−40cm，−25cm），局部放电源为电磁波源，具体结构如图 4-39 所示。为了探究变压器油以及内部结构对电磁波传播特性的影响，在距离壁面 5cm 处选择两个参考平面，靠近局部放电源的为 1 号参考平面，远离局部放电源的为 2 号参考平面。

电磁波在真空介质中传播，如果不考虑电流和自由电荷，无源空间的麦克斯韦方程可以写为

$$\begin{cases}\nabla\cdot\vec{E}=0\\ \nabla\times\vec{E}=-\dfrac{\partial\vec{B}}{\partial t}\\ \nabla\cdot\vec{B}=0\\ \nabla\times\vec{B}=\mu_0\varepsilon_0\dfrac{\partial\vec{E}}{\partial t}\end{cases}\tag{4-33}$$

对法拉第定律两边取旋度得

$$\nabla\times(\nabla\times\vec{E})=\nabla(\nabla\cdot\vec{E})-\nabla^2\vec{E}=-\frac{\partial}{\partial t}\nabla\times\vec{B}=-\frac{\partial}{\partial t}\left(\mu_0\varepsilon_0\frac{\partial\vec{E}}{\partial t}\right)\tag{4-34}$$

由于 $\nabla\cdot\vec{E}=0$，式（4-34）可简化为

$$\nabla^2\vec{E}-\mu_0\varepsilon_0\frac{\partial^2\vec{E}}{\partial t^2}=0\tag{4-35}$$

同理可得

$$\nabla^2\vec{B}-\mu_0\varepsilon_0\frac{\partial^2\vec{B}}{\partial t^2}=0\tag{4-36}$$

式（4-35）和式（4-36）是传播方程，表明电磁场可以脱离源运动，以电磁波的形式传播，式中存在

$$\mu_0\varepsilon_0=\frac{1}{c^2}\tag{4-37}$$

式中：c 是电磁波在真空中的传播速度，m/s。

电磁波的波动方程为

$$\begin{cases}\nabla^2\vec{E}-\dfrac{1}{c^2}\dfrac{\partial^2}{\partial t^2}\vec{E}=0\\ \nabla^2\vec{B}-\dfrac{1}{c^2}\dfrac{\partial^2}{\partial t^2}\vec{B}=0\end{cases}\tag{4-38}$$

如果辐射源是一定频率的正弦振动，传播的电磁波称为单色波。将单色波中与时间有关的部分表示为指数形式，则电场强度 $\vec{E}$ 和磁场强度 $\vec{B}$ 可以写为

$$\begin{cases}\vec{E}(r,t)=\vec{E}(r)e^{-i\omega t}\\ \vec{B}(r,t)=\vec{B}(r)e^{-i\omega t}\end{cases}\tag{4-39}$$

将式（4-39）式代入式（4-38），得到

$$\begin{cases}\nabla^2\vec{E}(r)+\omega^2\mu_0\varepsilon_0\vec{E}(r)=0\\ \nabla^2\vec{B}(r)+\omega^2\mu_0\varepsilon_0\vec{B}(r)=0\end{cases}\tag{4-40}$$

令

$$\omega^2\mu_0\varepsilon_0=k^2\tag{4-41}$$

得到

$$\begin{cases}\nabla^2\vec{E}(r)+k^2\vec{E}(r)=0\\ \nabla^2\vec{B}(r)+k^2\vec{B}(r)=0\end{cases}\tag{4-42}$$

式（4-42）即为电磁波传播的亥姆霍兹方程，其解为

$$\begin{cases}\vec{E}(r)=\vec{E}_0e^{ikr}\\ \vec{B}(r)=\vec{B}_0e^{ikr}\end{cases}\tag{4-43}$$

对于非真空环境，介质中的本构关系比较复杂，ε、μ 可能是频率的函数，即存在色散。当电磁波射入金属介质时，会发生一定程度的衰减，材料的电磁特性即吸收电磁波的能力与介电常数和磁导率相关，二者的复数形式为

$$\begin{cases}\varepsilon=\varepsilon'-j\varepsilon''\\ \mu=\mu'-j\mu''\end{cases}\tag{4-44}$$

式中：ε'为介电常数的实部，F/m，μ'为磁导率的实部，H/m，代表材料在电场或磁场作用下产生的极化和磁化强度；ε''为介电常数的虚部，F/m，表示在外加电场作用下材料电偶矩产生重排所引起的损耗；μ''为磁导率的虚部，H/m，表示在外加电场作用下材料磁偶矩重排所引起的损耗。

（二）计算结果分析

图 4-44 展示了局部放电电磁波在变压器内的电磁信号与时间的关系。根据图 4-44 可知，电磁波的传递规律与超声波相似，都是以球面波形式传播。电磁波在遇到金属时发生的损耗比较小，能量损失比较低，而对于绕组处，由于反射系数比较低，能量损耗较大。电磁波的整体能量密度随着传输距离的增加而逐渐降低，不过相较于声波要耗散的慢，在局部放电发生 10ns 后，变压器内的电磁波分布趋于均匀。

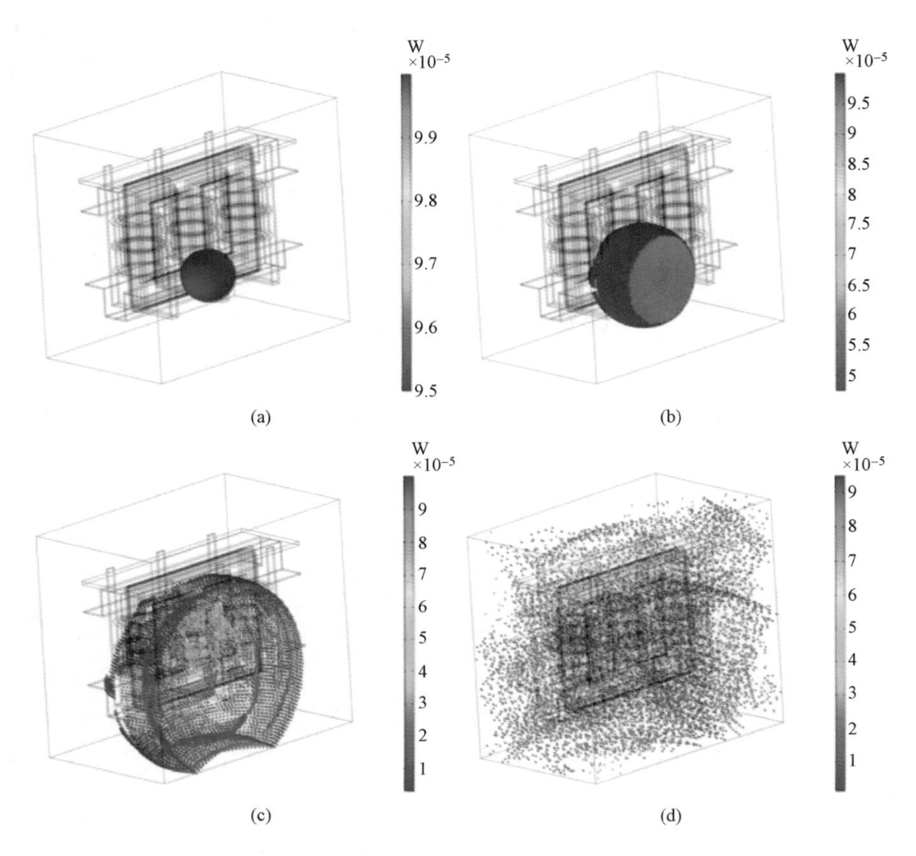

图 4-44 变压器内的电磁波分布（$\alpha_w=0.95$，$\alpha_r=0.5$）

(a) 1ns；(b) 2ns；(c) 4ns；(d) 10ns

两个参考平面在不同时刻的累积电磁波能量密度如图 4-45 所示。比较两个参考平面的能量密度可知，与局部放电源位于同一侧的 1 号参考平面大部分位置都能有效接收到电磁波，而与局部放电源位于另一侧的 2 号参考平面只有在正对绕组间隙部分可以检测到电磁波信号。1 号参考平面的能量密度要远大于 2 号参考平面的能量密度。对于 2 号参考平面而言，只有没有被变压器绕组影响的小部分区域能检测到电磁波的直达波，而其余部分虽然可以检测到电磁波，但都是二次波。

变压器箱体的金属结构对电磁波的吸收率比较低，因此在实际应用中反射系数 α_w 基本不变化，而绕组绝缘材料的不同会造成反射系数 α_r 会发生变化，为了探究绕组吸收系数的影响，选取了 $\alpha_r=0.1$ 和 $\alpha_r=0.9$ 两种情况下变压器内两个参考平面的累积能量密度，并与 $\alpha_r=0.5$ 进行对比。计算结果如图 4-46（$\alpha_r=$

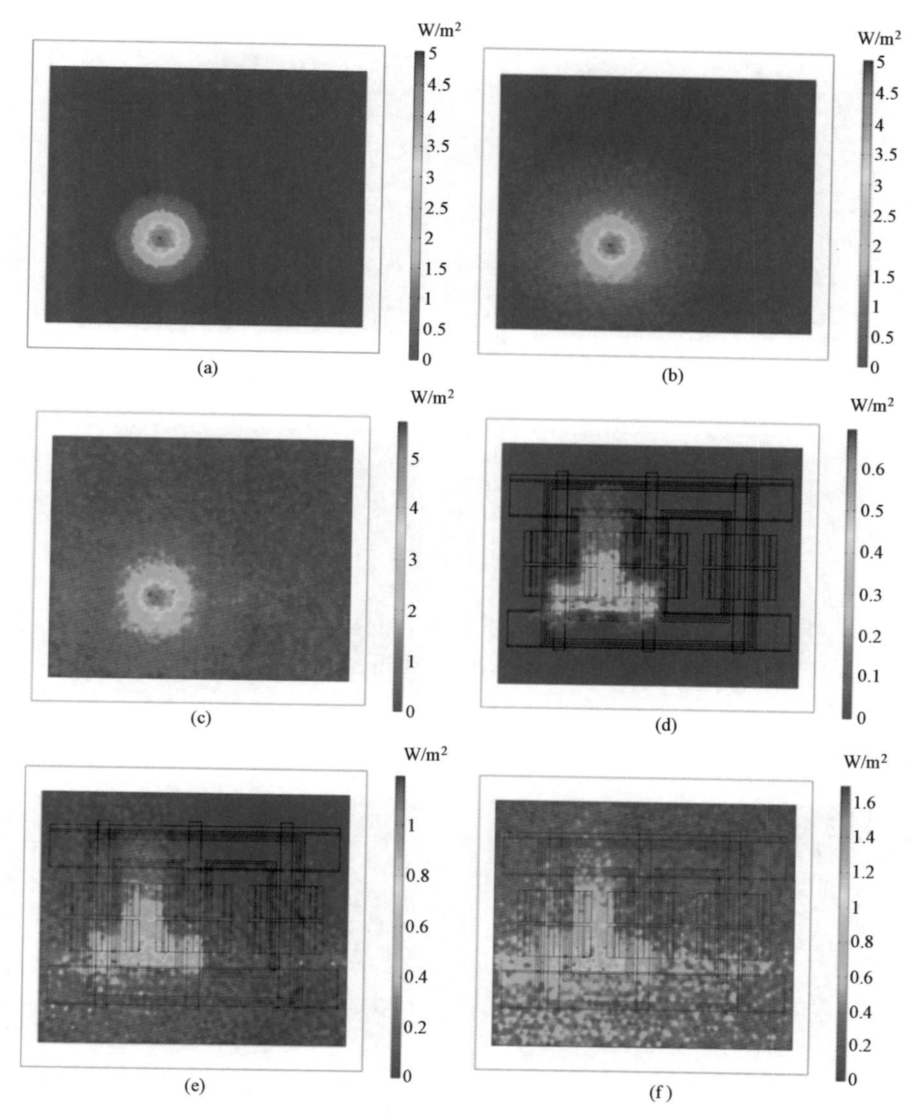

图 4-45 参考平面的累积能量密度（$\alpha_w=0.95$，$\alpha_r=0.5$）

（a）1 号参考平面（1ns）；（b）1 号参考平面（2ns）；（c）1 号参考平面（20ns）；（d）2 号参考平面（4ns）；（e）2 号参考平面（8ns）；（f）2 号参考平面（20ns）

0.1）和图 4-47（$\alpha_r=0.9$）所示。通过观察不同反射系数可以发现，反射系数的大小对 1 号参考平面的影响较小，电磁波累计能量密度基本不发生改变，而 2 号参考平面在初始时刻不受绕组反射系数的影响，随着电磁波的传播，累积能量密度会发生微小的改变。这是因为 1 号参考平面与电磁波源位于同一平面，

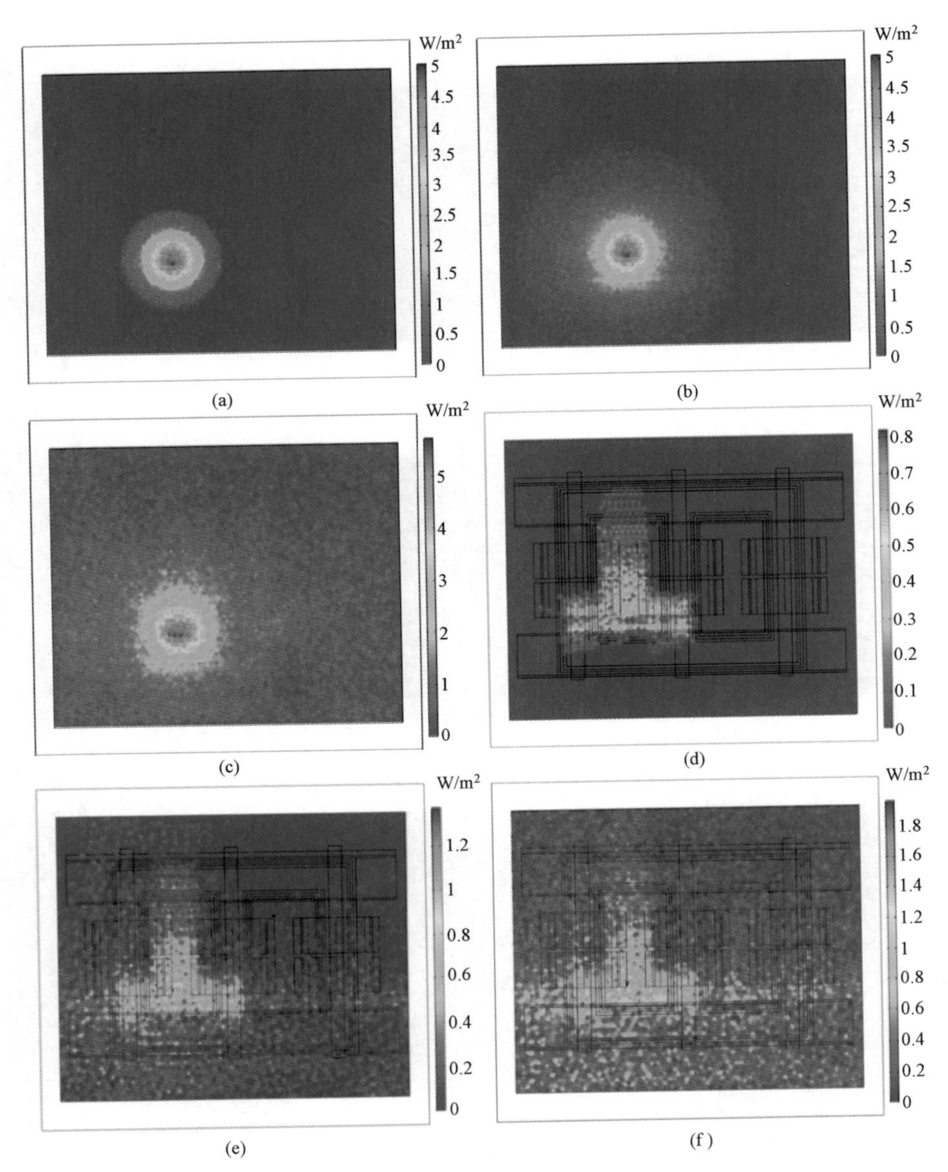

图 4 - 46　参考平面的累积能量密度（$\alpha_w=0.95$，$\alpha_r=0.1$）

（a）1 号参考平面（1ns）；（b）1 号参考平面（2ns）；（c）1 号参考平面（20ns）；（d）2 号参考平面（4ns）；（e）2 号参考平面（8ns）；（f）2 号参考平面（20ns）

整个参考平面以直达波为主，受到绕组反射系数的影响较小，而 2 号参考平面初始时刻部分区域可以接收到直达波，因此初始时刻参考平面接收到的电磁波能量密度不受绕组反射系数的影响，而后随着非直达波抵达 2 号参考平面，反射系数越大，电磁波能量衰减越小，参考平面接收到的电磁波能量越多，但是由于绕组在变压器内的空间占比较小，因此绕组反射系数的影响依然较小，所以可以认为绕组的反射系数对变压器内局部放电产生的特高频电磁波信号的影响可以忽略不计。

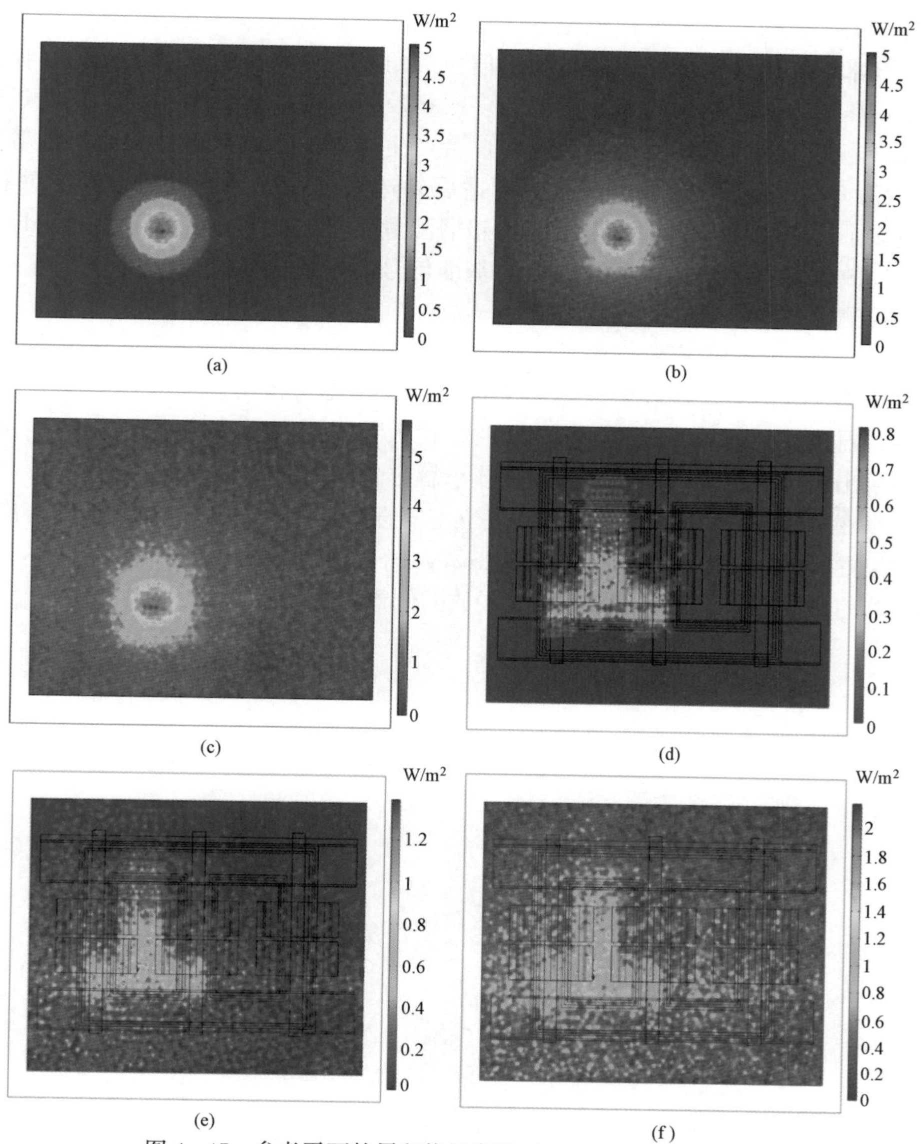

图 4-47　参考平面的累积能量密度（$\alpha_w=0.95$，$\alpha_r=0.9$）

（a）1 号参考平面（1ns）；（b）1 号参考平面（2ns）；（c）1 号参考平面（20ns）；
（d）2 号参考平面（4ns）；（e）2 号参考平面（8ns）；（f）2 号参考平面（20ns）

三、基于声场和电磁场的一体化传感器综合布置方案优化

（一）局部放电定位优化算法

局部放电定位属于无线定位技术，目前根据其定位原理可以分为到达时间定位技术、到达角度定位技术。到达时间定位技术是利用不同传感器之间接收到信号的差值构造方程进行定位，这是目前变压器内局部放电定位技术中最常用的技术；到达角度定位技术是利用信号的角度这一特征值完成定位的，但是由于变压器内部的结构复杂，声波会多次折反射，因此很难利用到达角度进行定位。当变压器内部发生局部放电时，会产生电磁波、放电脉冲和超声波等信号，超声波在变压器内不同介质中传播后到达固定在变压器内的超声传感器。通过多个超声传感器测量获得不同传感器测量信号的时延，经过计算求解即可确定局放位置。根据计算求解选取的基准信号，超声检测定位又可分为声—声信号检测定位和电—声信号检测定位。

（1）声—声检测定位方法是选取布置在变压器内的某一个传感器接收到的信号作为触发信号，接收触发信号的传感器叫作参考探头。选取参考探头与其他传感器接收到信号的时差，将相对时差代入满足几何关系的方程组进行求解，即可求出局部放位置的空间坐标。具体求解方式如下例所示。

以变压器的一个顶点为坐标原点建立空间直角坐标系，如图 4 - 48 所示，传感器的位置坐标分别为 $S_0(x_0,y_0,z_0)$、$S_1(x_1,y_1,z_1)$、$S_2(x_2,y_2,z_2)$，…，$S_n(x_n,y_n,z_n)$，传感器的个数不少于四个，即 $n\geqslant4$，局放的位置为 $PD(x,y,z)$。

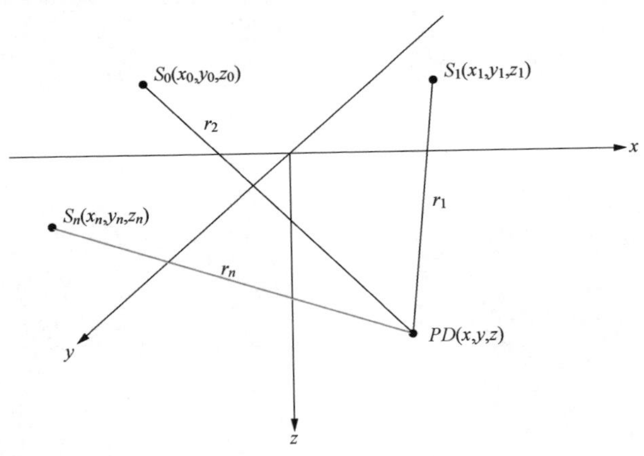

图 4 - 48　传感器接收信号示意图

选定 0 号传感器的信息作为参考基准值，超声信号传递到 0 号传感器的时间为 T，其余传感器相比于 0 号传感器的时间差值为 t_1、t_2、…、t_n。参考图 4 - 48 可得局部放电时间—距离方程组见式（4 - 45），该方程组为非线性超定方程，此方

程组的解即为局部放电位置。

$$\begin{cases}(x_0-x)^2+(y_0-y)^2+(z_0-z)^2=v^2T^2\\(x_1-x)^2+(y_1-y)^2+(z_1-z)^2=v^2(t_1+T)^2\\\cdots\\(x_i-x)^2+(y_i-y)^2+(z_i-z)^2=v^2(t_i+T)^2\\\cdots\\(x_n-x)^2+(y_n-y)^2+(z_n-z)^2=v^2(t_n+T)^2\end{cases}\tag{4-45}$$

(2) 电—声检测定位方法是在变压器内布置多个联合检测传感器，以电信号作为基准信号，同时记录超声波信号相较于电信号的时延，根据声速以及时延得到局放点与各个传感器的空间距离，列出方程并进行求解。由于电信号的传播速度远远大于声信号，而电信号从局放源到传感器所需要的时间在纳秒级别，因此可以忽略电信号从局部放电源到传感器的传播时间，可认为电信号到达传感器的时间就是局部放电发生的时间。电—声联合检测定位方程组如式(4-46)所示，即

$$\begin{cases}(x_0-x)^2+(y_0-y)^2+(z_0-z)^2=v^2(T_1-t_1)^2\\(x_1-x)^2+(y_1-y)^2+(z_1-z)^2=v^2(T_2-t_2)^2\\\cdots\\(x_i-x)^2+(y_i-y)^2+(z_i-z)^2=v^2(T_i-t_i)^2\\\cdots\\(x_n-x)^2+(y_n-y)^2+(z_n-z)^2=v^2(T_n-t_n)^2\end{cases}\tag{4-46}$$

式中：T_i 为超声传感器接收信号的时间；t_i 为电信号接收时间。采用电—声检测定位只需要三个联合检测传感器即可对局部放电位置进行定位。相关研究人员通过计算、试验比较了声—声检测定位和电—声检测定位两种方法在定位上的精确度，认为声—声定位方法中的声波前沿不容易确定，所以声—声定位方法不如电—声定位方法准确。

变压器内的绕组、铁芯等结构对局放信号的影响是造成定位不准确的主要原因，因此在基于电—声检测定位时，需要对传感器进行优化布置。在前述讨论中已经模拟了变压器内的超声波和电磁波的传播规律，当局部放电源与传感器位于同一侧时，传感器可以检测到直达波，而局部放电源与传感器位于不同侧时，会因为传感器的布置位置不同而受到较大影响，因此在对传感器进行优化布置时，应根据传感器与局放源位于不同侧的情况进行分析。

（二）传感器布置优化

根据电—声检测定位方程可知，如果对变压器内的局部放电源进行定位，空间内需要至少布置三个电—声联合检测传感器，为了消除变压器内部结构件

的影响，需要在变压器的两侧各布置一套传感器组，每一组至少有三个联合检测传感器。在局部放电发生时，首先依据两套传感器组接收信号的时间和信号的强度即可判断局部放电位于哪一侧，从而选出与局放源位于同一侧的传感器组，并利用此组信号进行局部放电定位。因此若优化传感器布置，应将传感器布置在能够避免传感器另一侧信号可以直达的区域。为了消除二次波的影响，本节将壁面吸收系数设置为 1，即任何达到壁面的电磁波和超声波都会被完全吸收，忽略变压器油对电磁波和超声波的吸收，变压器油吸收系数设置为 0。为模拟局部放电可能出现的情况，在变压器内设置 8 个局部放电点源。8 个局部放电源的坐标为：(－25cm，－40cm，－25cm)，(25cm，－40cm，－25cm)，(－25cm，－40cm，25cm)，(25cm，－40cm，25cm)，(－75cm，－40cm，－25cm)，(75cm，－40cm，－25cm)，(75cm，－40cm，25cm)，(－75cm，－40cm，25cm)，具体空间位置如图 4-49 所示。

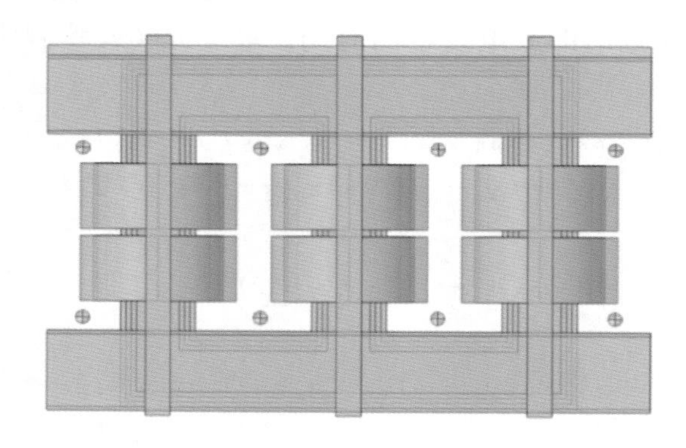

图 4-49　局部放电源空间分布

每一个局部放电源释放的电磁波功率和超声波功率都设置为 1W，电磁波释放 20ns 后参考平面的累积能量密度分布如图 4-50 所示，超声波释放 5000μs 后参考平面累计能量密度分布如图 4-51 所示。通过观察参考平面的累积能量密度可以发现，当局部放电源与参考平面分别位于绕组两侧时，参考平面存在部分区域不会被局部放电产生的直达波影响，在此区域布置传感器组可以有效区分局部放电发生对应的位置；同时，传感器组还需要有效的检测本侧发生的局部放电，因此布置在靠近中心区域更为合适，综上所述，传感器组的布置优化区域为图 4-52 所示红色区域。

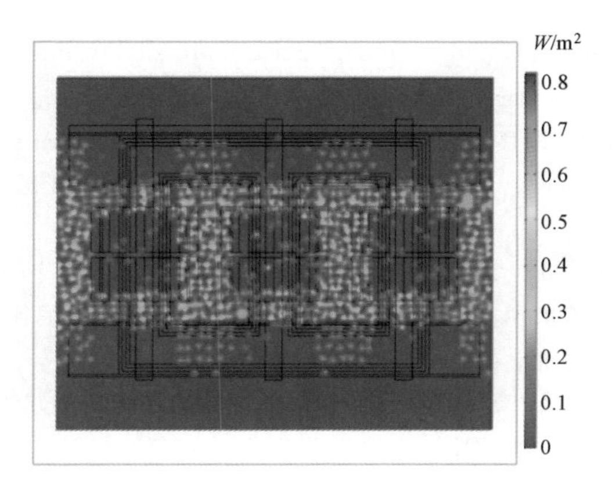

图 4-50　2 号参考平面电磁波累计能量密度

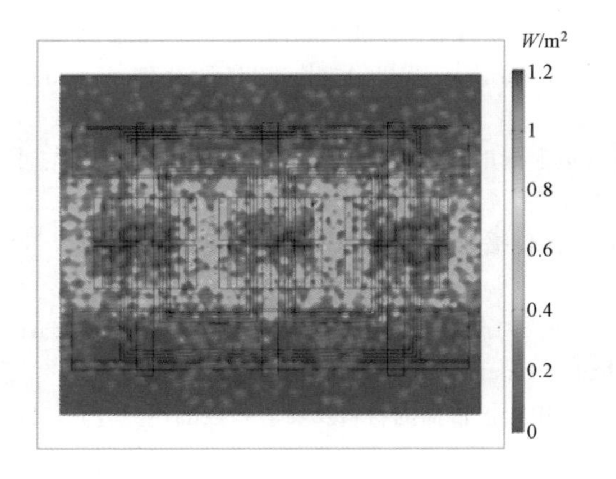

图 4-51　2 号参考平面超声波累计能量密度

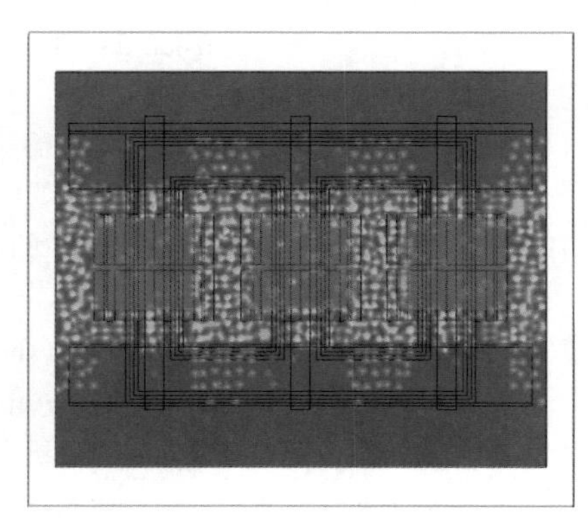

图 4-52　传感器优化布置区域（红色区域）

参考文献

[1] FU C，SI W，LI H，et al. A novel high-performance beam-supported membrane structure with enhanced design flexibility for partial discharge detection [J]. Sensors，2017，17(3)：1-11.

[2] YAN T，REN C，ZHOU J，et al. The study on vibration reduction of nonlinear time-delay dynamic absorber under external excitation [J]. Mathematical Problems in Engineering，2020，2020：1-11.

[3] DOKUMACI E. Sound transmission in narrow pipes with superimposed uniform mean flow and acoustic modeling of automobile catalytic converters [J]. Sound and Vibration，1995，

182：799 - 808.

[4] DUKHIN A，GOETZ P. Bulk viscosity and compressibility measurement using acoustic spectroscopy [J]. Chemical Physics，2009，130：124519.

[5] ALVIN B，MAX G，El T. Boundary conditions for the numerical solution of elliptic equations in exterior regions [J]. Society for Industrial and Applied Mathematics，1982，42：430 - 451.

[6] 徐芝纶．弹性力学 [M]. 北京：人民教育出版社，1990.

[7] 孟庆虎，孟庆丰，朱永生，等．用于机械系统固有频率及阻尼比计算的改进频域方法 [J]. 西安交通大学学报，2015，49 (8)：1 - 5.

[8] 王安成，胡小平，罗兵，等．微机械陀螺品质因数的在线测量方法 [J]. 国防科技大学学报，2014，36 (3)：68 - 71.

[9] TSILI M，AMOIRALIS E，KLADAS A，et al. Power transformer thermal analysis by using an advanced coupled 3D heat transfer and fluid flow FEM model [J]. International Journal of Thermal Sciences，2012，53：188 - 201.

[10] GASTELURRUTIA J，RAMOS J，LARRAONA G，et al. Numerical modelling of natural convection of oil inside distribution transformers [J]. Applied Thermal Engineering，2011，31 (4)：493 - 505.

[11] 刘翠伟，敬华飞，方丽萍，等．输气管道泄漏声波衰减模型的理论研究 [J]. 振动与冲击，2018，37 (20)：109 - 114.

[12] 陈海霞，林书玉．超声在液体中的非线性传播及反常衰减 [J]. 物理学报，2020，69 (13)：201 - 207.

[13] ZENG X，CHEN K，SUN J. On the accuracy of the ray-tracing algorithms based on various sound receiver models [J]. Applied Acoustics，2003，64 (4)：433 - 441.

[14] 鲍文娟，王金良，金硕，等．分层介质中电磁波传播的材料及反射系数的研究 [J]. 北京机械工业学院学报 (综合版)，2007，22 (1)：5 - 8.

[15] ZHOU Y，ZHENG X. General expression of magnetic force for soft ferromagnetic plates in complex magnetic fields [J]. International Journal of Engineering Science，1997，35 (15)：1405 - 1417.

[16] 刘任，李琳，王亚琦．基于随机性与确定性混合优化算法的 Jiles-Atherton 磁滞模型参数提取 [J]. 电工技术学报，2019，34 (11)：2260 - 2268.

[17] 孙才新，罗兵，顾乐观，等．变压器局部放电源的电—声和声—声定位法及其评判的研 [J]. 电工技术学报．1997，12 (5)：49 - 60.

第五章

变压器局部放电内置式超声波、特高频一体化传感器研制、试验及应用

本章介绍局部放电光纤 EFPI 传感器的性能测试分析，实现局部放电内置式超声波、特高频一体化传感器设计和研制，并根据 AE 和 UHF 信号不同的采样率和模拟带宽设计、研制异频同步采集装置。为应用于工程实际，设计了变压器油阀内置式传感器抽气安装方法，并开展了实验室和现场安装验证。

第一节　油中局部放电 EFPI 传感器性能测试

一、测试方法

衡量 EFPI 传感器对局部放电超声波信号的检测性能可以通过幅频响应、静态压力、距离衰减和方向性四个方面来验证。下面对该四个方面涉及的测试分析方法进行讨论。

（一）幅频响应

为了验证 EFPI 传感器检测超声波信号的频率响应特性，设计了采用 PZT 为超声波信号源的实验测试系统，如图 5-1（a）所示，利用信号发生器驱动 PZT，以设定时间间隔扫频方式连续发射幅值基本不变、频率为 $f_1 \sim f_2$ 的超声波信号。为模拟将 EFPI 传感器用于电力变压器局部放电检测，箱体工作环境放置液体绝缘油；为了避免箱体内壁反射声波对测试结果造成影响，将吸声材料安装在箱体内壁处。利用图 5-1（a）所示的实验系统，将 EFPI 传感器检测 $f_1 \sim f_2$ 频率信号得到的输出幅频进行归一化处理并转换为对数关系，可获得如图 5-1（b）所示的幅频特性曲线，曲线最大值处对应为 EFPI 传感器固有频率 f。

此外，根据式（5-1）可以分析膜片固有频率 f 随厚度 h、膜片有效半径 a 的变化关系，也可以利用 ANSYS 有限元分析软件对选定尺寸的 EFPI 传感器固有频率 f 进行仿真分析。当然，在实验室对 EFPI 传感器探头膜片施加冲击波振

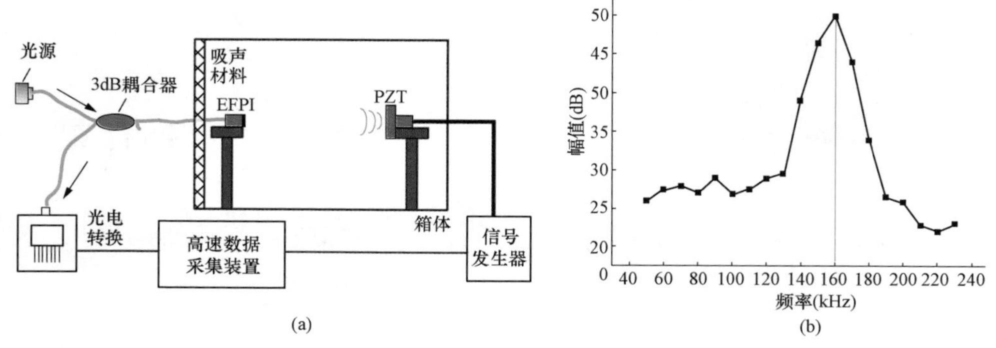

图 5-1　EFPI 传感器幅频特性实验测试系统及结果曲线示例

（a）实验系统；（b）幅频特性曲线示例

动信号，利用激光测振仪记录膜片振动幅值的时域响应信号也可获得该 EFPI 传感器的固有频率 f。产生冲击波振动信号的方法有：气体中用电子点火器产生冲击波、液体中采用 HB 铅笔芯折断产生冲击波等。

$$f=\frac{1}{\sqrt{1+\beta}}\frac{C}{2\pi a^{2}}\sqrt{\frac{Dg}{h\rho}} \tag{5-1}$$

（二）静态压力

常见的 EFPI 传感器静态压力测试系统如图 5-2 所示。在图 5-2（a）所示的系统 1 中，EFPI 传感器置于水管底部侧面，通过放水阀控制水管水位，试验时同时记录水位、系统输出电压，即可测得 EFPI 传感器膜片所受压力 P 与输出电压 U 之间的关系。图 5-2（b）所示系统通过精密调节平台，将 EFPI 传感器在水中的行程变化（转换为所受压力 P）和输出电压 U 进行采集，并可在相同的条件下进行正行程和反行程测试，拟合数据得到的斜率即为测量系统的输出电压/压力（V/Pa）。另外，调节 Δh 获得检测系统可分辨的输出电压最小变化量，则最小声压分辨率可以根据水静压公式得出，即

$$\Delta P=\rho g\Delta h \tag{5-2}$$

式中：ρ 为水的密度；g 为重力加速度。

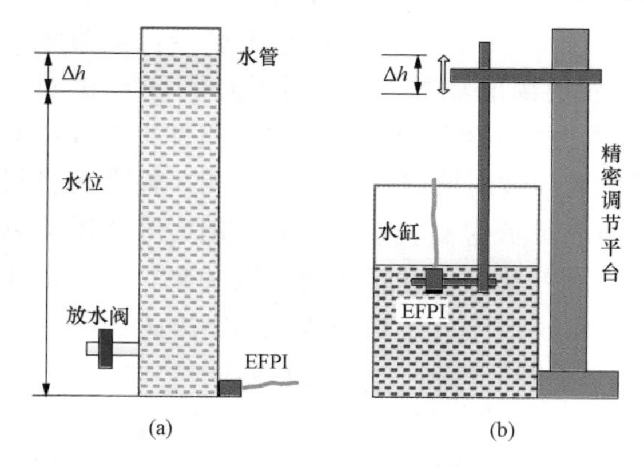

图 5-2　EFPI 传感器静压测试实验系统

（a）系统 1；（b）系统 2

（三）距离衰减

距离衰减测试同样利用图 5-1（a）所示系统。除了利用信号发生

器驱动 PZT 的方式产生信号，高电压下油纸绝缘缺陷模型放电产生的超声波信号也可作为信号源。在试验时，须在 EFPI 传感器离信号源相同位置平行放置 PZT，用于对比 EFPI 传感器与 PZT 超声波传感器的检测幅值灵敏度；还可以采用 PZT 超声波传感器为参考依据，对比同批次制备 EFPI 传感器的超声波信号检测性能。

根据测试结果，可以得到横轴为距离、纵轴为输出电压幅值的 EFPI 传感器衰减幅值曲线。另外，假设 U_{EFPI}^{i} 和 U_{PZT} 分别为编号 $i(i=1,2,\cdots,n)$ 的 EFPI 传感器和 PZT 超声波传感器对相同信号源同时测得的输出电压最大幅值，则可以得到比例系数 K_i 用作不同 EFPI 传感器超声波信号检测幅值灵敏度的衡量指标，其表达式为

$$K_i=\frac{U_{\mathrm{EFPI}}^{i}}{U_{\mathrm{PZT}}},\quad i=1,2,\cdots,n \tag{5-3}$$

（四）方向性

当 EFPI 传感器和信号源呈一定检测角度 α 时，信号源产生的超声波不能垂直传播到传感器探头的膜片上，即超声波传播方向与传感器探头膜片呈一定角度，势必使探头膜片形变衰弱，即中心位移幅值减小导致法珀腔腔长 l 的变化量变小，从而影响传感器检测结果。图 5-3 给出了 EFPI 传感器的方向性测试示意图。图中利用两套结构尺寸和参数特性相同的 EFPI 传感器对同一信号源进行检测，对比不同检测角度下 EFPI 传感器对信号源超声波信号的幅值响应，其中 A 号 EFPI 保持不动，B 号 EFPI 与 A 号 EFPI 保持检测角度 α，α 可以按一定步长变化至 180°。

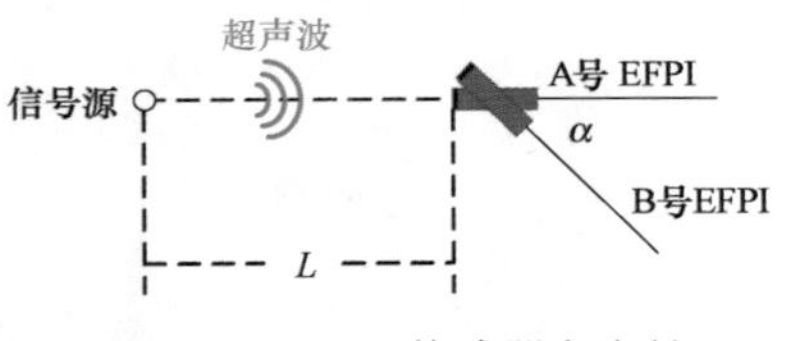

图 5-3　EFPI 传感器方向性测试示意图

按上述流程进行测试记录后，计算得到不同角度 α 下 B 号 EFPI 与 A 号 EFPI 检测到超声波信号幅值之比 sjd_i，对每个检测角度下采集 10 组超声波信号衰减度数据求平均值，从而得到此 EFPI 传感器在 0°～180°检测角度下的超声波响应衰减度曲线，即

$$\begin{cases} x\text{ 轴：}\ \alpha_i,\quad i=0,18,\cdots,180 \\ y\text{ 轴：}\ sjd_i=\dfrac{1}{N}\sum\limits_{j=1,\cdots,N} sjd_i^j \end{cases} \tag{5-4}$$

式中：N 为每个检测角度 α_i 下采集的超声波信号衰减度个数。

（五）测试平台的研制

图 5-4 给出了测试油箱的设计图。测试用油箱尺寸为 2m×1m×1m，预留 4 个 DN50 球阀以及 4 个 150 开孔法兰，可安装两种二合一传感器各 4 只。顶部法兰接口可安装加高油管，用于增加变压器内部静态压力，模拟真实变压器内部油压。

(a)

(b)

图 5-4　油箱实物照片

（a）正面；（b）反面

二、测试结果

（一）EFPI AE 传感器

图 5-5 所示为第三章研究得到的封装后的 EFPI AE 感器，本节以此传感器结合上述试验方法开展幅频响应、静态压力、距离衰减和方向性测试。

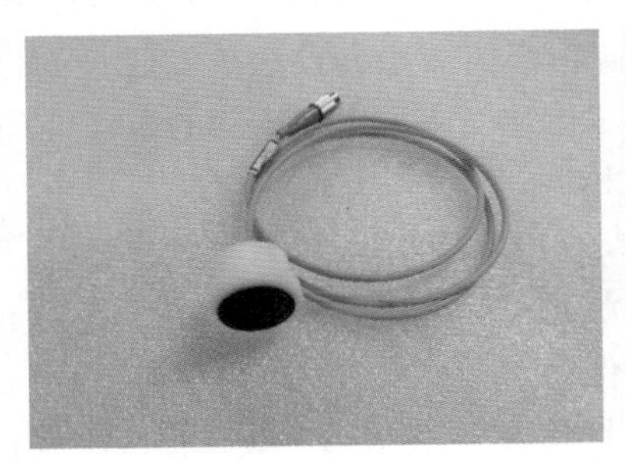

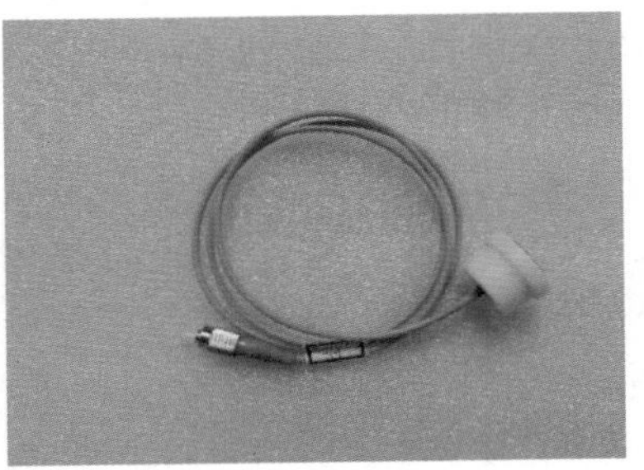

图 5-5　封装后的 EFPE AE 传感器

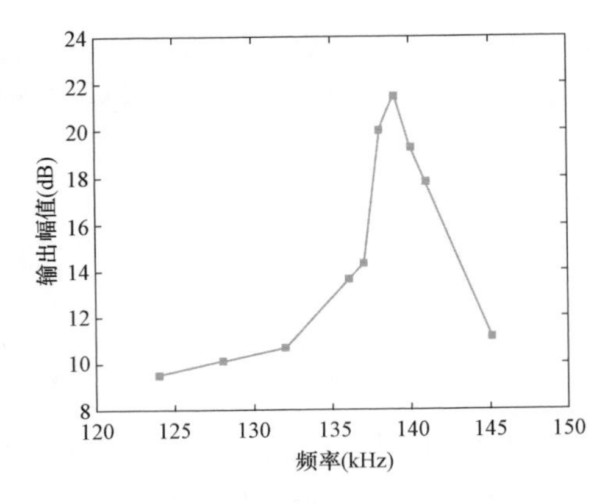

图 5-6　幅频响应曲线

注：1dB（ref 1V/Pa）

（二）幅频响应

图 5-6 给出了 EFPI 超声传感器的幅频响应曲线。由结果可知，传感器响应频率可达到 100～150kHz，在其固有频率为 139kHz 时有着较高的灵敏度。

（三）静态压力

图 5-7 给出了 EFPI 超声传感器梁膜片的静态压力响应曲线，其中静态压力主要通过调整传感器探头在液体中的深度来实现。从图中可以发现，所研制传感器在测试范围内输出电压

与感受到的静态压力成线性关系，灵敏度可达到 1.98V/Pa。根据标准传感器的性能，可比较出所研制传感器的分辨力为 0.9Pa。

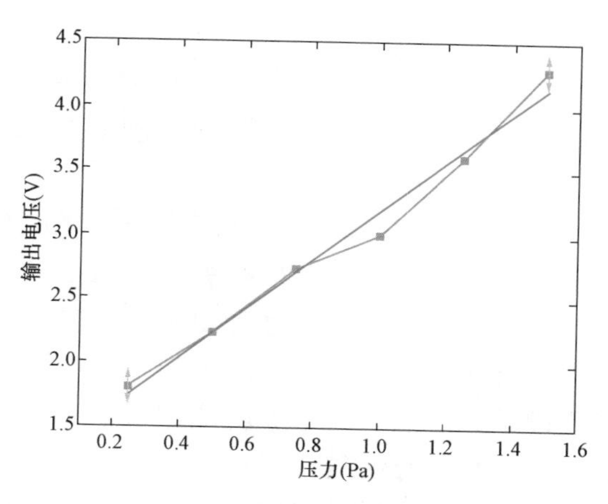

图 5-7　静态压力曲线

（四）距离衰减

图 5-8 给出了传感器在 1m 长油管中所测得的电压信号随着距离的衰减情况。从图中可以发现，在 0～20cm 的范围内，输出电压与测量距离之间基本成线性关系；在 0～100cm 范围内，输出电压与测量距离之间成指数形式衰减。

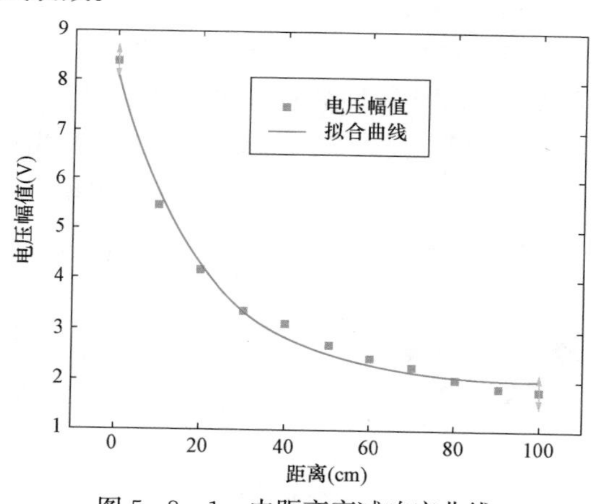

图 5-8　1m 内距离衰减响应曲线

（五）方向性

图 5-9 中为传感器在 5cm 与 10cm 处的方向性响应曲线。可以看出，在探头与声源正对处可以获得最大输出电压，往两侧随着角度变化逐渐衰减。

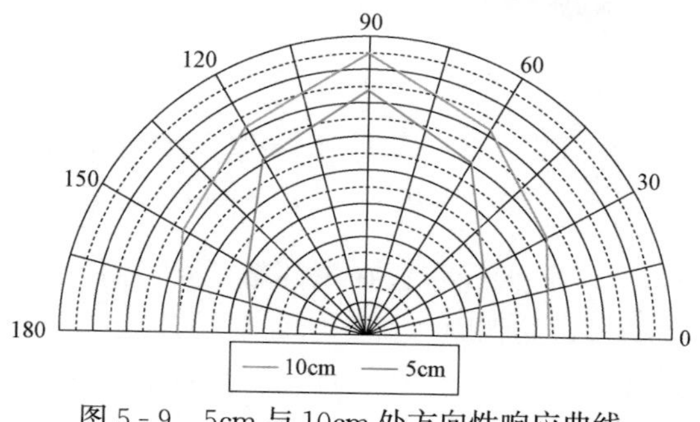

图 5-9　5cm 与 10cm 处方向性响应曲线

第二节　局部放电超声波、特高频一体化传感器优化设计、研制和试验

一、采用 PZT 超声波、特高频的一体化传感器

（一）局部放电复合传感器结构设计

图 5-10 给出了基于放油阀的变压器用 UHF、AE 侵入式局部放电复合传感器设计示意图，图 5-10（a）为该复合传感器的截面图，给出了其主要结构和组成模块；图 5-10（b）为复合该传感器的 3D 装配图。图中，AE 传感器采用的是一种谐振式锆钛酸铅压电陶瓷 AE 传感器，谐振频率为 150kHz，在 20～200kHz 频段内的峰值灵敏度为 75dB、平均灵敏度为 60dB；UHF 传感器采用的是一种套筒式天线，工作带宽为 300～1500MHz，天线增益为 9dBi，驻波比（standing wave ratio，SWR）小于 2.5，最大灵敏度为 18mm、平均灵敏度为 9.6mm。上述两种传感器参数性能均分别满足单独测试变压器局部放电的标准要求，如图 5-11 所示。由于该侵入式局部放电复合传感器从放油阀内置于变压器，因此，可忽略外部电磁干扰对 UHF、AE 信号传感耦合方式的影响。

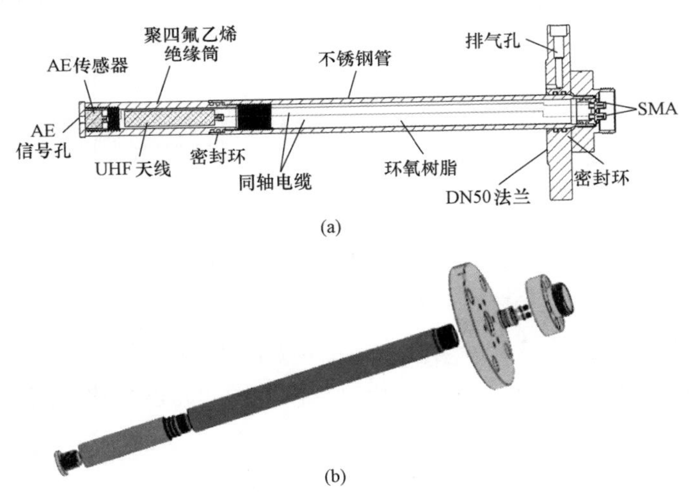

图 5-10　UHF、AE 侵入式局部放电复合传感器设计示意图
（a）截面图；（b）3D 装配图

如图 5-10 所示，UHF 天线布置在聚四氟乙烯绝缘筒内，可以直接耦合油中的局部放电电磁波信号，聚四氟乙烯绝缘筒前端开孔用于 AE 传感器直接耦合油中的局部放电超声波信号，从而降低声波信号衰减；AE 传感器和 UHF 天线

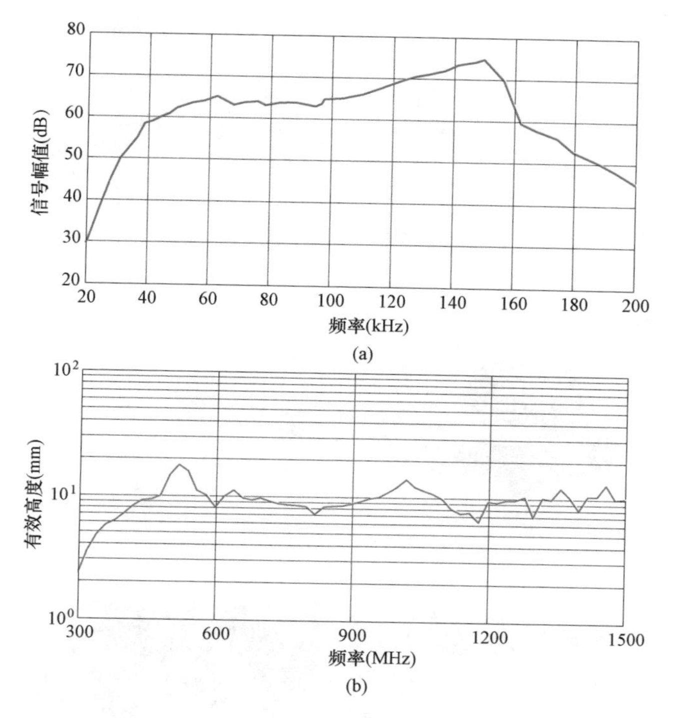

图 5-11　AE 和 UFH 传感器的频率特性

(a) AE；(b) UHF

在聚四氟乙烯绝缘筒内用玻璃绝缘胶固定，形成了第一道油密封；聚四氟乙烯绝缘筒通过螺纹与不锈钢管进行连接，并用密封圈进行了第二道油密封；AE 传感器和 UHF 天线信号端子通过 50Ω 阻抗同轴电缆引出，在不锈钢管中注满环氧树脂对其进行固定，形成第三道油密封；最后不锈钢管与 DN50 法兰盘进行螺纹连接，并利用密封圈形成第四道油密封；复合传感器端部由 2 个 SMA 端子提供 UHF 和 AE 信号输出。

（二）加工与装配

基于图 5-10 所示的变压器用 UHF、AE 侵入式局部放电复合传感器设计示意图，针对 110kV 变压器放油阀结构，加工和装配了如图 5-12 所示的 UHF、AE 侵入式局部放电复合传感器。该复合传感器主要尺寸参数为：总长 355mm，聚四氟乙烯绝缘筒长 115mm，不锈钢管长 200mm，DN50 法兰盘外径 ϕ160mm，超声信号耦合孔的直径 ϕ5mm。

（三）空气中测试

在变压器放油阀安装前，进行了空气中不同放电源间距下的复合传感器性

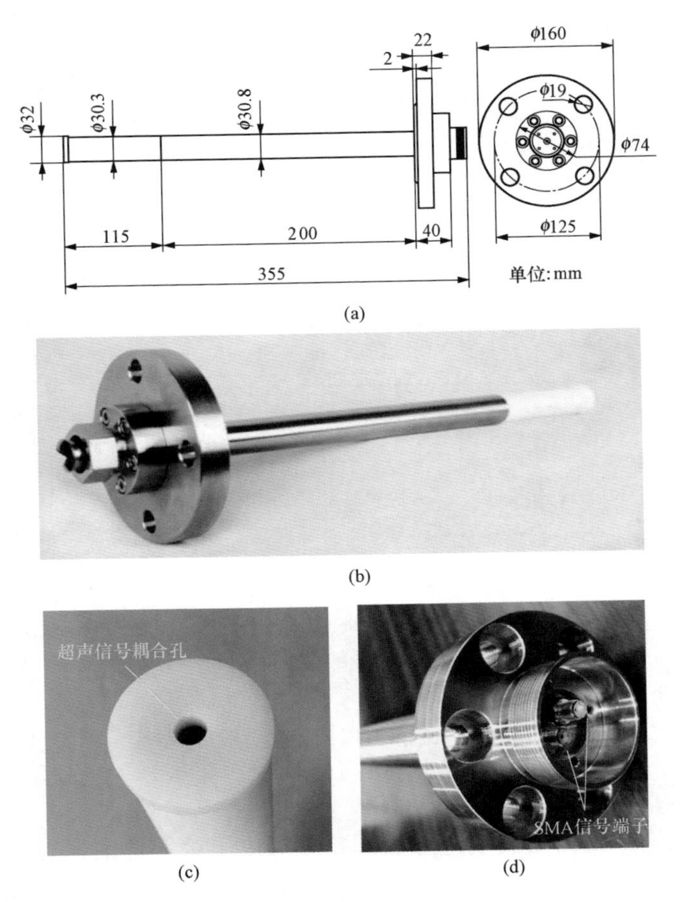

(a)

(b)

(c)

(d)

图 5-12　复合传感器及其主要尺寸参数

(a) 主要尺寸参数图；(b) 整体；(c) 端部；(d) 信号输出

能测试。为兼顾 UHF、AE 的时域特性，示波器采样率选择 100MS/s、带宽 50MHz，试验设置为 UHF 信号通道触发。图 5-13 (a) 给出了传感器与放电源间距 50、100cm 和 200cm 三种工况下的典型 AE 脉冲信号，UHF 由于绘图时会重叠，这里仅给出 50cm 时的脉冲信号，其他工况的幅值变化见图 5-13 (b)。

图 5-13 中的试验结果表明，随着放电源的移动，UHF 和 AE 信号之间的时间差 Δt 也不断增大，AE 信号衰减特性明显，这也给后期应用带来优势：内置式 AE 传感器会屏蔽外部信号源产生的 AE 信号，即仅具有合理时间差 Δt 的 UHF 和 AE 信号才是侵入式局部放电复合传感器正常工作的信号输出，合理时间差 Δt 可以根据变压器壳体尺寸与传感器的安装位置进行估算。

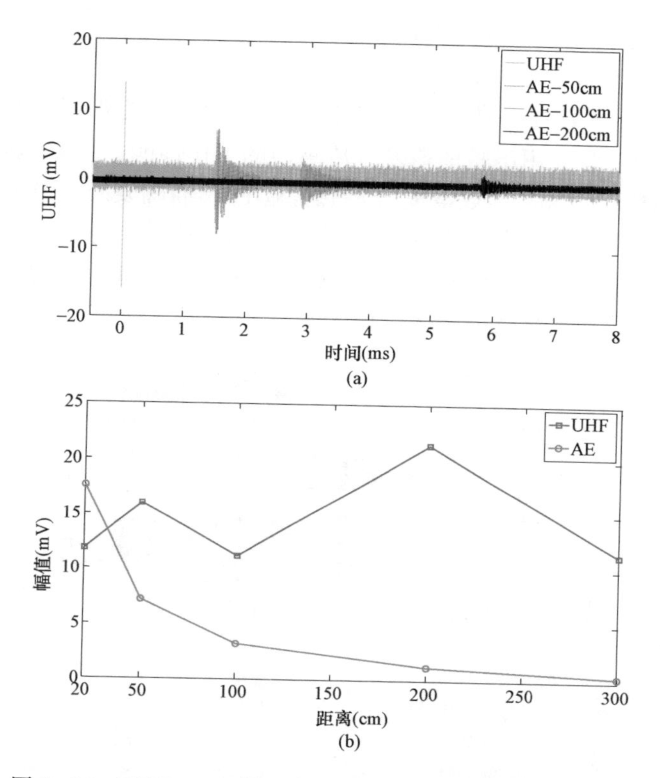

图 5-13　UHF、AE 侵入式局部放电复合传感器空气中测试

(a) AE 脉冲信号；(b) UHF 信号

（四）传感器安装

目前的油阀安装经验表明，利用变压器自身油压的排气法经常出现因安装不当将可拆除法兰盖板与油阀阀门形成的空气放入变压器内部的问题；离线安装时空气进入油中产生的大量气泡可能使变压器在感应耐压试验中局部放电值超标，带电安装时则会引发轻瓦斯动作报警，之后油中存在的大量气泡可能会引发绝缘击穿、重瓦斯动作。现行的 DL/T 1534—2016《油浸式电力变压器局部放电的特高频检测方法》仅给出了检测装置功能要求、检测与定位技术要求以及信号特征与分析方法，对特高频传感器的安装方法及相关内容没有规定。

针对目前国内外尚无变压器油阀内置式传感器的相关安装技术规范、导则及标准的现状，本书提出一种变压器油阀内置式传感器抽气安装方法，在安装时抽出法兰盖板与油阀阀门形成空间中的空气至临界真空，从而确保内置式传感器安装工作的可推广性、操作性和实用性。具体描述见第五章第四节。

（五）110kV 变压器内部放电试验

1. 试验系统和传感器安装

如图 5-14 所示，在一台 110kV 单相变压器内部人为设置高压电极毛刺缺陷进行放电实测试验，用于验证该复合传感器的工作性能；图 5-14 所示的变压器用 UHF、AE 侵入式局部放电复合传感器通过放油阀安装，并在缺陷正对的变压器壳体上外置安装与复合传感器性能一致的 AE 传感器，用于检测性能对比。试验前，对图 5-14 中的局部放电测试仪进行了缺陷放电量的标定，明确 UHF、AE 信号是在何种放电量下开展的测试。

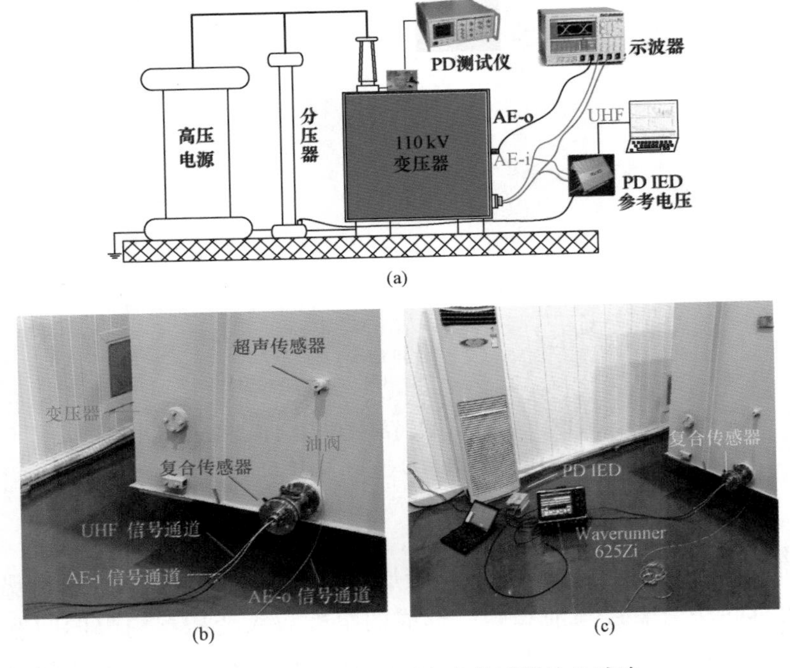

图 5-14　110kV 变压器复合传感器放电试验

（a）试验系统图；（b）传感器安装和接线说明；（c）PD IED 及示波器

图 5-14（a）中传感器布置以及信号采集布置与图 5-14（b）对应，UHF、AE 侵入式局部放电复合传感器（UHF 信号通道、AE-i 信号通道）、外置 AE 传感器的 AE-o 信号通道直接送入高速示波器 Waverunner 625Zi 采样，UHF、AE 侵入式局部放电复合传感器的 UHF 信号通道、AE-i 信号通道同时也送入 PD IED（intelligent electronic device，智能电子设备）设备，以监测长时段连续放电信号（PD IED 即开发的异频同步数据采集装置，见本章第三节）。高速示波器 Waverunner 625Zi 的采样率和采集带宽设置兼顾 UHF 和 AE 的时域特征，为

100MS/s 采样率和 50MHz 检测带宽。在高压放电试验时，高速示波器工作采用两种方式：①UHF通道触发，同时采集 UHF、AE-i 和 AE-o 三路信号；②AE-o 触发，同时采集 UHF、AE-i 和 AE-o 三路信号，用以验证传感器的有效性和灵敏度。

数据的记录与处理通过示波器记录的 CSV 文件实现，后期用 MATLAB 软件处理画图；PD IED 专用软件记录相应数据文件，生成 PRPS 谱图。

2. 试验结果分析

为了与目前常用的传统外置式压电 AE 传感器进行灵敏度对比试验，试验利用毛刺（尖端）缺陷生产微弱局部放电（脉冲电流法标定下的缺陷放电量最大值为 23pC)，进而产生电磁波和超声波信号。

试验结果在触发方式①下的波形如图 5 - 15 所示。可以看到，AE-i 通道，即研制的复合传感器，可以测试到微弱的直达波 AE 信号，而外置的传感器 AE-o 通道则无法检测到 AE 信号。这表明，对于同样的 AE 传感器，内置式比外置式使用具有更高的灵敏度，不存在外壳衰减问题；此外，UHF 与 AE-i 具有一定的时延 Δt，根据 IEC TS 62478 标准推荐的 20℃时油中声速约为 1413m/s 以及缺陷与复合传感器的距离 3m，可以估算时延 Δt。由于 Δt 为油中超声波信号的直达波与电磁波到达传感器的时间差，因此，避免了外置式 AE 信号传输多路径存在的无法准确定位问题。

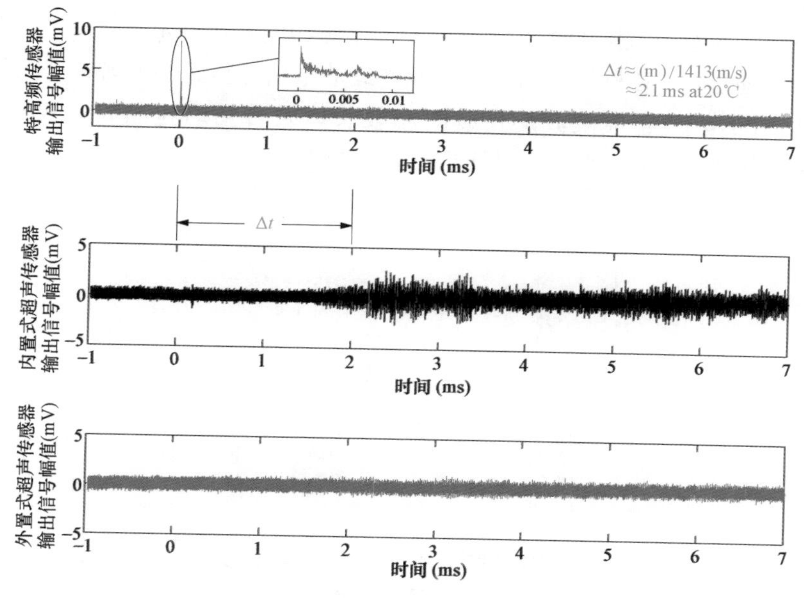

图 5 - 15　UHF 通道触发采集的局部放电信号比对

图 5-16 给出了人为敲击外置式 AE 传感器附近的变压器壳体时振动冲击信号。可以看出，外置式 AE-o 传感器响应幅值大，复合传感器即内置式 AE-i 也表现出一定程度的微弱响应，UHF 则无信号。这表明实验设置的传感器均处于有效工作状态。

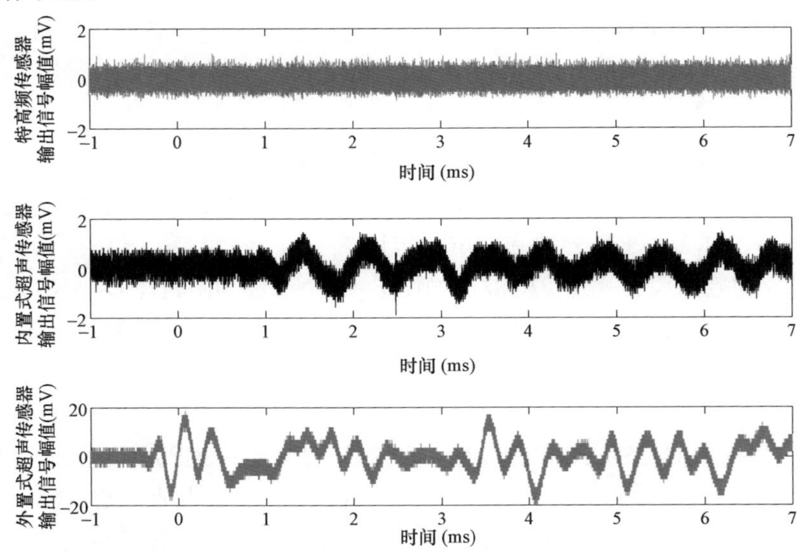

图 5-16　AE-o 通道触发采集的振动冲击信号比对

在图 5-15 对应缺陷的微弱放电工况下（脉冲电流法标定下缺陷放电量最大值 19pC），通过 PD IED 设备监测长时段连续放电信号得到的 PRPS 谱图如图 5-17 所示。由于单个超声波波形持续时间较长以及传播时延特性，AE 信号的 PRPS 相位分布特性较 UHF 信号滞后且相位分布较宽。

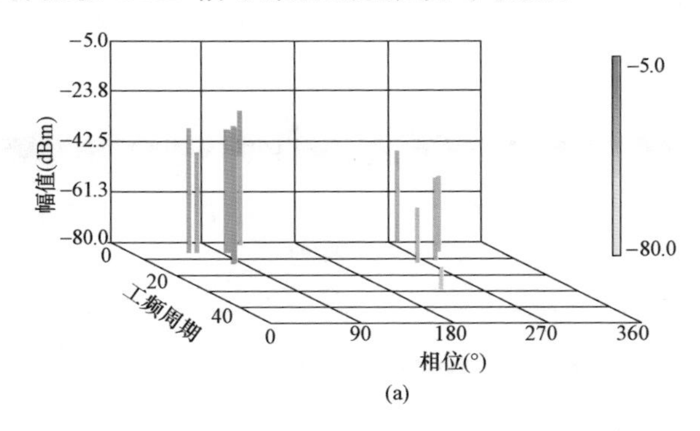

图 5-17　图 3-7 对应缺陷放电工况下 PD IED 设备采集的 PRPS 谱图（一）

(a) UHF 信号

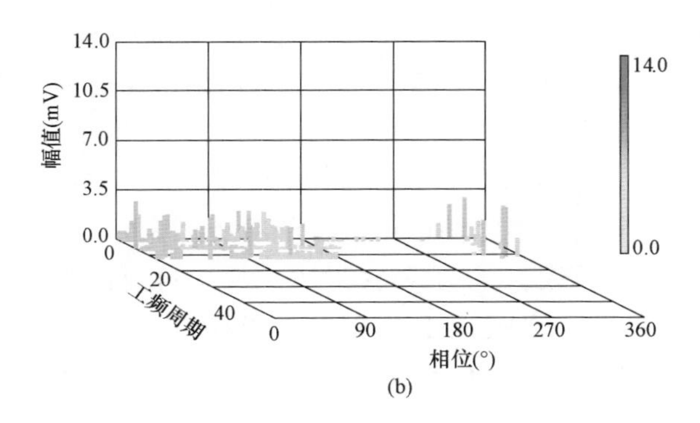

图 5-17　图 3-7 对应缺陷放电工况下 PD IED 设备采集的 PRPS 谱图（二）
（b）AE 信号

二、采用 EFPI 超声波、特高频的一体化传感器

（一）局部放电复合传感器结构设计

图 5-18 给出了基于放油阀的变压器用 EFPI AE、UHF 侵入式局部放电复合传感器设计示意图。该复合传感器的截面图给出了其主要结构和组成模块，其中，AE 传感器采用的是第一节中谈及的 EFPI 传感器，其频率特性见图 5-6，而 UHF 传感器采用的是一种套筒式天线，工作带宽为 300～1500MHz，天线增益为 9dBi，SWR 小于 2.5，最大灵敏度为 18mm、平均灵敏度为 9.6mm，频率曲线见图 5-11（b）。

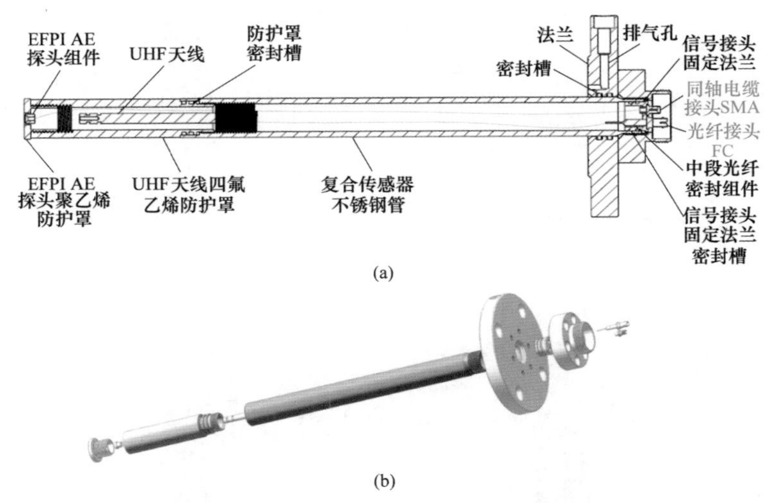

图 5-18　EFPI AE、UHF 侵入式局部放电复合传感器设计示意图
（a）截面图；（b）3D 装配图

两种传感器均安装于传感器端头的聚四氟乙烯壳体内，UHF 传感器的输出接头采用带密封接头的 SMA 接头，EFPI AE 传感器采用带密封结构的 ST 光纤

接头。复合传感器同样是通过变压器油阀可伸入变压器内部。

如图 5 - 18 所示，UHF 天线布置在聚四氟乙烯绝缘筒内，可以直接耦合油中的局部放电电磁波信号，聚四氟乙烯绝缘筒前端开孔用于 EFPI AE 传感器直接耦合油中的局部放电超声波信号，从而降低声波信号衰减；EFPI AE 传感器和 UHF 天线在聚四氟乙烯绝缘筒内用玻璃绝缘胶固定，形成了第一道油密封；聚四氟乙烯绝缘筒通过螺纹（防护罩密封槽）与不锈钢管进行连接，并用密封圈进行了第二道油密封；EFPI AE 传感器和 UHF 天线信号端子分别通过光纤和 50Ω 阻抗同轴电缆引出，在不锈钢管中注满环氧树脂对其进行固定，形成第三道油密封；最后不锈钢管与 DN50 法兰盘进行螺纹连接，并利用密封圈形成第四道油密封；复合传感器端部由 1 个 SMA 端子和 1 个光纤传感器接头 ST 提供分别提供 UHF、EFPI AE 传感器的光回路。

（二）加工与装配

基于图 5 - 18 给出的变压器用 EFPI AE、UHF 侵入式局部放电复合传感器设计示意图，针对 110kV 变压器放油阀结构，加工和装配了如图 5 - 19 所示的 UHF、AE 侵入式局部放电复合传感器。该复合传感器主要尺寸参数为：总长 355mm，聚四氟乙烯绝缘筒长 115mm，不锈钢管长 200mm，DN50 法兰盘外径 ϕ160mm，超声信号耦合孔的直径 ϕ5mm。

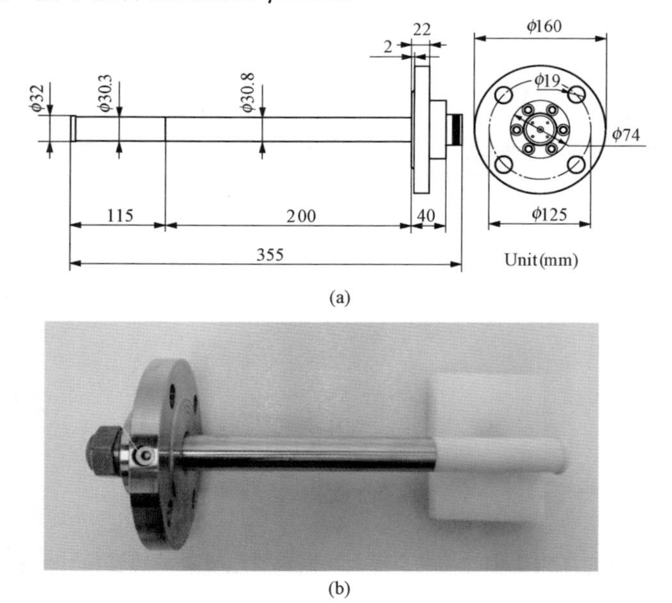

图 5 - 19　EFPI AE、UHF 侵入式局部放电复合传感器及其主要尺寸参数（一）

（a）主要尺寸参数图；（b）整体

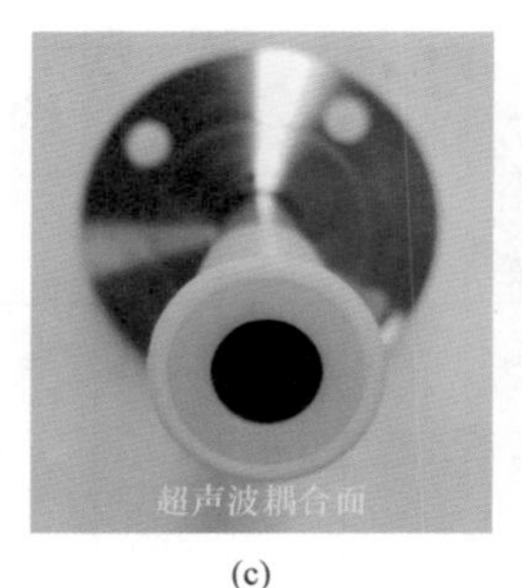

(c)

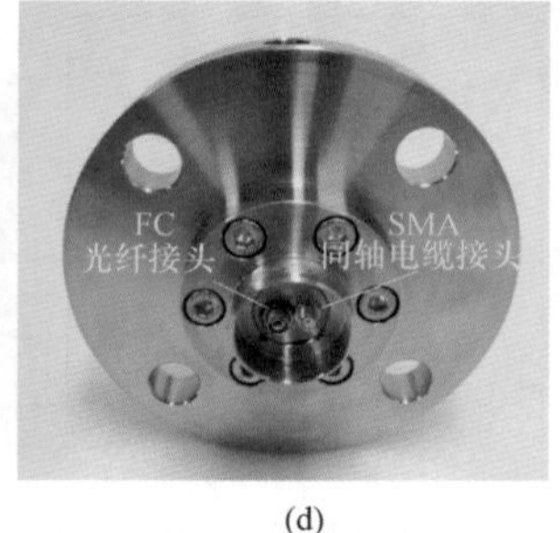

(d)

图 5-19　EFPI AE、UHF 侵入式局部放电复合传感器及其主要尺寸参数（二）

（c）端部；（d）信号输出

（三）空气中测试

在将上述传感器安装于变压器放油阀前，进行空气中不同放电源间距下的复合传感器性能测试。为兼顾 UHF、AE 的时域特性，示波器采样率选择 100MS/s、带宽 50MHz，试验设置为 UHF 信号通道触发。图 5-20（a）给出了传感器与放电源间距 20cm、50cm、100cm、150cm 和 200cm 时典型 AE 脉冲信号，UHF 由于绘图时会重叠，这里仅给出 50cm 时的脉冲信号，如图 5-20（b）所示，其他工况的幅值变化见图 5-20（c）。

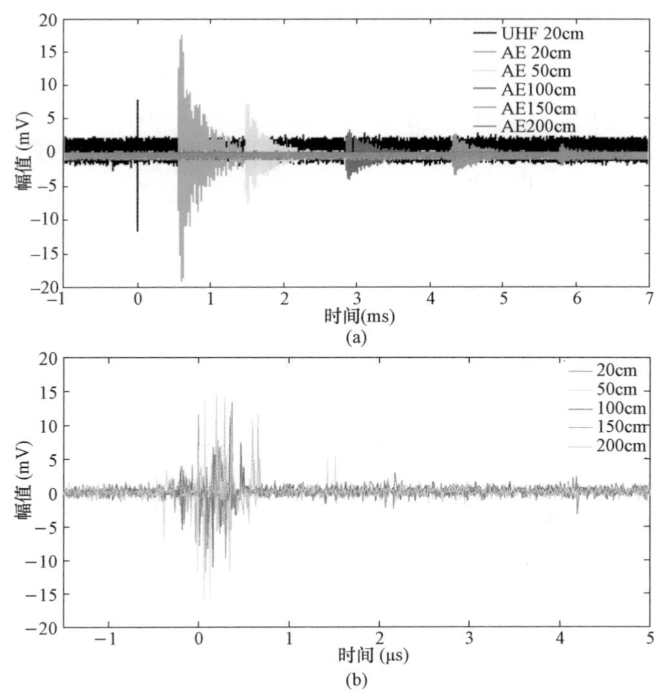

图 5-20　EFPI AE、UHF 侵入式局部放电复合传感器空气中测试（一）

（a）放电源距离变化下的波形变化；（b）UHF 时域波形

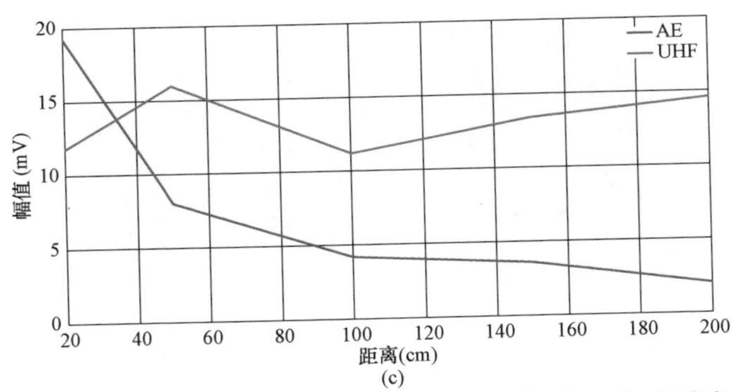

图 5-20　EFPI AE、UHF 侵入式局部放电复合传感器空气中测试（二）

（c）幅值衰减特性

图 5-20 中的试验结果同样表明，随着放电源的移动，UHF 和 AE 信号之间的时间差 Δt 也不断增大，AE 信号衰减特性明显，这也给后期应用带来优势：内置式 AE 传感器会屏蔽外部信号源产生的 AE 信号，即仅具有合理时间差 Δt 的 UHF 和 AE 信号才是侵入式局部放电复合传感器正常工作的信号输出，合理时间差 Δt 值可以根据壳体尺寸与传感器安装位置进行估算。

（四）油中放电试验

同样，为了与目前常用的传统外置 PZT AE 传感器进行灵敏度对比试验，利用毛刺（尖端）缺陷生产微弱局部放电（脉冲电流法下标定的缺陷放电量最大值为 19pC），进而产生电磁波和超声波信号。试验结果在触发方式（a）下的波形如图 5-21 所示。可以看到，AE-i 通道，即研制的 EFPI AE、UHF 侵入式局部放电复合传感器，可以测试到微弱的直达波 AE 信号，而外置的传感器 AE-o 通道则无法测试到 AE 信号，这表明同样的 EFPI AE 传感器内置后比外置式使用具有更高的灵敏度，不存在外壳衰减问题。此外，UHF 与 AE-i 具有一定的时延 Δt，Δt 可根据 IEC TS 62478 标准推荐的 20℃时油中声速估算。由于 Δt 为油中超声波信号的直达波与电磁波到达传感器的时间差，因此避免了外置式 AE 信号传输多路径存在的无法准确定位问题。

图 5-22 给出了示波器采集的 PD IED 输出波形，为尖端放电、悬浮放电和表面放电工况下的比对。其中，尖端放电在脉冲电流法标定下缺陷放电量最大值为 19pC，悬浮放电为 980pC，沿面放电为 296pC。

图 5-22 对应缺陷微弱放电工况下，PD IED 设备监测长时段连续放电信号的 PRPS 和 PRPD 谱图如图 5-23 所示。同样的，由于单个超声波波形持续时间较长以及传播时延特性，AE 信号的 PRPS 相位分布特性较 UHF 信号滞后且相位分布较宽。

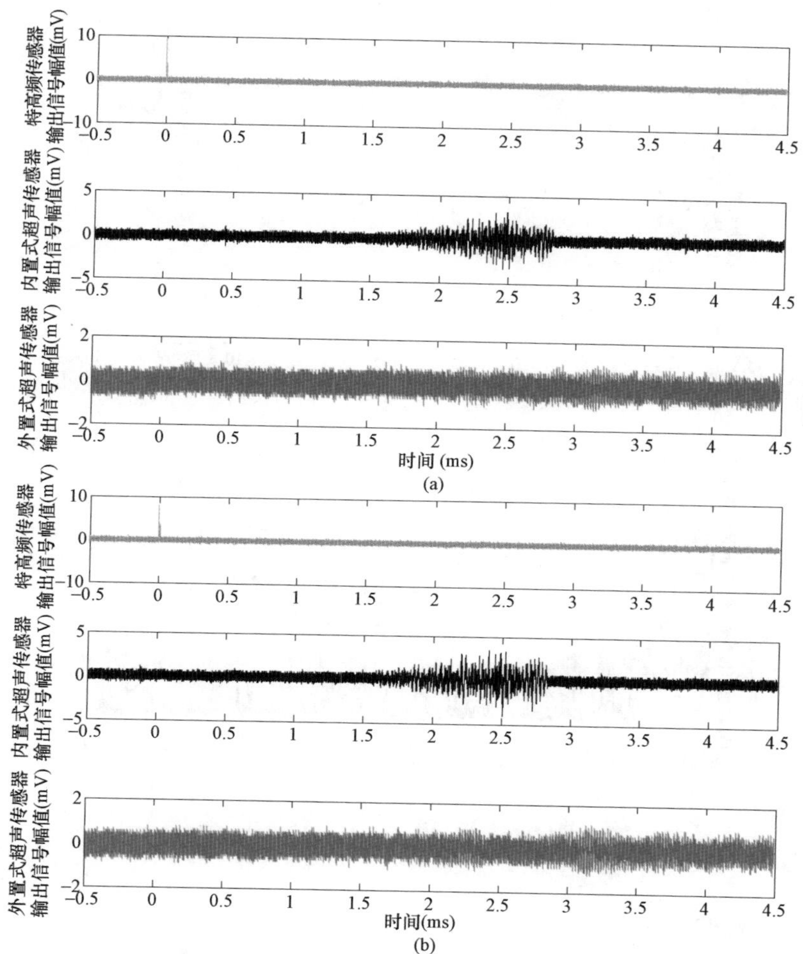

图 5-21　微弱放电工况下的灵敏度对比试验

（a）测试 1；（b）测试 2

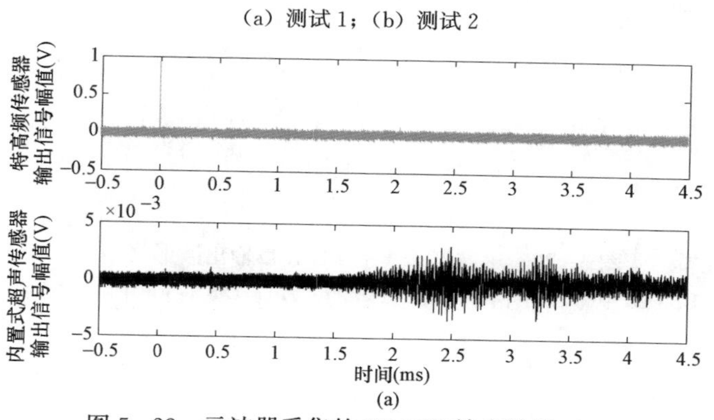

图 5-22　示波器采集的 PD IED 输出波形（一）

（a）尖端放电

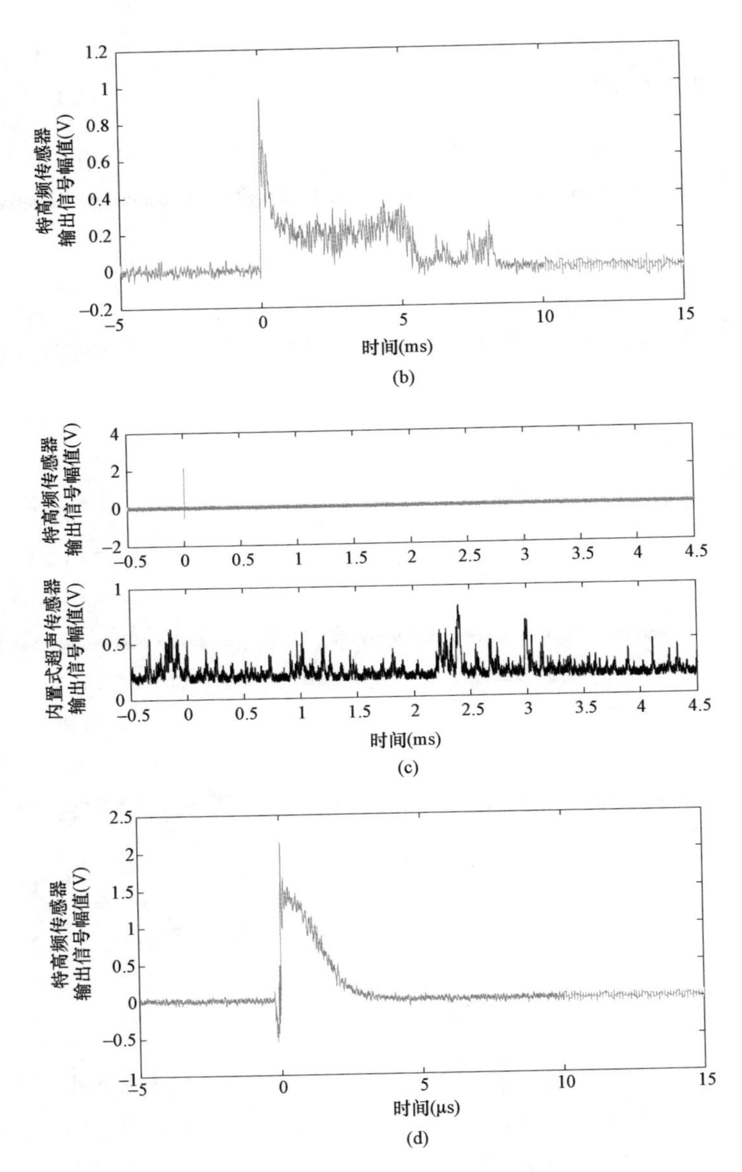

图 5-22 示波器采集的 PD IED 输出波形（二）
(b)(a) 中的 UHF 信号；(c) 悬浮电极放电；(d)(c) 中的 UHF 信号

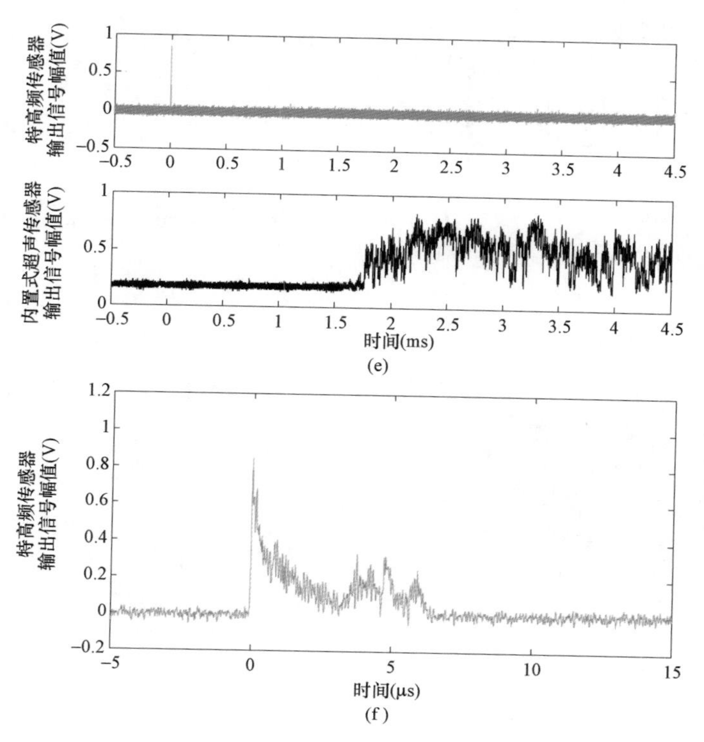

图 5-22　示波器采集的 PD IED 输出波形（三）

(e) 沿面放电；(f) (e) 中的 UHF 信号

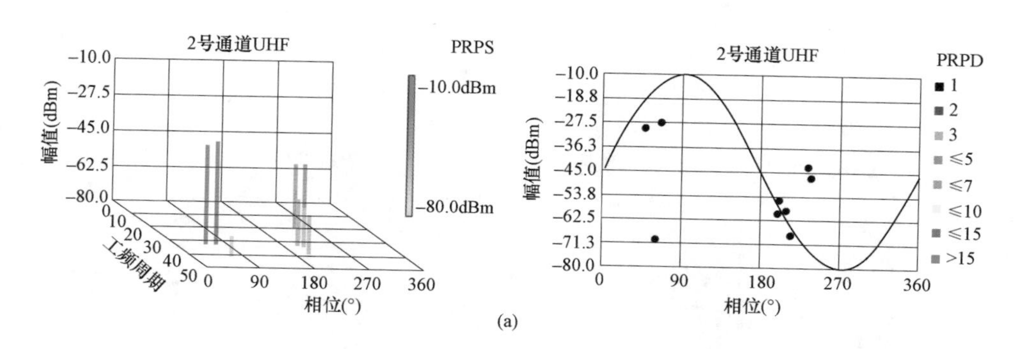

图 5-23　对应缺陷放电工况下 IED 设备采集的 PRPS 谱图（一）

(a) 尖端放电 - UHF

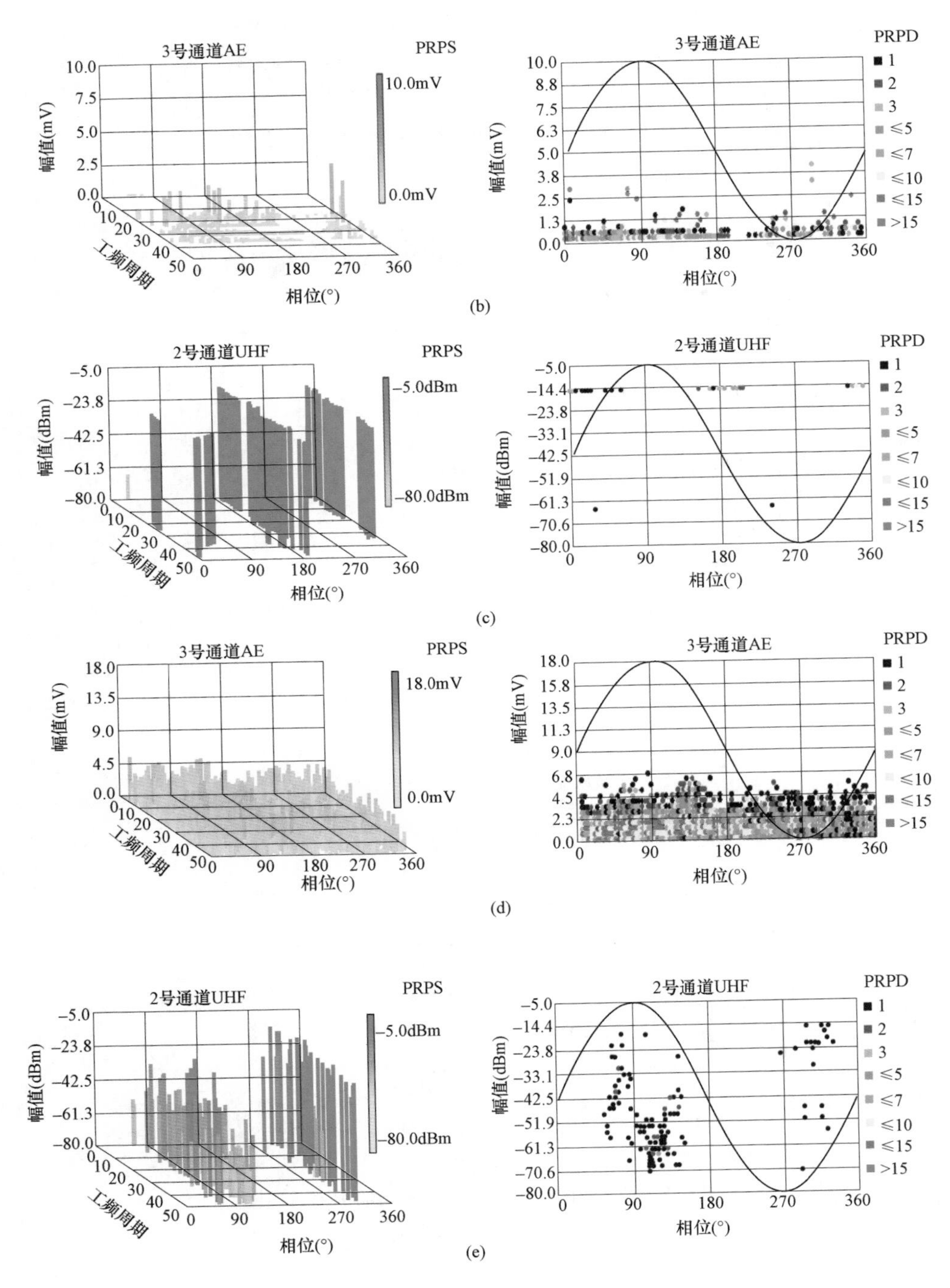

图 5-23 对应缺陷放电工况下 IED 设备采集的 PRPS 谱图（二）

(b) 尖端放电 - AE；(c) 悬浮放电 - UHF；(d) 悬浮放电 - AE；(e) 沿面放电 - UHF

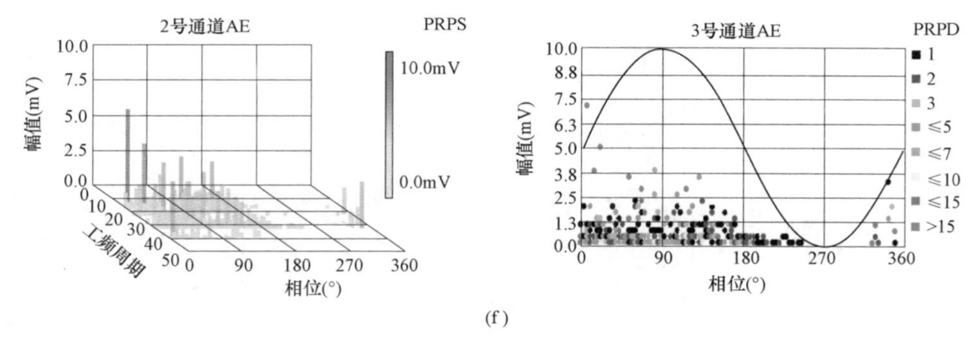

(f)

图 5-23　对应缺陷放电工况下 IED 设备采集的 PRPS 谱图（三）

(f) 沿面放电-AE

第三节　异频同步采样监测的超声波、特高频放电特性和谱图

一、试验系统和异频同步数据采集装置

（一）试验系统

试验系统见本章第二节。

（二）异频同步数据采集装置

研制的局部放电 AE、UHF 信号异频同步数据采集装置如图 5-24 所示，其中，信号调理单元主要是对 EFPI AE、UHF 侵入式局部放电复合传感器返回的 UHF 信号进行放大滤波以及降频处理（通过 SDLA 连续检波对数放大器实现），对基于光强调制型的局部放电光纤 EFPI 超声波传感检测装置输出的超声电压信号进行放大滤波处理，即将 UHF 和 AE 信号处理到适合采集卡采集的范围，并提供信号输出。图 5-22 给出的 PD IED 输出波形即由图 5-24（a）中 UHF 信号输出和 AE 信号输出提供。异频同步采集卡采用 4 片 250MHz 两通道 14bit 高速 AD（可以接 4 个 EFPI AE、UHF 侵入式局部放电复合传感器）和 1 片 500kHz 8 通道 16 位低速高精度 AD，所有数据在高速 FPGA 中同步采集处理完成后通过网口或光口传给后台电脑。

本书作者团队同时研制了通过 4G/5G 无线通信模块实现数据采集和系统控制的便携式“AE+UHF”双通道异频同步数据采集装置，以及站用多通道 UHF、AE 在线监测装置。

图 5-25 给出了携式异频同步数据采集装置，其中黑色模块为 4G 路由器，通过自组 VPN 可远程接收及控制该设备所有参数和采集数据；绿色模块为 4 通道采集卡，暂用其中两个通道用于采集超声和特高频信号，AD 选用 14bit 采样

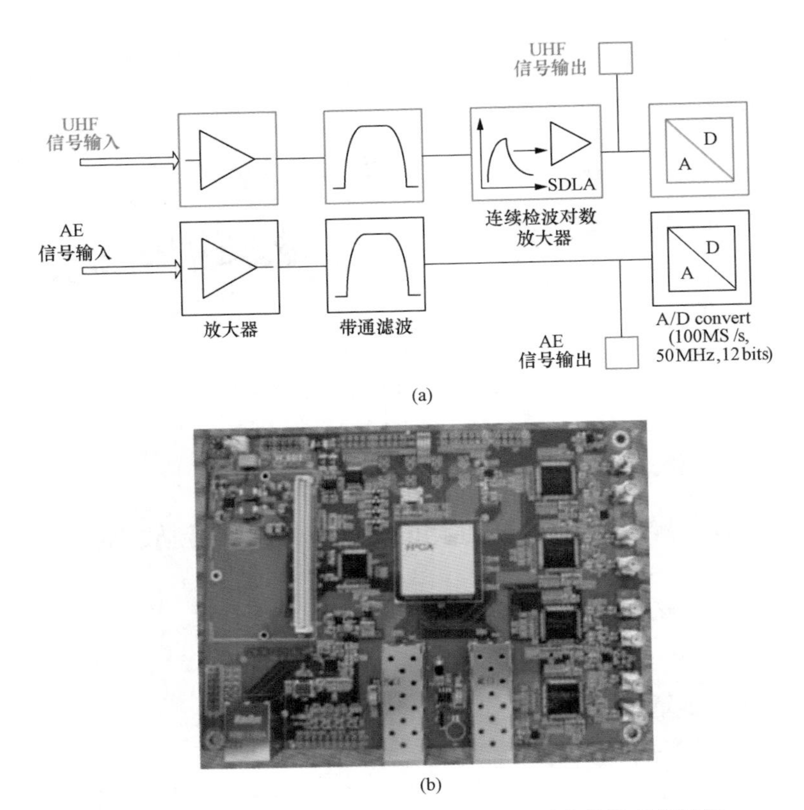

图 5-24　局部放电 AE、UHF 信号异频同步数据采集装置
(a) UHF 和 AE 信号处理模块；(b) 异频同步采集卡

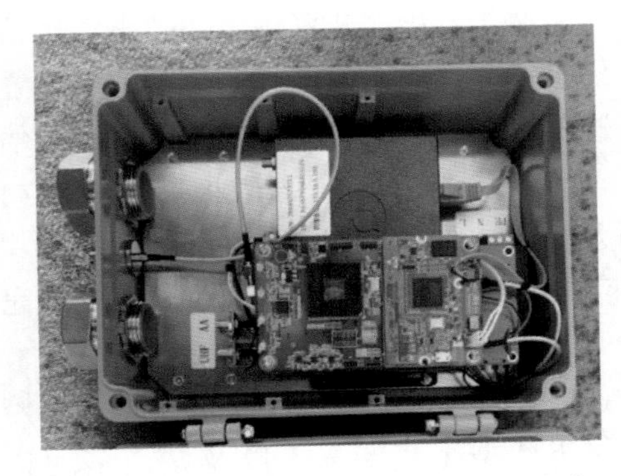

图 5-25　便携式“AE+UHF”双通道数据采集装置

率 1MS/s～50MS/s 可调；数据通过 FPGA 处理，通过网口传输；采集卡的底部对插有模拟信号调理板，将特高频信号滤波降频到适合 50MS/s 采样率采集的频带，将超声信号处理到±1V 以适合 AD 采集。

图 5-26 给出了研制的异频同步数据采集装置，支持 16 通道同步采样和同步分析。

多通道在线监测装置内主板上各个功能器件的互连关系如图 5-27 所示。传感器接收到的放电信号经过放大电路进入高速 ADC 进行采样，采样数据进入 FPGA 中进行数字滤波、触发分析、特征分析后组成与工频周期相对应的放电

图 5-26　多通道在线监测装置

（a）前端及内部；（b）后端及内部

数据帧，放电数据帧经过以太网接口发送给 CPU，CPU 把接收到的数据和特性信息解析后上传给管理服务端显示。其中，研发的 16 通道采集卡（4×4 路 ADC）如图 5-28 所示。

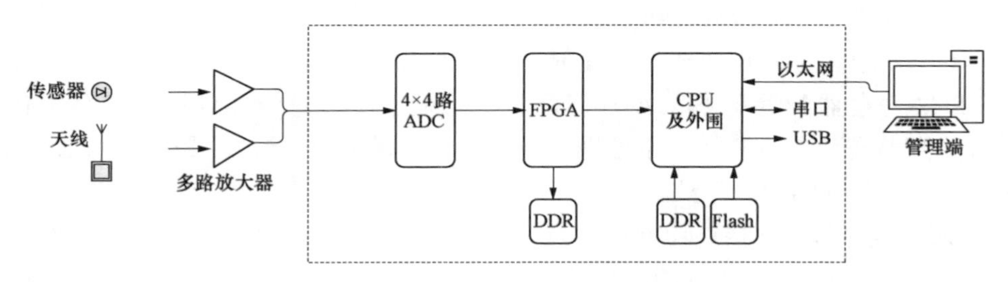

图 5-27　主板功能框图

图 5-28　16 通道采集卡（4×4 路 ADC）

（a）采集板 PCB 图；（b）实物图

同步数据采集卡采样 4 片 4 通道高速模数转换器（analog-to-digital converter ADC），支持采样率高达 100bit/s。主板采用的模数转换器（ADC），内置片内采样保持电路，专门针对低成本、低功耗、小尺寸和易用性而设计，具有杰出的动态性能与低功耗特性。支持多通道同时采样，可实现多板同步采集。

试验中采用Intel公司高性能arrive系列FPGA。该FPGA具有丰富的存储模块、逻辑资源和乘法器，支持16路数据同时分析和处理；片外配置高速高容量的DDR存储器，用于多路数据的缓存；支持数据包处理速率超过250MHz。

FPGA主要完成的功能为：①高速ADC接口变换及接收数据缓存；②高速数据的DDR缓存；③数字滤波器实现和特征数据实时分析；④与CPU互联的内置以太网协议实现。

CPU处理器采用microchip公司高性能嵌入式处理器AT91SAM9X25，主频为400MHz，AT91SAM9X25有两个2.0A/B兼容控制器区域网络（CAN）接口，2个IEEE标准802.3兼容10/100Mbit/s的以太网MAC。通信接口包括一个专门的HS USB和FS USB主机，两个HS SD卡/SDIO/MMC接口，USART，SPI接口，I2C，TWIS位和10位ADC的软调制解调器支持。系统采用Linux操作系统，实时分析和处理采集数据。

CPU主要完成的功能为：①FLASH芯片存储器读/写；②DDR读/写；③FPGA寄存器配置与FPGA程序配置；④板上I2C总线器件设备读写操作；⑤上位机操作维护支持；⑥本地操作维护；⑦提供USB接口；⑧提供外部RS-232/485串口通信。

采集板外部物理接口功能：①5V供电，支持2pin插座和micro-USB（type C）接口；②16路1～100Mbit/s采集接口SMA；③2路232/485串口，一路用于外界数据通信；一路用于单板调测；④USB接口，用于外接数据处理，可外接wifi模块或2G/3G/4G模块；⑤10/100M以太网RJ45接口；⑥CPU(ARM9）预留4通道的10bit低速ADC接口，可扩展为用户IO；⑦CPU(ARM9）预留2通道低速DAC接口，可扩展为用户IO；⑧FPGA预留12路外部IO口，供用户扩展；⑨5路CPU IO口。

（三）异频同步数据采集装置的软件

当在电脑机中将图5-29所示的软件加载、与PD IED数据监测装置通过网线连通后，便可自动采集局部放电数据。图5-29所示的软件界面提供了数据文件加载列表、4个局部放电信号通道（2个UHF、2个AE），以及4个局部放电信号通道数据的放电幅值最大值趋势图。此外，该软件界面具有在线监测和数据回放功能以及各通道数据的数据谱图变换分析功能。

图5-29中UHF通道1的数据变换图具有PRPS图、PRPD图、Φ-q-n图、李萨月图、放电概率图、Q-T图、N-T图和PRPD累计图共计8种，如图5-30所示。

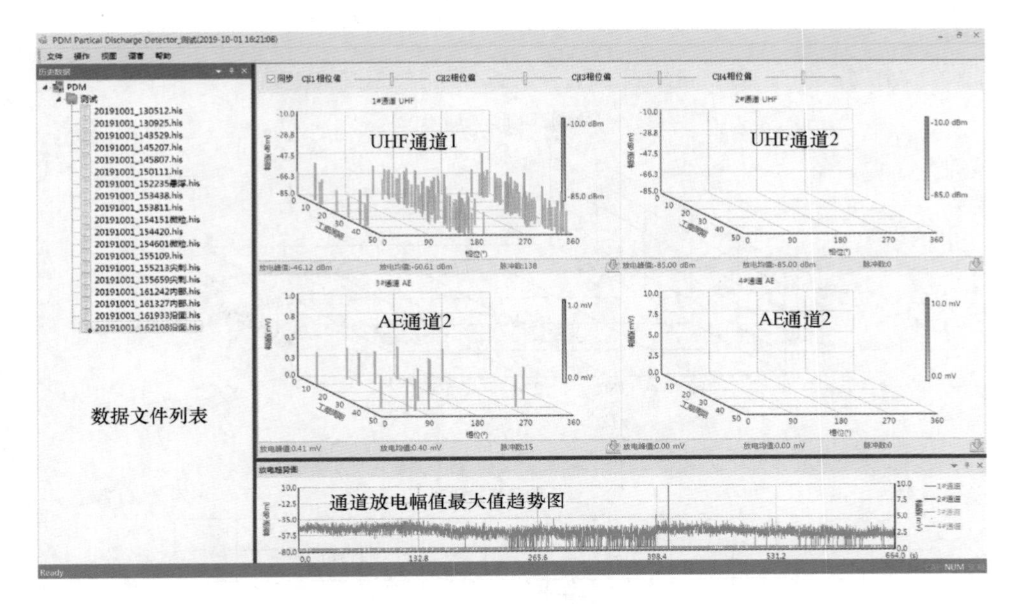

图 5-29　软件界面

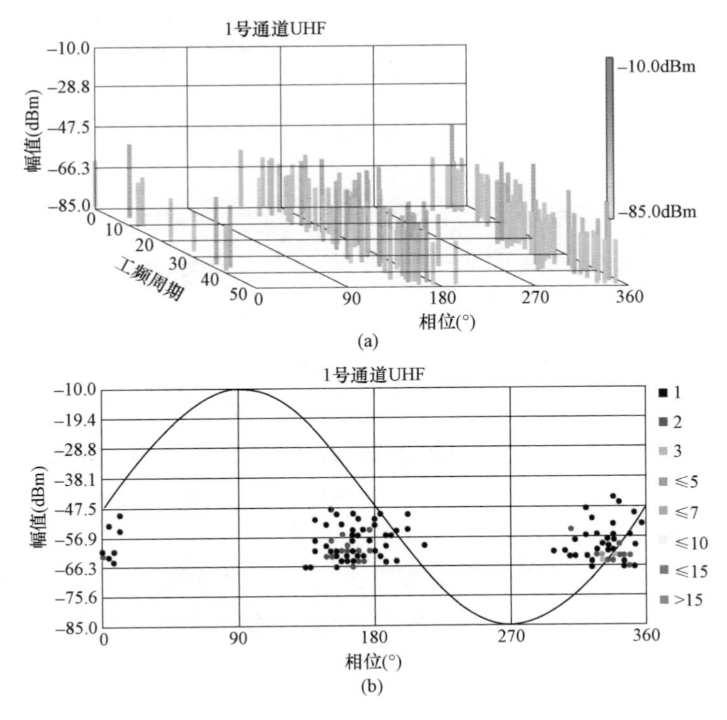

图 5-30　图 5-29 中 UHF 通道 1 的数据变换图（一）

（a）PRPS 图；（b）PRPD 图

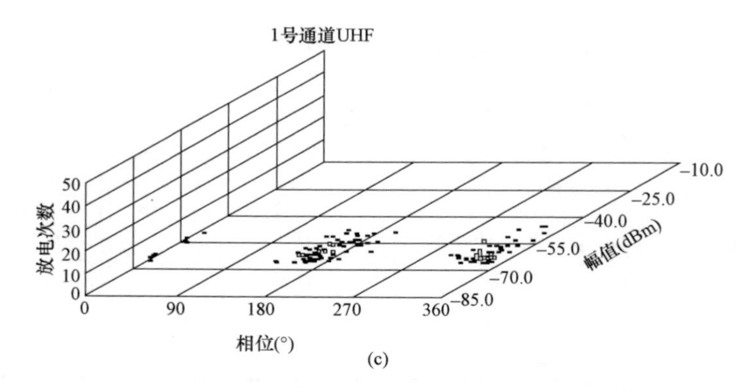

(c)

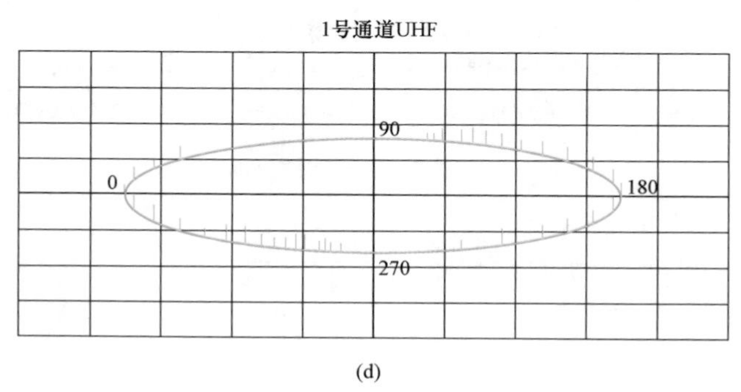

(d)

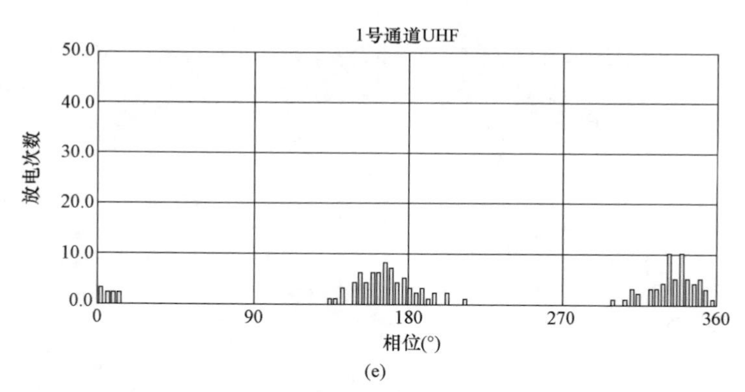

(e)

图 5-30　图 5-29 中 UHF 通道 1 的数据变换图（二）

（c）Φ-q-n 图；（d）李萨月图；（e）放电概率图

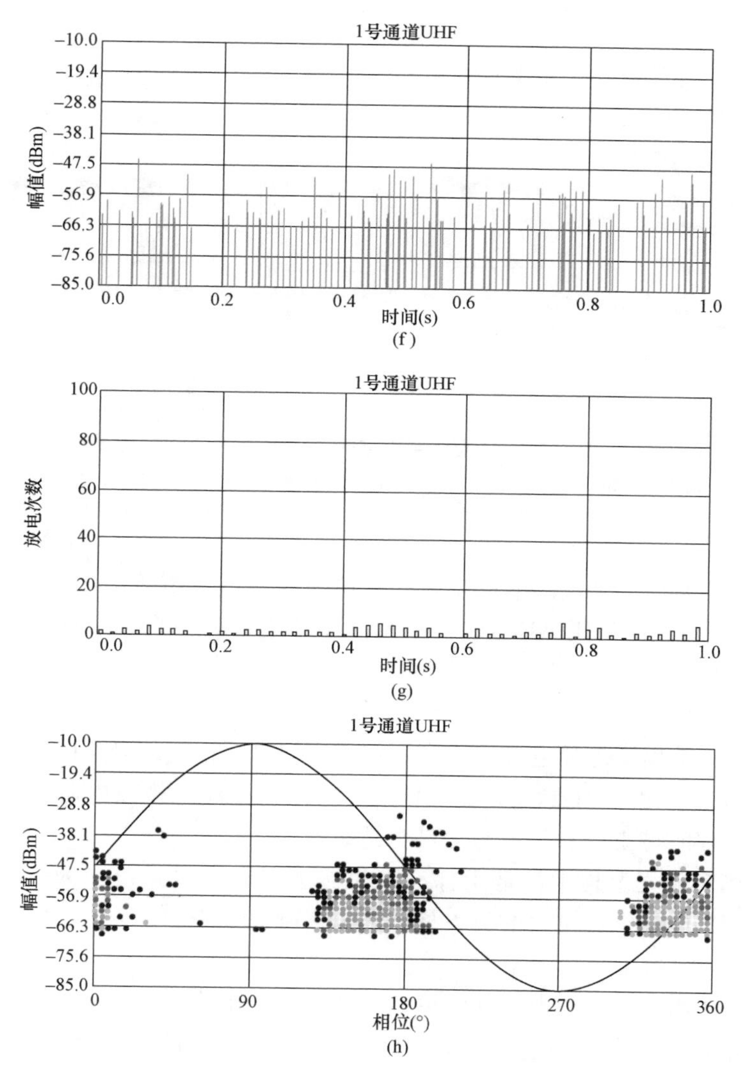

图 5-30　图 5-29 中 UHF 通道 1 的数据变换图（三）
（f）Q-T 图；（g）N-T 图；（h）PRPD 累计图

二、放电特性和谱图

在完成油阀内置式 UHF、AE 复合传感器抽气安装后（安装方法将在第四节着重介绍），在 110kV 变压器内分别人工设置图 5-31 所示的四种典型绝缘缺陷。

根据不同放电工况下的典型试验结果获得异频同步采样监测的 AE 和 UHF 放电特性并建立谱图库，四种典型缺陷放电对应的谱图如下。

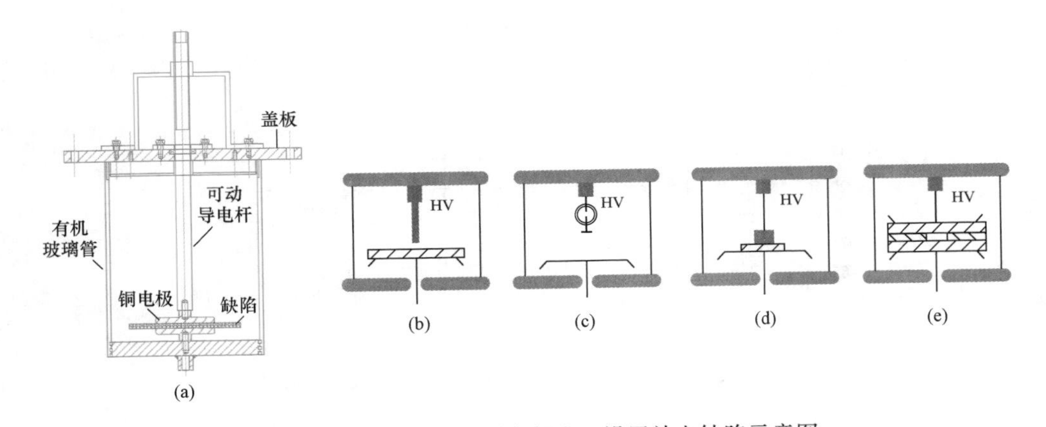

图 5-31　110kV 变压器内部人工设置放电缺陷示意图

(a) 变压器内部放电缺陷工装设计；(b) 尖端；(c) 悬浮电极；(d) 沿面；(e) 内部气隙

1. 尖端放电

图 5-32 给出了尖端缺陷模型在初始放电至稳定放电阶段的三个典型谱图，可以看出，UHF 还是比 AE 灵敏。整个谱图采集过程中，基于脉冲电流法测量的放电量范围为 16～30pC。

2. 悬浮放电

图 5-33 给出了悬浮电极缺陷模型在初始放电至稳定放电阶段的三个典型谱图，同样可以看出，UHF 还是比 AE 灵敏。由于悬浮电极放电脉冲能量大，因此 AE 信号在时域上即相位分布上具有持续性。

整个谱图采集过程中，基于脉冲电流法测得的放电量范围为 20～1200pC，图 (b)～(f) 中稳定放电时的放大量范围为 900～1200pC。

3. 沿面放电

图 5-34 给出了沿面电极缺陷模型在初始放电至稳定放电阶段的三个典型谱图。由于沿面放电脉冲的特殊性，UHF 与 AE 有一样的灵敏度，也导致了 AE 信号在时域上即相位分布上具有一定的持续性。整个谱图采集过程，基于脉冲电流法测得的放电量范围为 30～400pC。

4. 内部气隙放电

图 5-35 给出了内部气隙放电缺陷模型在初始放电至稳定放电阶段的三个典型谱图。同样可以看出，UHF 比 AE 灵敏。由于内部气隙放电脉冲能量不是很大，导致 AE 信号耦合效果没有 UHF 好。整个谱图采集过程，脉冲电流法放电量范围为 20～300pC。

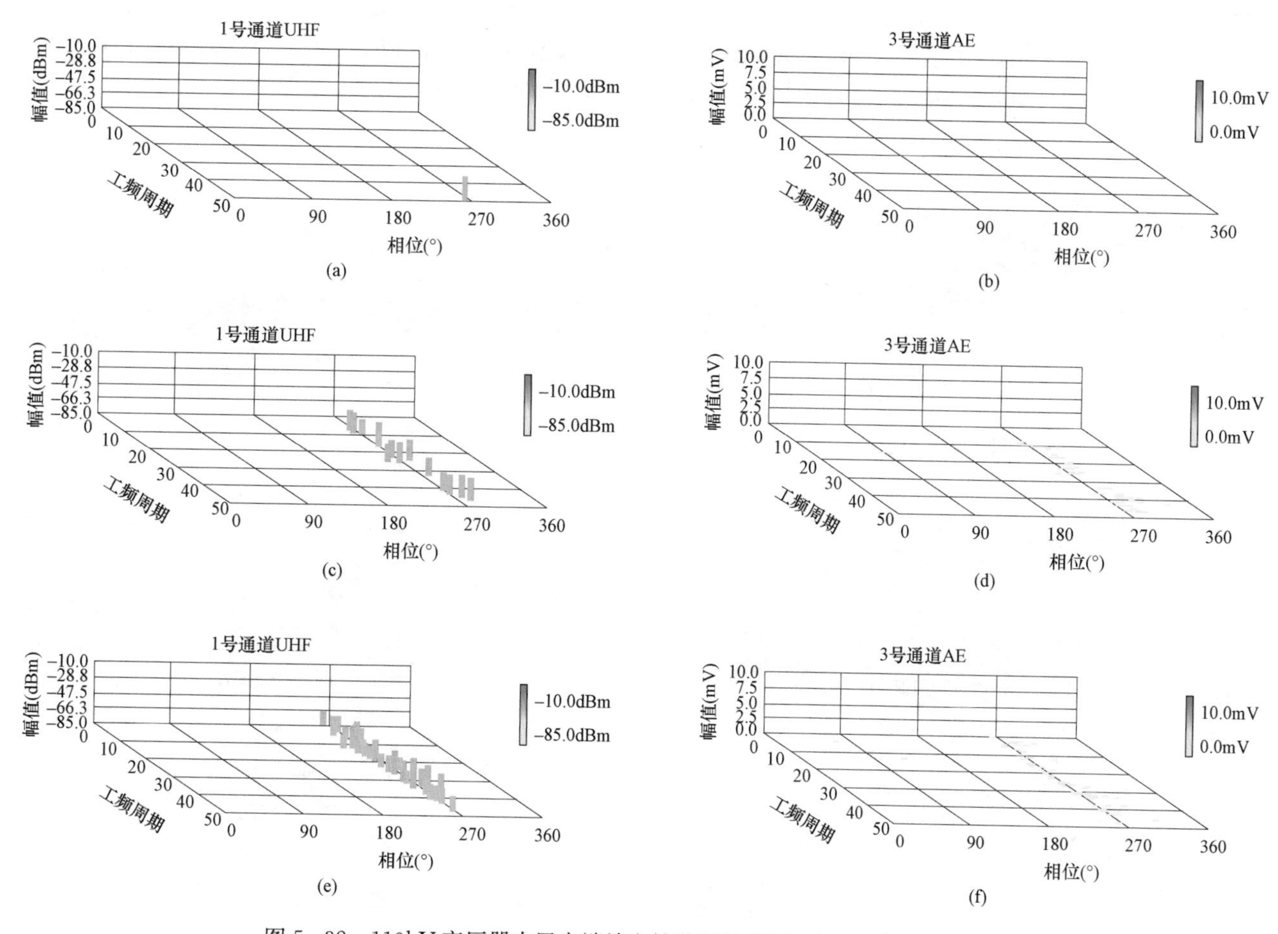

图 5-32　110kV 变压器内置尖端放电缺陷下的 UHF 和 AE 典型谱图示例

（a）UHF 典型谱图 1；（b）AE 典型谱图 1；（c）UHF 典型谱图 2；（d）AE 典型谱图 2；（e）UHF 典型谱图 3；（f）AE 典型谱图 3

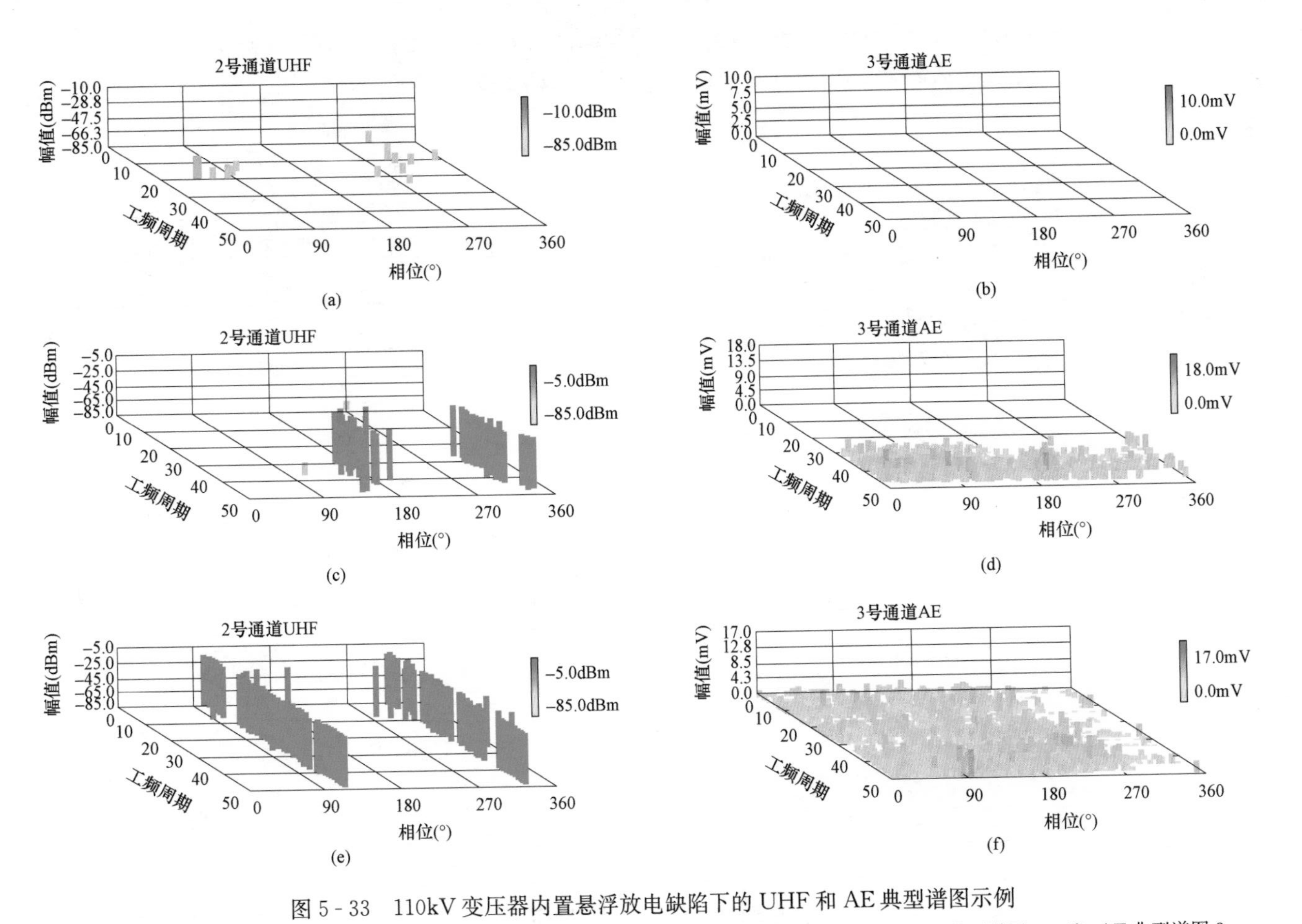

图 5-33　110kV 变压器内置悬浮放电缺陷下的 UHF 和 AE 典型谱图示例

(a) UHF 典型谱图 1；(b) AE 典型谱图 1；(c) UHF 典型谱图 2；(d) AE 典型谱图 2；(e) UHF 典型谱图 3；(f) AE 典型谱图 3

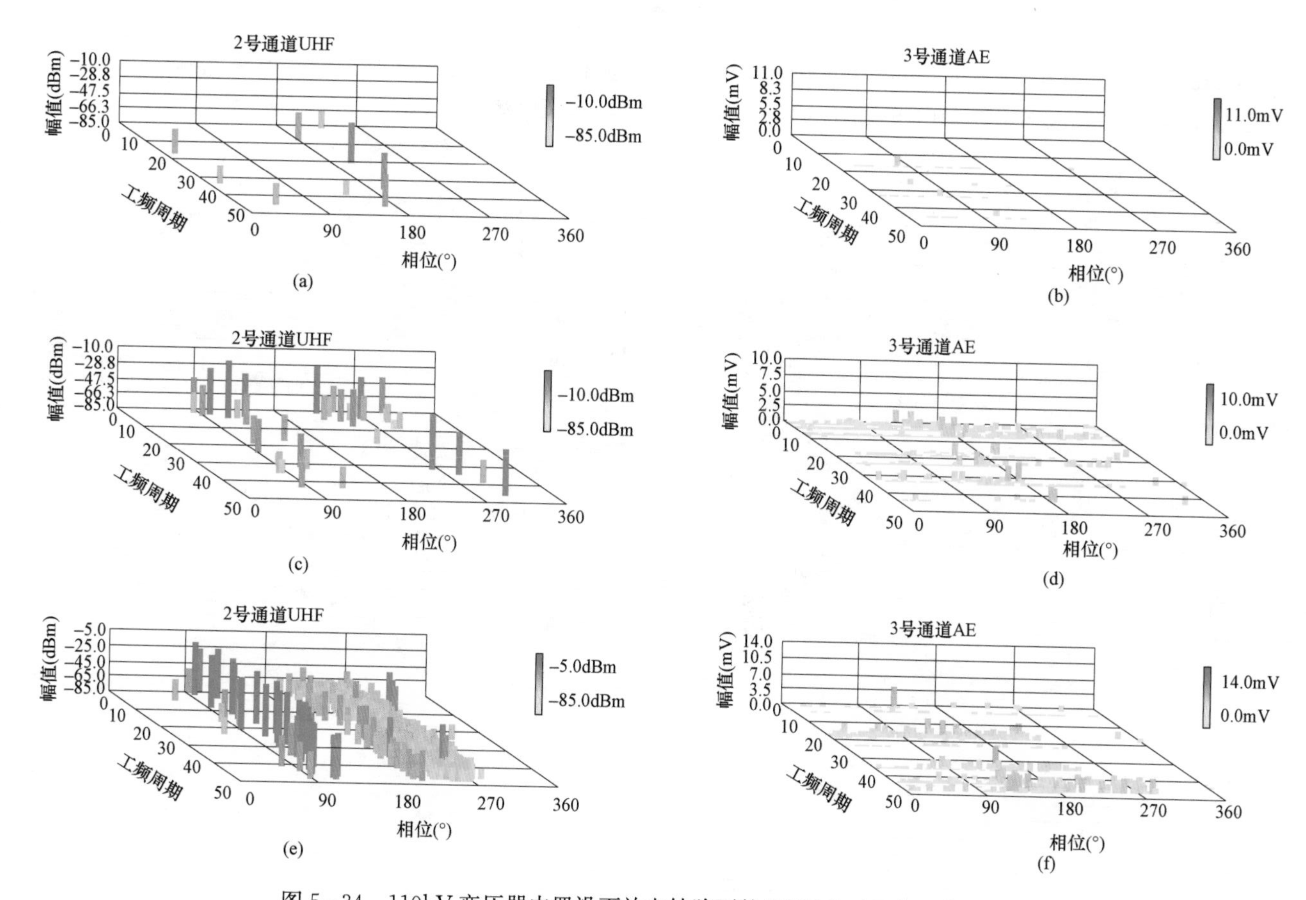

图 5-34　110kV 变压器内置沿面放电缺陷下的 UHF 和 AE 典型谱图示例

（a）UHF 典型谱图 1；（b）AE 典型谱图 1；（c）UHF 典型谱图 2；（d）AE 典型谱图 2；（e）UHF 典型谱图 3；（f）AE 典型谱图 3

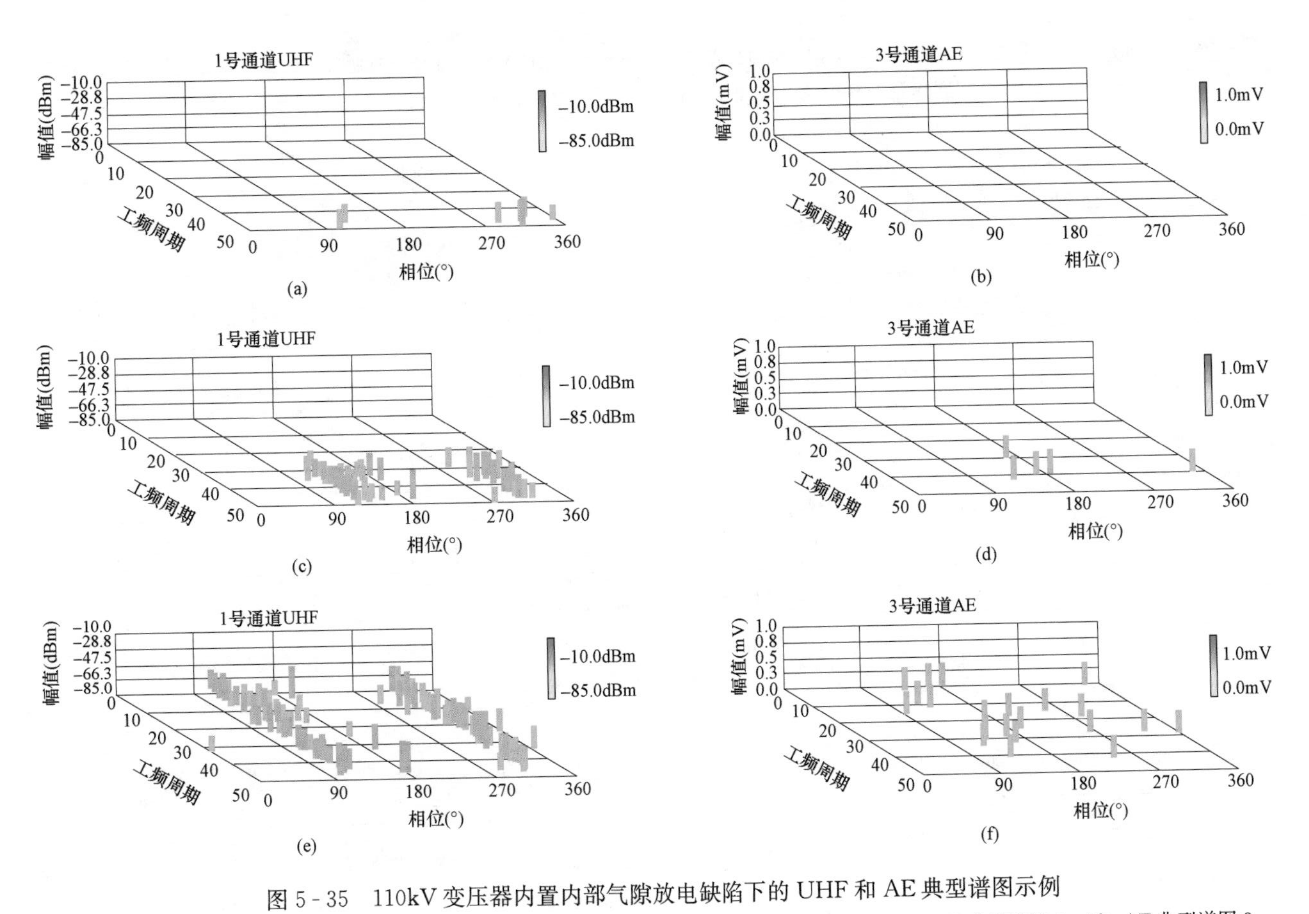

图 5-35 110kV 变压器内置内部气隙放电缺陷下的 UHF 和 AE 典型谱图示例

（a）UHF 典型谱图 1；（b）AE 典型谱图 1；（c）UHF 典型谱图 2；（d）AE 典型谱图 2；（e）UHF 典型谱图 3；（f）AE 典型谱图 3

第四节 一体化综合监测系统及工程应用

一、油阀内置式传感器抽气安装方法

利用变压器油阀作为安装通道，将传感器探头伸入变压器箱体内部，与变压器油直接接触后耦合内部局部放电产生的电磁波信号，是目前已投运变压器局部放电内置式特高频传感器最常用的安装方式，如图5-36所示，主要用于开展带电检测、在线监测以及离线故障诊断性试验。针对因安装不当导致空气进入变压器箱体内的现象，本书设计了一种变压器油阀内置式传感器抽气安装方法，可以在实现“无空气进入变压器油箱内”的工况下完成油阀内置式传感器的可靠安装，从而确保油阀内置式传感器安装工作的可推广性、操作性和实用性。

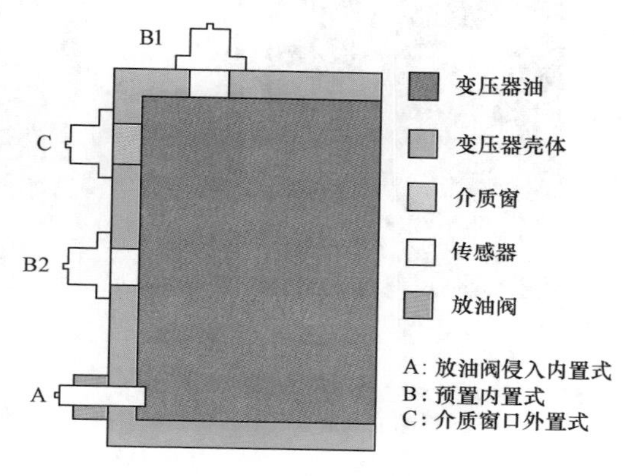

图5-36 特高频传感器安装方式

（一）模拟安装验证

1. 传感器密封性能测试

在图5-19所示的内置式传感器中，传感器探头与法兰盘通过法兰盘内部密封环进行变压器油的密封，在实际变压器油阀抽气安装前，需要开展如图5-37所示的传感器自身密封性能测试。图5-37给出了密封性能检测专用工装，用来模拟与变压器油阀本体安装对接后的工况。同时，该测试也检测了抽气回路的密封性能能否达到临界真空状态小于100Pa的要求。

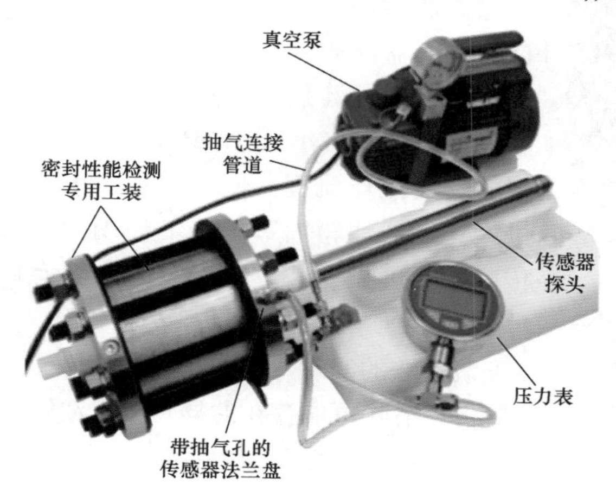

图5-37 传感器密封性能检测

内置式传感器主要参数为：探头总长300mm、直径ϕ30mm、绝缘部分长100mm，DN80法兰盘外径ϕ180mm。图5-37中压力表和真空泵的主要参数为：真空泵为N系列FY-1H-N，额定电压220V/50Hz，抽气速

率 3.6m^3/h，极限压力 2Pa，进气口连接螺纹 1/4；压力表为 DZA1 电阻真空计，数字显示单位（Torr、Pa、mbar)，真空度测量范围为 $5.0\times10^{-2}\sim1.0\times10^{5}$Pa。

2. 油阀内置式特高频、超声波复合传感器的安装

图 5-38 给出了在室内一台 110kV 变压器上开展油阀内置式特高频、超声波复合传感器抽气安装的现场部分照片，图 5-39 给出了完成安装后的照片。

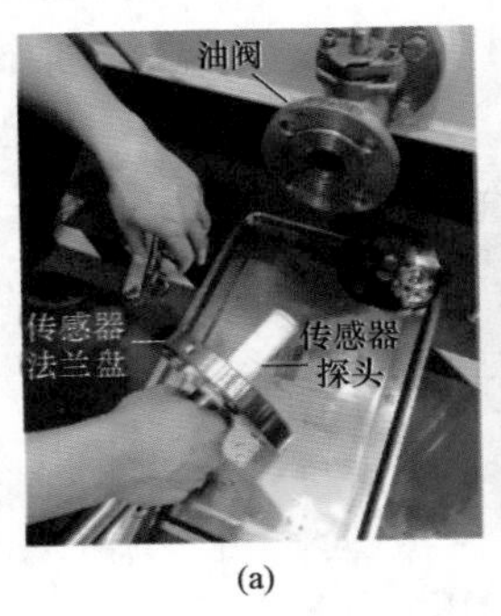

(a)

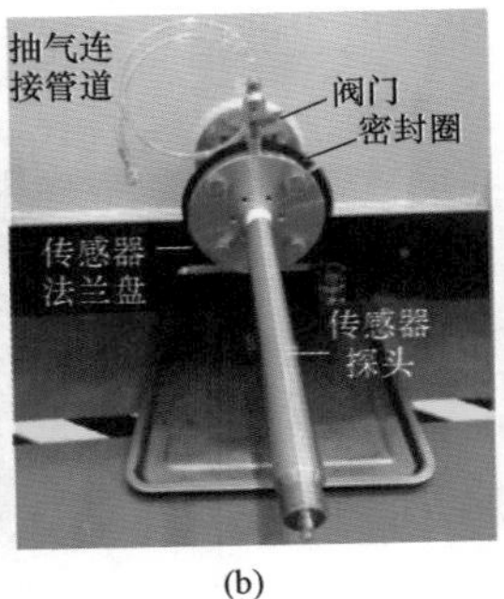

(b)

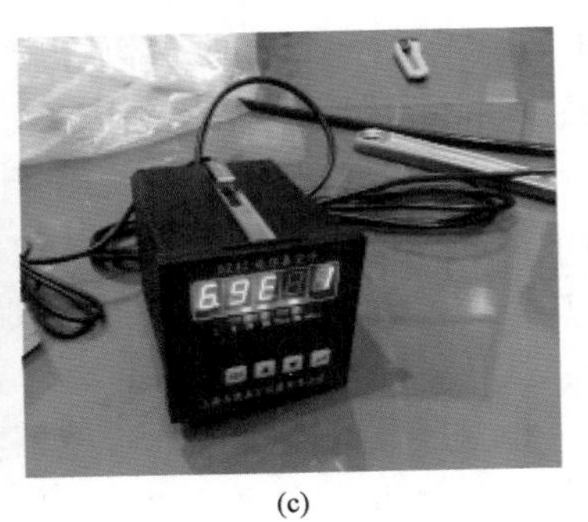
(c)

图 5-38　110kV 油阀内置式传感器的抽气安装

(a) 拆除油阀盖板、准备传感器对接；(b) 传感器法兰盘安装和抽气连接管道对接；
(c) 抽至临界真空至低于 70Pa

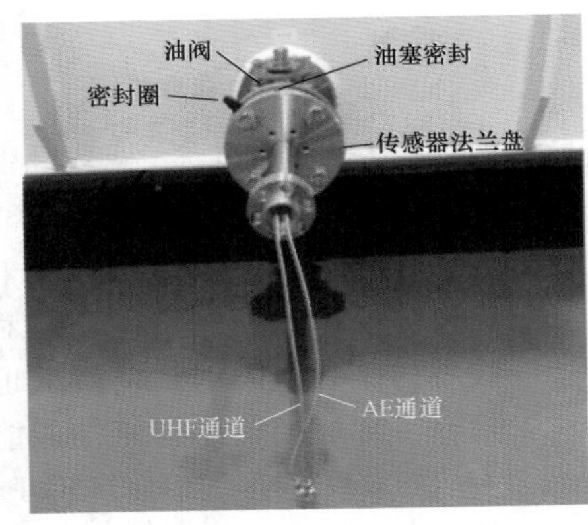

图 5-39　内置式特高频、超声波复合传感器安装完毕

下面对油阀内置式传感器抽气安装方法组成的步骤进行说明。

（二）油阀内置式传感器抽气安装方法

如图 5-40 所示，油阀内置式传感器的抽气安装方法主要通过在油阀内置式传感器法兰盘上设计专用抽气孔实现。拆除变压器油阀盖板、实现传感器与油阀对接密封安装后，利用真空泵抽气至临界真空状态（小于 100Pa)，并基于下述的安装操作流程，便可实现“无空气进入变压器油箱内”工况下油阀内置式传感器的可靠安装。该安装方法具有简单、实用、方便调试安装等优点。

图 5-40 所示油阀内置式传感器抽气安装方法的实现主要包括以下步骤。

步骤 1，拆除变压器油阀可拆卸法兰盖板，清除可能存在的异物或水渍等。

步骤 2，更换新的放油阀与法兰盖板专用密封圈，将油阀内置式传感器的法兰盘与放油阀本体进行螺栓密封、紧固连接。

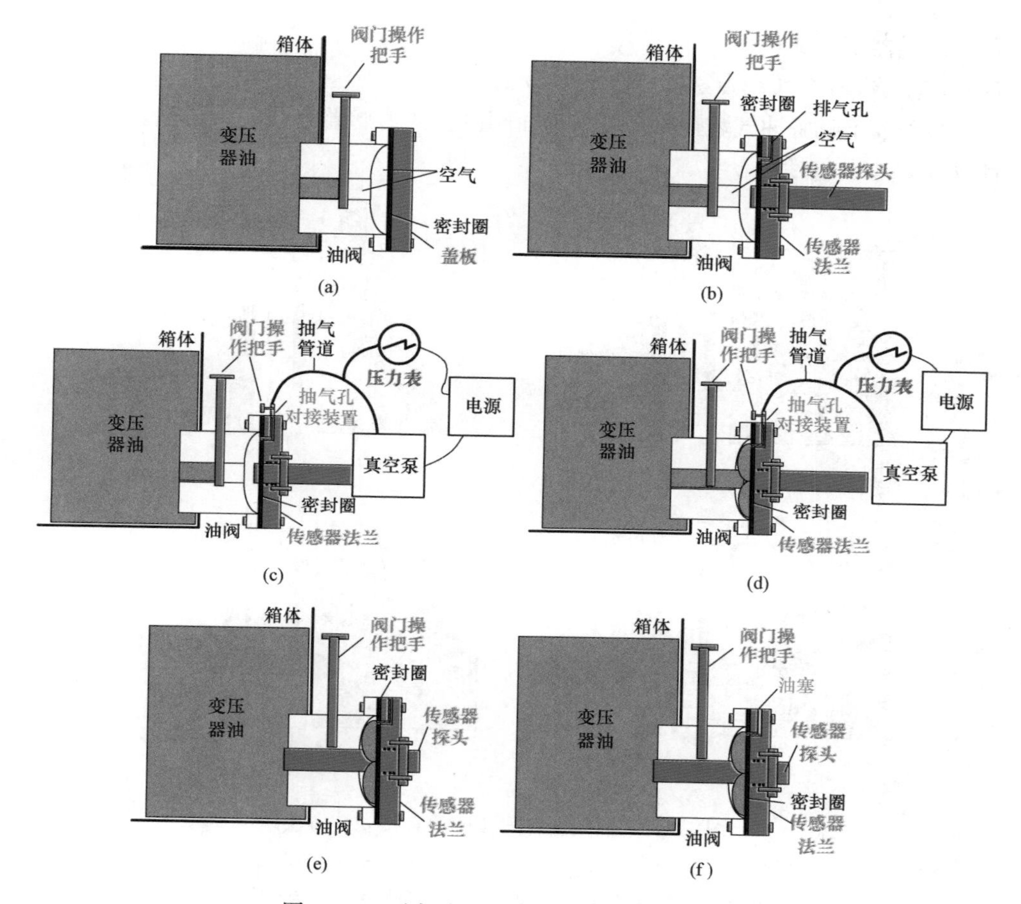

图 5-40　油阀内置式传感器抽气安装方法

（a）步骤 1，油阀正常运行状态；（b）步骤 2，拆除盖板安装好传感器；
（c）步骤 3 对应的安装步骤状态；（d）步骤 4 中等待真空泵连接管见油后；
（e）步骤 5 中传感器探头推入变压器箱体内；（f）步骤 6 中油塞密封

步骤 3，将带阀门的抽气专用对接装置与油阀内置式传感器的法兰盘抽气孔对接，将抽气连接管道（透明）与压力表、真空泵连接。

步骤 4，打开电源，抽真空至压力表示数小于 100Pa 时，利用变压器油阀阀门操作把手、缓慢打开油阀至压力表示数压略有变化，停止扳动油阀阀门，等待真空泵连接管见油后，关闭抽气专用对接装置的油阀，此时法兰盖板与油阀阀门形成空间中的气体已抽除干净，关闭真空泵。

步骤 5，完全打开变压器放油阀，将传感器探头推入变压器箱体内，利用紧固螺栓通过传感器探头固定压板实现法兰盘与传感器探头的紧固连接。

步骤 6，拆除带阀门的抽气专用对接装置，安装专用油塞密封法兰盘排气孔。传感器安装完毕。

(三) 油阀内置式传感器直接安装方法

当现场不具备抽气装置时，可采用油阀内置式传感器直接安装方法，如图 5-41 所示，主要包括以下步骤。

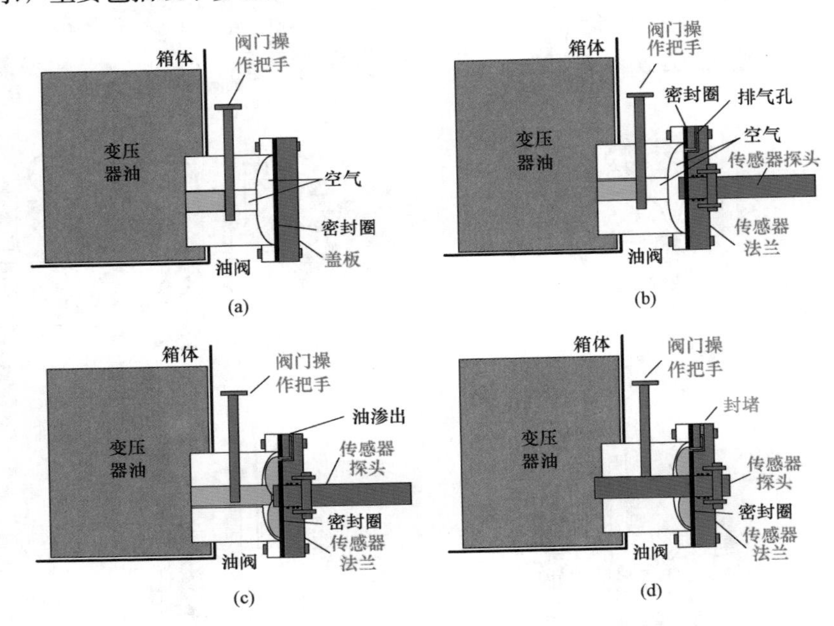

图 5-41　油阀内置式传感器直接安装方法

(a) 步骤 1，油阀正常运行状态；(b) 步骤 2，拆除盖板安装好传感器；
(c) 步骤 3，操作阀门排气；(d) 步骤 4，拆除盖板安装好传感器

步骤 1，拆除变压器油阀可拆卸法兰盖板，清除可能存在的异物或水渍等。

步骤 2，更换新的放油阀与法兰盖板专用密封圈，将油阀内置式传感器的法兰盘与放油阀本体进行螺栓密封紧固连接。

步骤 3，缓慢操作阀门把手，使油填充传感器与油阀之间的空隙，直至排气孔冒油（操作人员可以清晰地看到排气孔动态冒泡直至静止）。

步骤 4，完全打开变压器放油阀，将传感器探头推入变压器箱体内，利用紧固螺栓通过传感器探头固定压板实现法兰盘与传感器探头的紧固连接；紧固法兰，完成安装。

二、局部放电超声波、特高频一体化综合检测系统软件

(一) 系统结构

超声波、特高频一体化综合检测系统如图 5-42 所示。

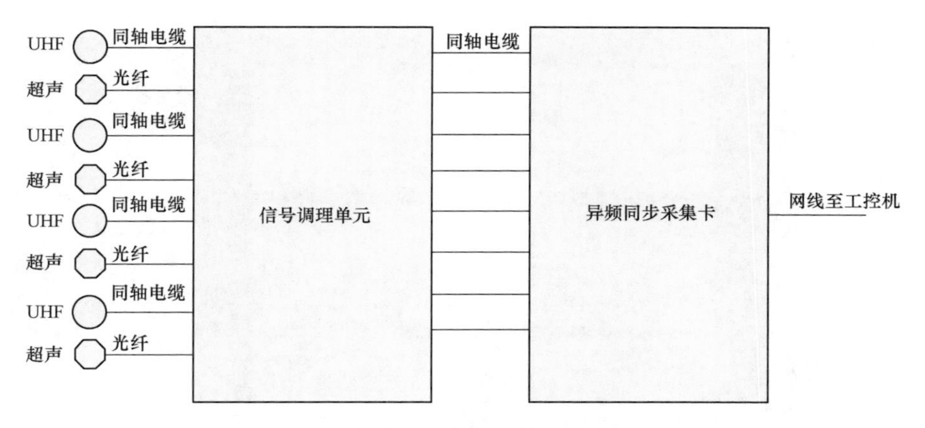

图 5-42　超声波、特高频一体化综合检测系统

（二）软件说明

主运行模块是整个局部放电在线监测系统的系统参数值、人机交互操作、图谱分析等功能的主界面。

1. 功能简介

（1）系统参数：包括实时数据保存间隔、历史数据保存时间、启动画面、告警方式、告警时间、校时方式和校时间隔等参数。

（2）以图形或者数据方式显示变电站运行工况：比如一次系统图接线图、各路馈线放电数据及其图谱等。

（3）对各间隔层设备的操作：读或整定定值、对时等。

（4）对故障进行处理：事故推画面、遥信变位清闪、停止声音告警和告警消息的处理等。

（5）显示典型图谱，实现现场放电图谱对照。

2. 界面

图 5-43 给出了“局放在线监测系统”应用程序的主界面。

（1）运行参数设置。在主界面上点击按钮图标“运行参数设置”；首先弹出“用户操作权限认证”界面，如图 5-44（a）所示；通过权限认证后，弹出如图 5-44（b）所示的界面。

各个运行参数的具体含义为：

1）初始化屏蔽告警时间：系统启动时，多长时间内的告警信息不做处理。

2）启动画面：设置人机交互子系统首先打开的监控组态画面。

3）实时数据保存间隔时间：保存遥测间隔时间，如果间隔 10min，则每个小时的整点、10min、20min、30min、40min、50min 都保存一次数据；如果间

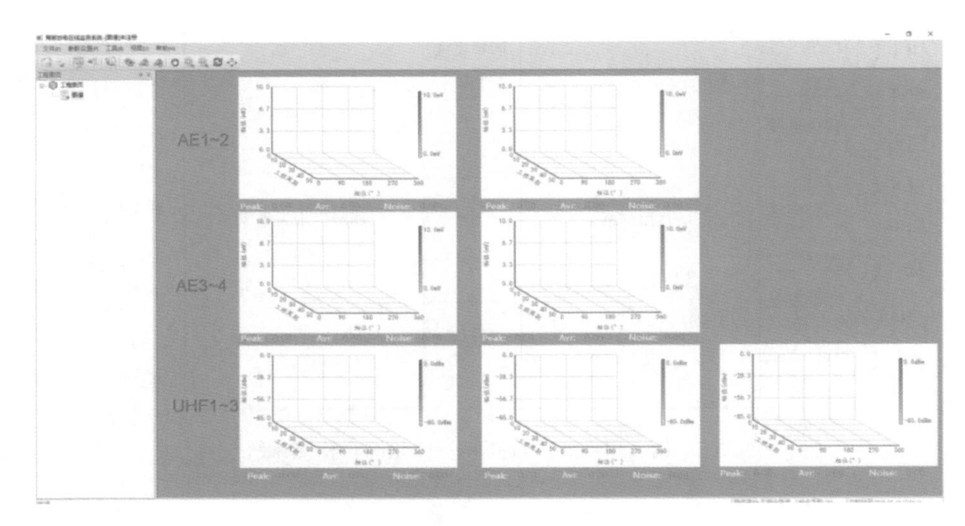

图 5-43　主界面

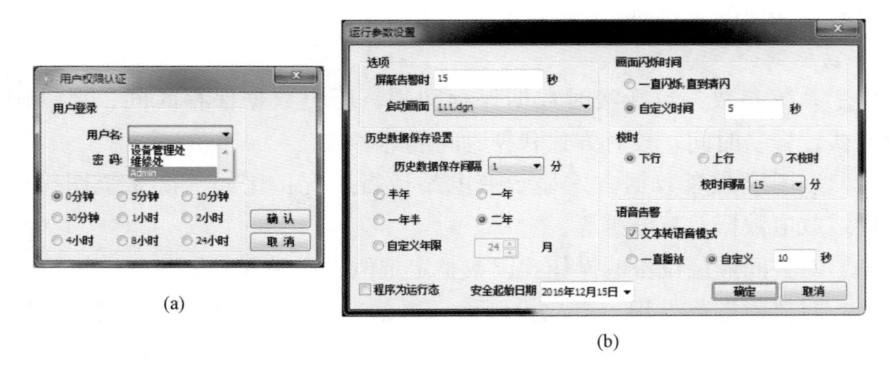

图 5-44　用户操作权限认证和运行参数设置界面

(a) 用户操作权限认证界面；(b) 运行参数设置界面

隔 15min，则每个小时的整点、15min、30min、45min 都要保存一次数据。

4）自定义年限：设置历史数据库中的数据能保存的最长时间。

5）画面闪烁：选择“一直闪烁，直到清闪”是指画面的图元相关联的设备发生变位后，一直闪烁，直到操作员动作后才清除；选择“自定义时间”，是指发生变位后，在自定义的时间后清除闪烁。

6）校时：下行校时是指将 PC 侧的系统时间发送给下属装置；上行校时是指通过向装置发送取时指令，更改 PC 机的系统时间。

7）语音告警时间：“一直播放语音”是指产生语音告警后，直到操作员操作后才消除告警；“自定义时间”是指产生语音告警后，在自定义的时间后自动消除语音告警。

8）文本转语音模式：选中时，系统自动将告警信息文本按照语音方式播出；如果不选中，则按照参数配置中相应的告警语音文件播出。

9）安全天数：设置安全运行起始日期。

10）程序运行态：选中该项，表示不能进行画面进行编辑操作；未选中则可以进行画面组态操作。

（2）设备定值参数。在主界面上点击按钮图标“设备定值参数”；首先弹出“用户操作权限认证”界面，如图 5－45（a）所示，Admin 不能操作设备定值，下面的时间是指本次验证通过后，多长时间内不用再验证用户权限，目的是需要频繁操作时，不用每次都验证权限，减少操作。通过权限认证后，弹出如图 5－45（b）所示的界面。

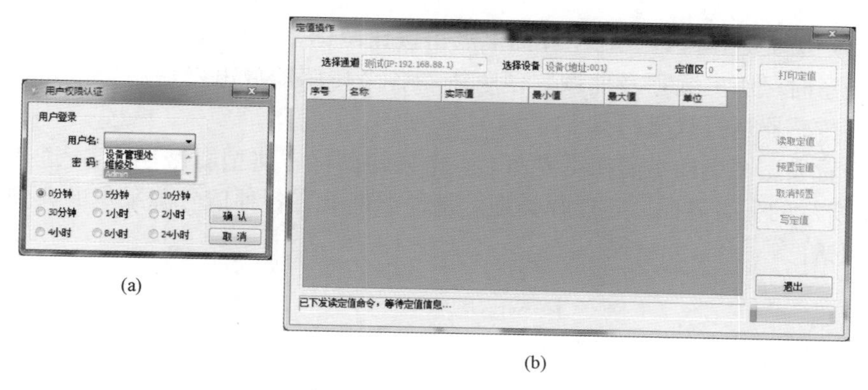

图 5－45　设置定值操作权限界面和定值操作界面

（a）验证设置定值操作权限界面；（b）定值操作界面

先选择通道，再选择设备，点击“读取定值”按钮，定值读出来后；先选择需要新修改定值项，修改后点击“预置定值”，收到成功后，再点击“写定值”。

（3）局放装置。点击右侧工程目录树，点击“AE 装置”进入如图 5－46 所示下级界面。

每一个指示灯表示当前传感器运行状态，每个传感器共分为五种状态，分别用灰色、绿色、黄色、橙色和红色表示：①灰色表示传感连接异常，采样值太小；②绿色表示传感器运行正常；③黄色表示该传感器所在位置的放电峰值超过警戒门限，应该对该位置进行关注；④橙色表示该传感器所在位置的放电峰值比较高，超过了定值中的过高门限，加强对该位置进行巡检，提高关注度；⑤红色表示该传感器所在位置的放电峰值很高，已经超高告警门限，加强对该位置进行巡检，提高关注度。

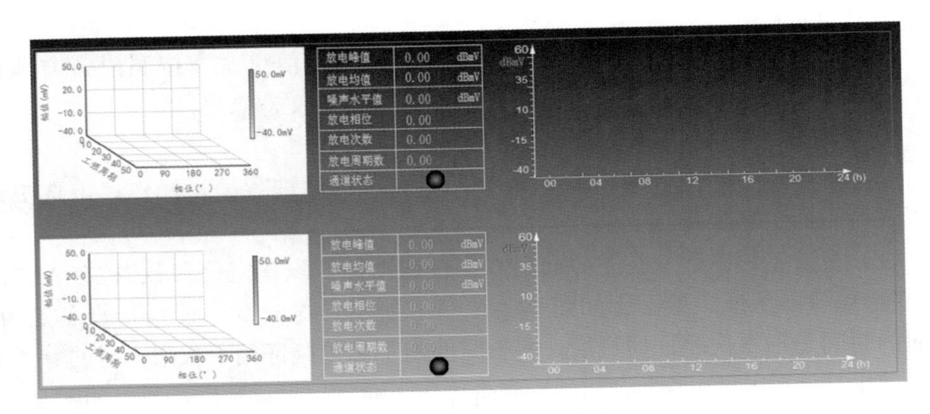

图 5-46　AE局放装置图

（4）历史数据查询。在主界面上点击按钮图标“历史数据查询”，可以查看历史任意时段历史数据及曲线，便于查看各个传感器放电发展趋势，及时准确地把握传感器运行状况。

查看典型图谱样本需在主界面上点击按钮图标“典型图谱样本”，进入如图5-47所示的下级界面。先选择类型，每种类型下有各种信号源采集的典型放电类型图谱。

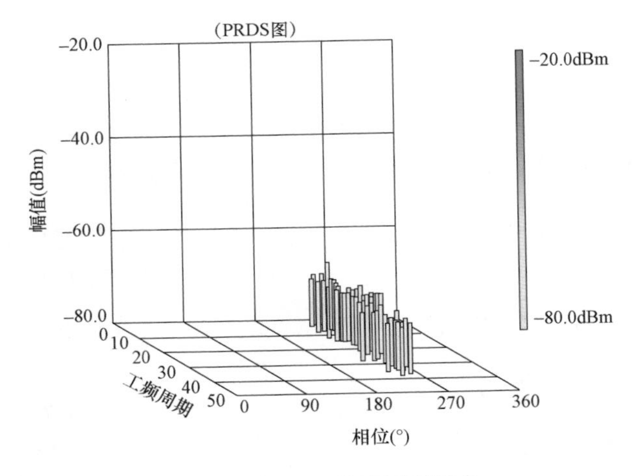

图 5-47　典型图谱样本

3. 通信模块

通信模块是整个系统实现底层通信的核心模块，是连接物理通信通道和其他子模块的桥梁。这个模块的主要功能是对各种物理通信通道进行数据读写、通过相应的通信规约处理从间隔层的各种智能装置采集的数据以及向其他系统转发数据，同时通信子模块应具有用户交互的能力，以便用户能方便查看各个物理通信通道的状态，以及通信过程中的源码和各个设备的实时数据。

（1）功能简介。通信模块的主要功能为：①与间隔层各智能设备（IED）之间通信；②将变电站数据转发给其他第三方系统；③查看各个通道的通信源码和各设备的实时数据；④手工置数；⑤清理置数。

（2）界面。在菜单栏中点击通信按钮进入通信模块的主界面（见图5-48）。

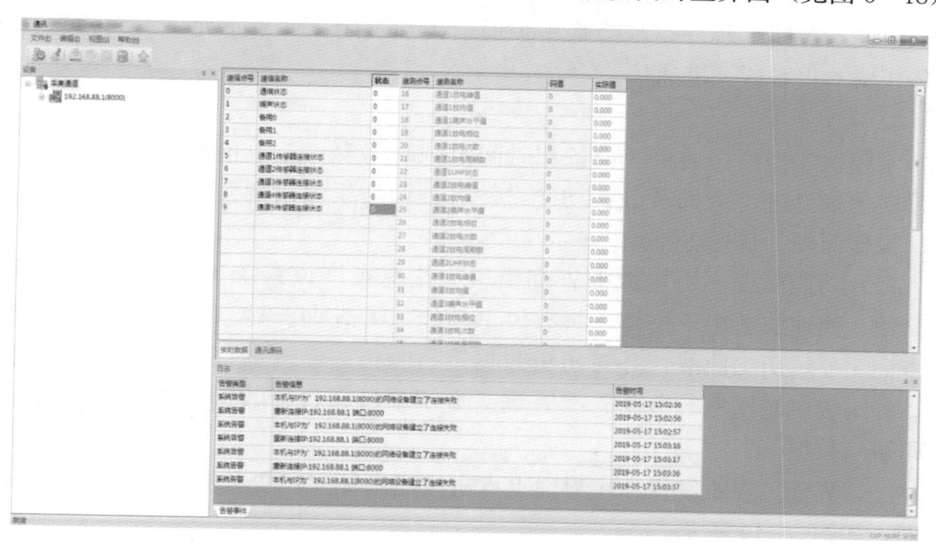

图5-48　通信子系统主界面

界面的左边区域为“通道信息”区，用于显示所有的通道及每个通道所连接的设备的名称；界面的右边区域为“数据显示”区，用于显示三个部分的信息：通道的源码信息、每个通道下的设备的数据信息（遥测、遥信）、告警事件（显示这个模块运行的一个基本信息以及设备上送的遥信变位和放电信息）。

（3）操作。

1）显示原码信息。在“通道信息”选择一个通道，并单击“显示/停止”按钮，在“数据显示”区中的“源码显示”页面中显示该通道传输的源码信息（包括收码和发码信息）。

2）显示实时数据。选择通道下的一个设备，在“数据显示”区中的“实时数据”页面中显示该设备的实时数据信息（包括遥测、遥信数据信息）。

3）清除“源码显示”页面中的内容。在“数据显示”区中的“源码显示”

页面中单击“删除”按钮，页面中的内容则被清除。

4）保存源码信息。在“数据显示”区中的“源码显示”页面中单击“保存”按钮，弹出如图界面的保存文件对话框。其内容保存为 *.txt 的文件格式。

5）清除告警信息。在“数据显示”区中的“告警显示”页面中单击“删除”按钮，页面中的告警信息则被清除。

6）关闭通信程序。通过窗口上的 X 按键，只能将通信程序隐藏；通过“文件”下的“关闭”程序，则会将整个通信模块关闭，如果不允许这个模块，将不能正常与设备或调度通信。

4. 历史数据

本模块实现根据通道、设备和时间范围对遥测、放电信息、遥信告警、短信发送等信息进行查询及分析功能，并将查询结果输出到打印机。具有界面美观、操作简便、快速等特点。

（1）功能简介。历史数据查询模块为快速查询该系统中相关信息而设计。集简便、快速、适用于一体，具有以下功能：①查询、显示和打印遥测历史数据查询，显示历史曲线，并对历史数据进行分析；②查询、显示和打印放电数据，并对放电图谱进行分析；③查询、显示和打印告警数据；④查询、显示和打印短信数据。

（2）界面。在系统操作主界面上点击按钮图标“历史数据”，进入历史数据界面，如图 5-49 所示。

历史数据查询模块分为四个部分：

1）历史数据。按照通道、设备和遥测数据类型分类查询，可以进行日、月和年查询，查询后以表格和曲线显示，以便进行分析。

2）放电数据。按照通道、设备类型查询，显示该设备在一定时间范围内放电信息。

3）告警数据。按照通道、设备和告警类型查询（遥信告警、遥测超限、定值操作、遥控和其他操作），查询出一定时间范围内的告警信息。

4）短信数据。查询短信发送状态信息。

（3）操作。

1）历史数据。在历史数据查询界面点击“历史数据”按钮，弹出如图 5-49 所示的界面。单击下拉框选择通道、设备和数据类型；单选查询类型：年查询、月查询和日查询。根据不同查询类型选择相应的时间范围。选择“曲线”Tab 页，可以显示曲线信息，通过在曲线上进行框选，对曲线进行放大或缩小，放大一定程度每个数据点会以菱形点显示，点击菱形点，显示该时间点前后一定时间内的典型图谱。在曲线下表格中，可以设置曲线显示颜色和是否显示。通过拖动橙色竖线，可以查看各个历史时刻的值。

2）放电数据。历史数据查询界面点击“放电数据”按钮，用户根据实际情况，通过单击下拉框选择通道、设备，选择相应的起止日期进行查询。在查询结果上左键双击，弹出放电分析图谱。

3）典型数据。在历史数据查询界面点击“典型数据”按钮，查询各个传感器接收到典型放电数据。

4）告警数据。在历史数据查询界面点击“告警数据”按钮，查询各个传感器接收到告警消息。

图 5 - 49　历史数据主界面

三、工程应用

（一）出厂试验

2021 年 4 月 29 日，工作人员利用研发的内置式变压器用局部放电超声波、特高频一体化综合传感器，在 1 台单相牵引变压器（DQY - 25000/220）上基于油阀完成安装，如图 5 - 50 所示。利用该变压器局部放电超声波、特高频一体化综合检测系统，在该牵引变压器开展带局部放电测量的感应耐压试验时（$1.58U_r$），同时进行了 AE 和 UHF 信号的同步监测。该牵引变压器局部放电试验数据（脉冲电流法）符合标准要求，AE 和 UHF 信号表征见图 5 - 51。

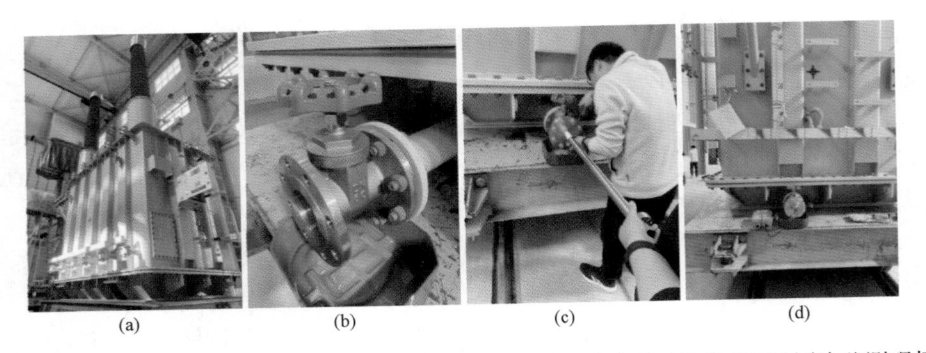

图 5-50　220kV 牵引变压器带局部放电测量的感应耐压试验的 AE 和 UHF 同步监测现场

（a）应用对象；（b）DN80 油阀；（c）传感器安装；（d）信号采集

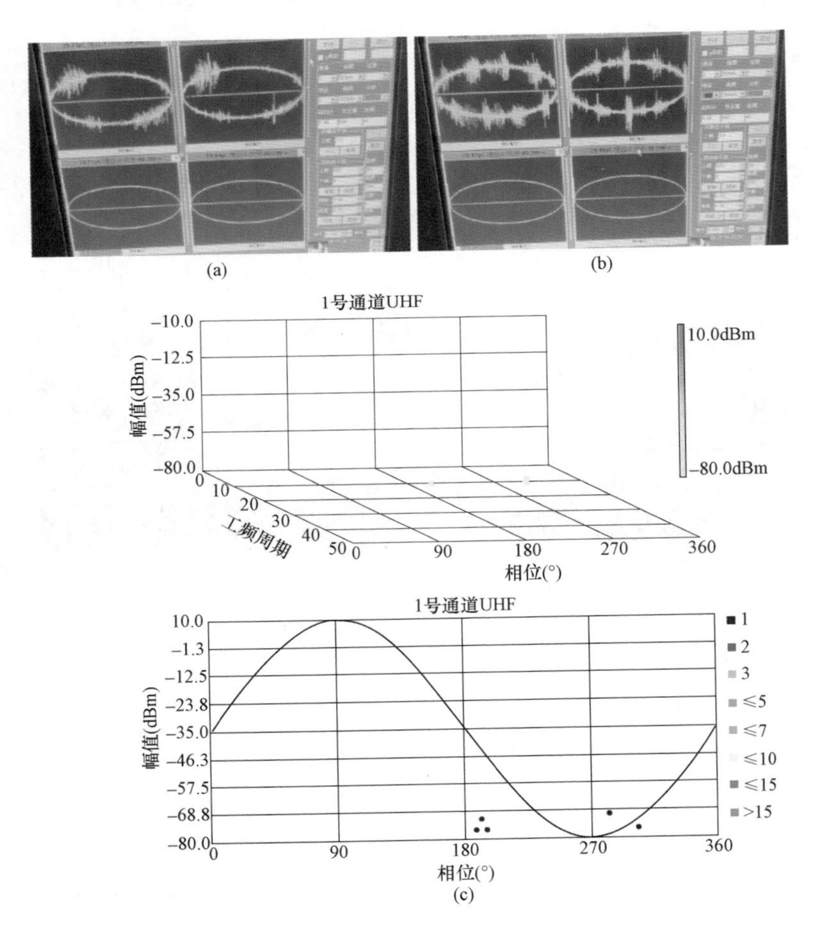

图 5-51　图 5-50 对应的试验结果（3 个典型测试数据）（一）

（a）背景噪声；（b）加压过程最大 64pC，试验频率 200Hz；（c）UHF-1

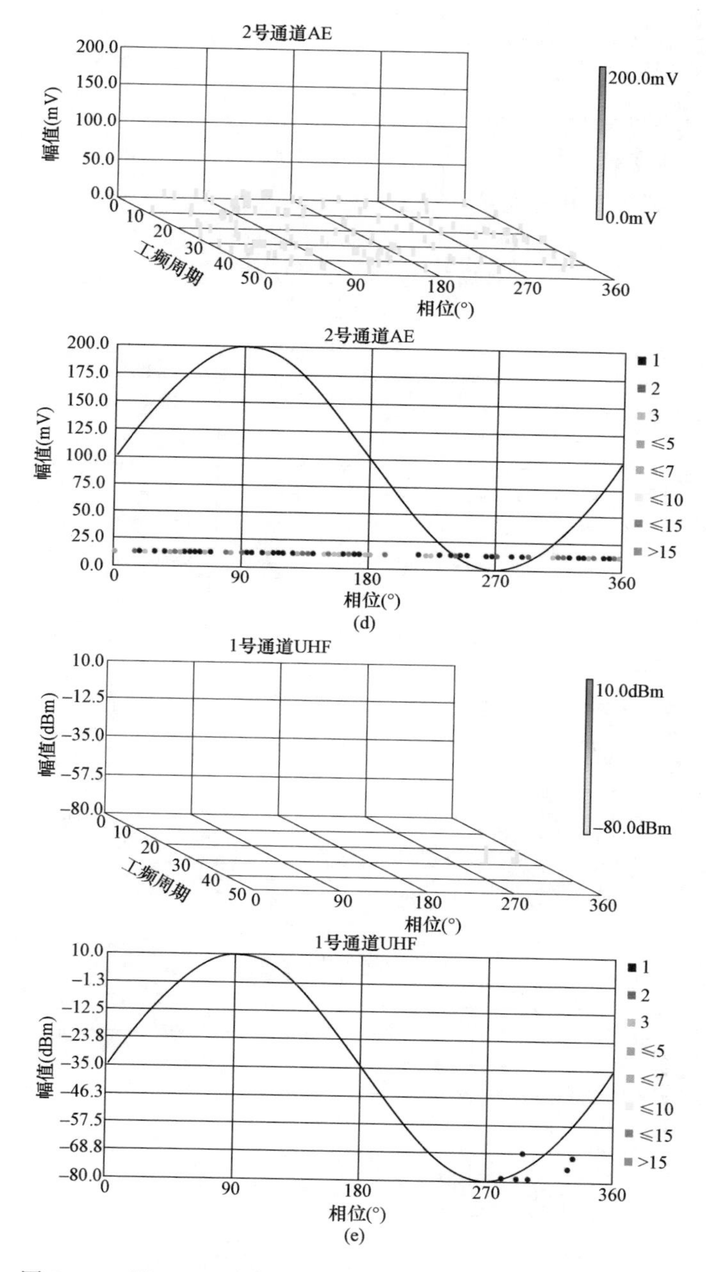

图 5-51　图 5-50 对应的试验结果（3 个典型测试数据）（二）

（d）AE-1；（e）UHF-2

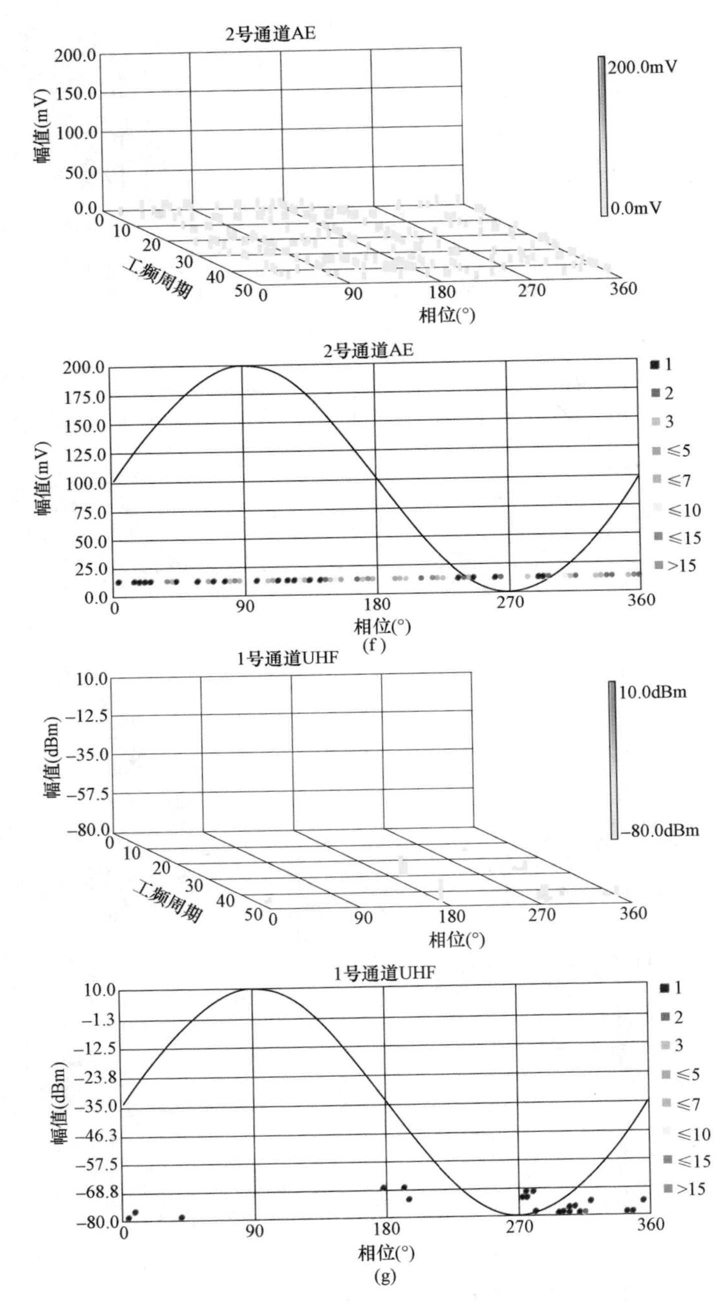

图 5-51　图 5-50 对应的试验结果（3 个典型测试数据）（三）

（f）AE-2；（g）UHF-3

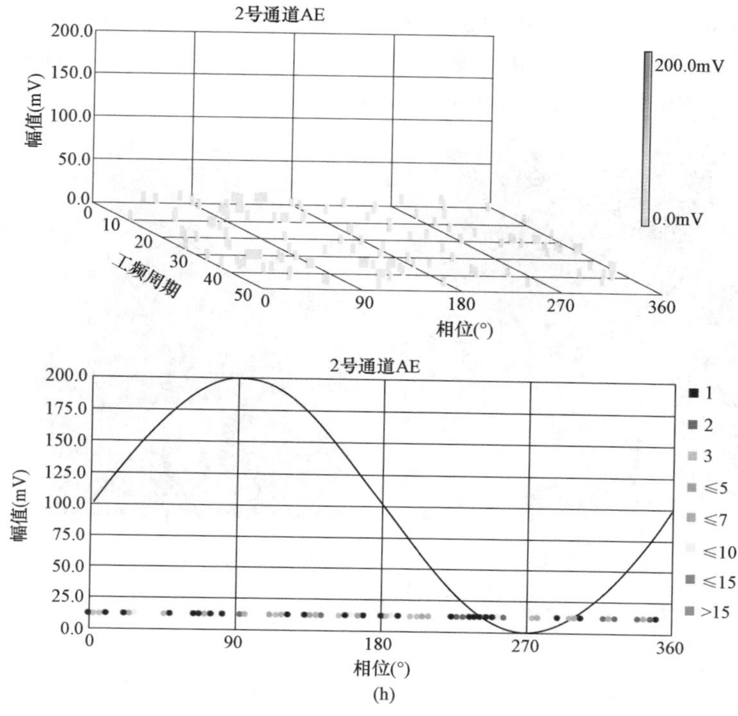

(h)

图 5-51　图 5-50 对应的试验结果（3 个典型测试数据）（四）

（h）AE-3

（二）现场诊断性试验

2021 年 4 月 28 日，工作人员利用研发的内置式变压器用局部放电超声波、特高频一体化综合传感器，在某主变压器基于油阀完成安装，如图 5-52 所示。利用变压器局部放电超声波、特高频一体化综合检测系统，在该主变压器开展

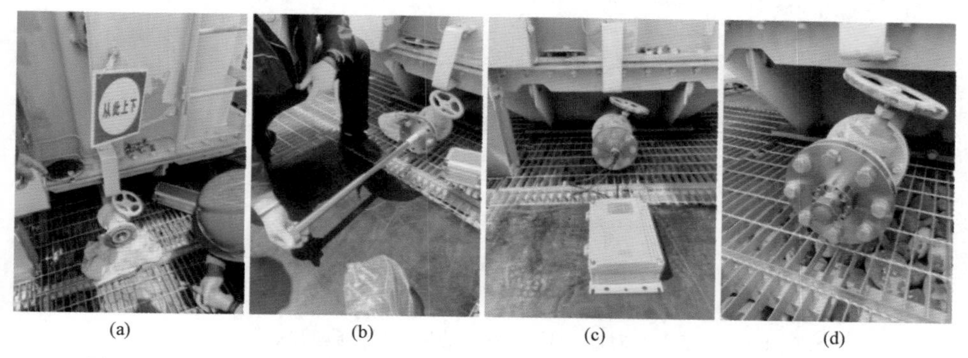

(a)　(b)　(c)　(d)

图 5-52　110kV 长时感应耐压及局部放电试验的 AE 和 UHF 同步监测现场

（a）应用对象；（b）传感器安装；（c）数据采集；（d）采集装置拆除（后续可带电检测）

长时感应耐压及局部放电试验时进行了AE和UHF信号的同步监测。该主变压器局部放电试验数据（脉冲电流法）符合标准要求，试验前后的油色谱数据正常。图5-53给出了AE和UHF信号表征图。

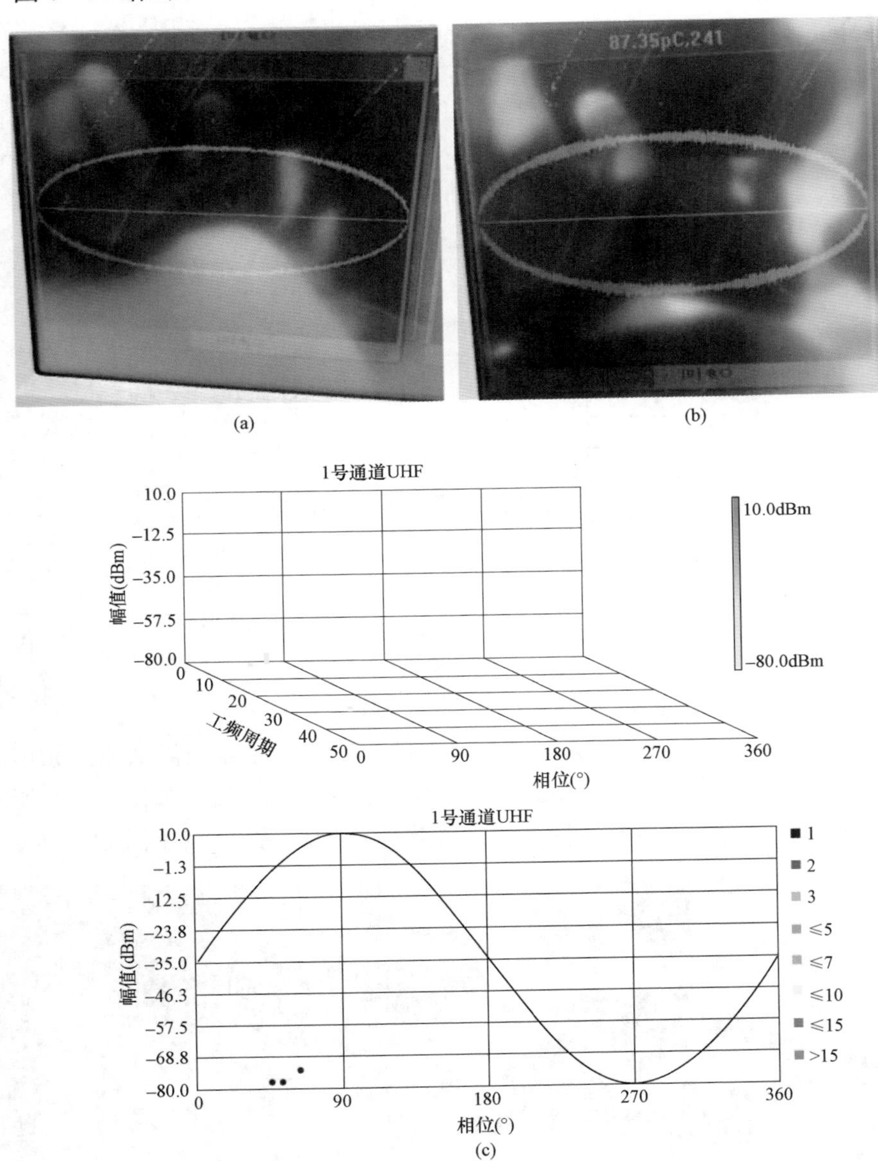

图5-53　图5-52对应的现场试验结果（3个典型测试数据）（一）

(a) 背景噪声53pC；(b) 加压过程最大87pC，试验频率102.5Hz；(c) UHF-1

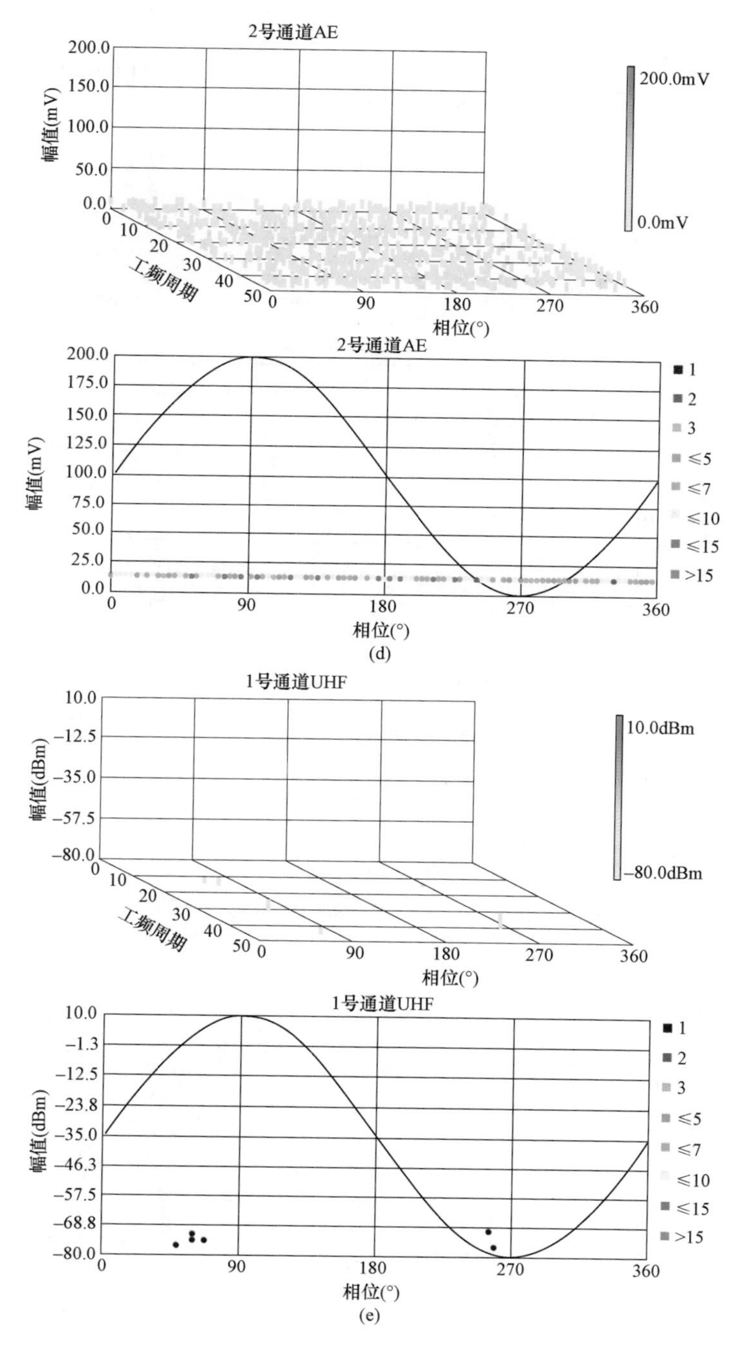

图 5-53　图 5-52 对应的现场试验结果（3 个典型测试数据）（二）

(d) AE-1；(e) UHF-2

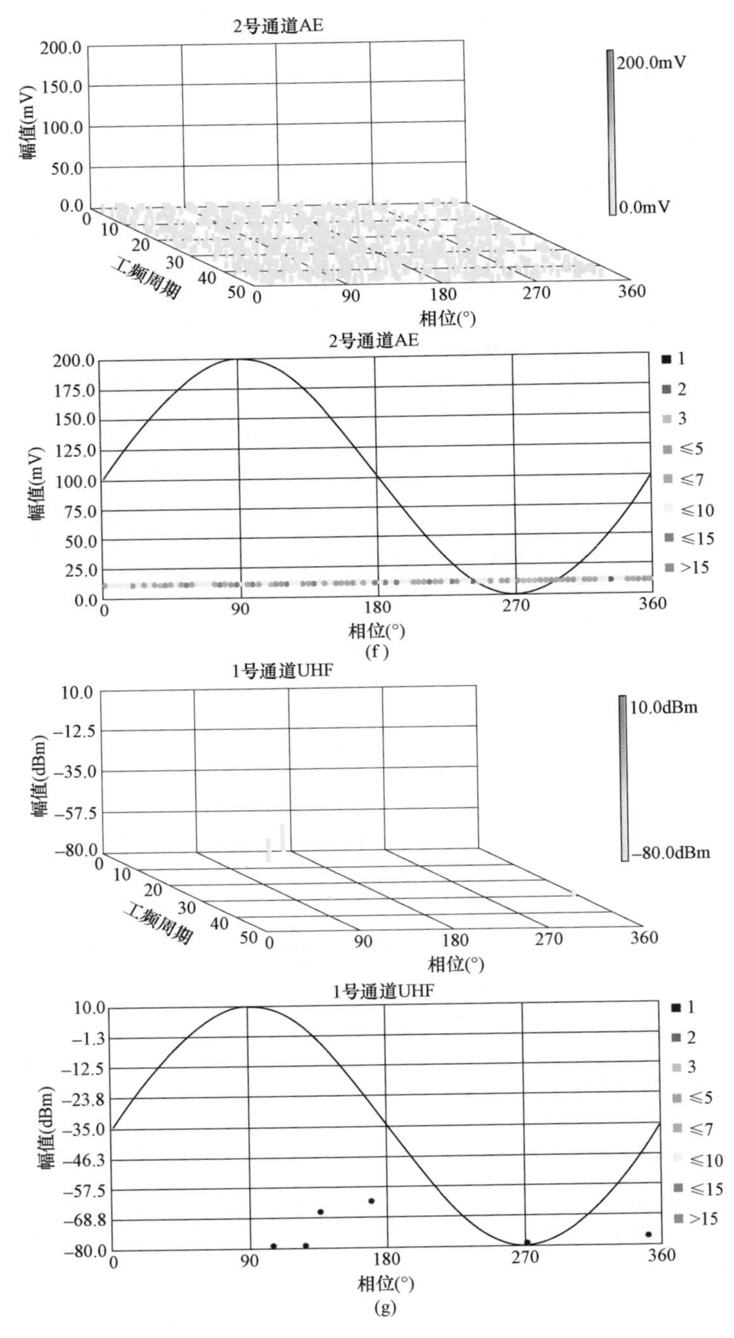

图 5-53　图 5-52 对应的现场试验结果（3 个典型测试数据）（三）

（f）AE-2；（g）UHF-3

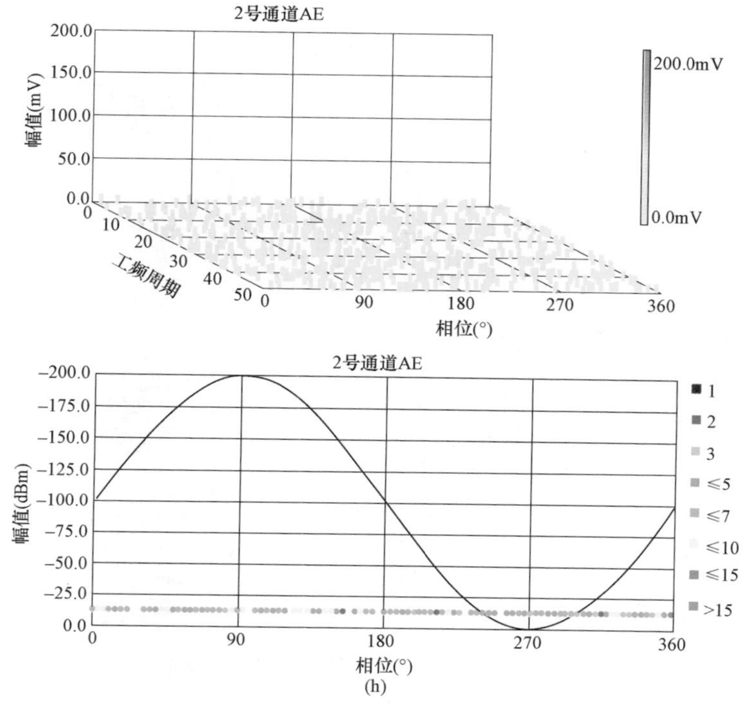

图 5-53　图 5-52 对应的现场试验结果（3 个典型测试数据）（四）

（h）AE-3

（三）在线监测

2021 年 11 月 2 日，工作人员利用研发的内置式变压器用局部放电超声波、特高频一体化综合传感器，在某主变压器基于油阀完成安装。利用研发的变压器局部放电超声波、特高频一体化综合检测系统，完成了箱壁安装，进行了 AE 和 UHF 信号的同步监测（见图 5-54）。AE 和 UHF 信号表征如图 5-55。

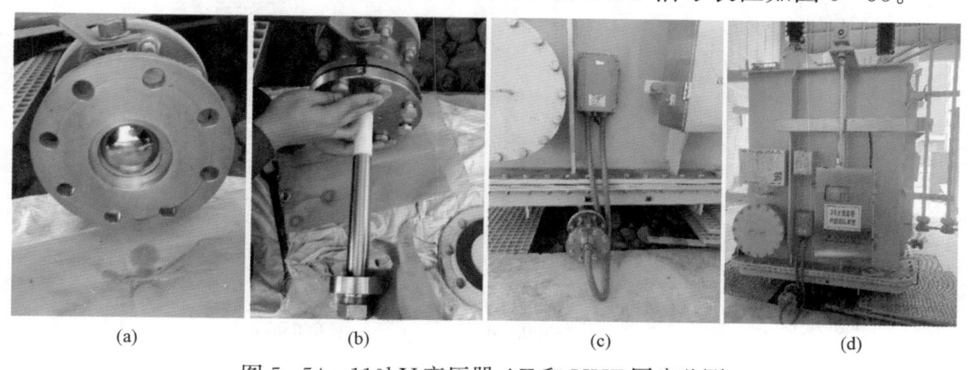

图 5-54　110kV 变压器 AE 和 UHF 同步监测

（a）DN80 油阀（闸阀）；（b）传感器安装；（c）监测装置；（d）被监测主变压器（安装位置）

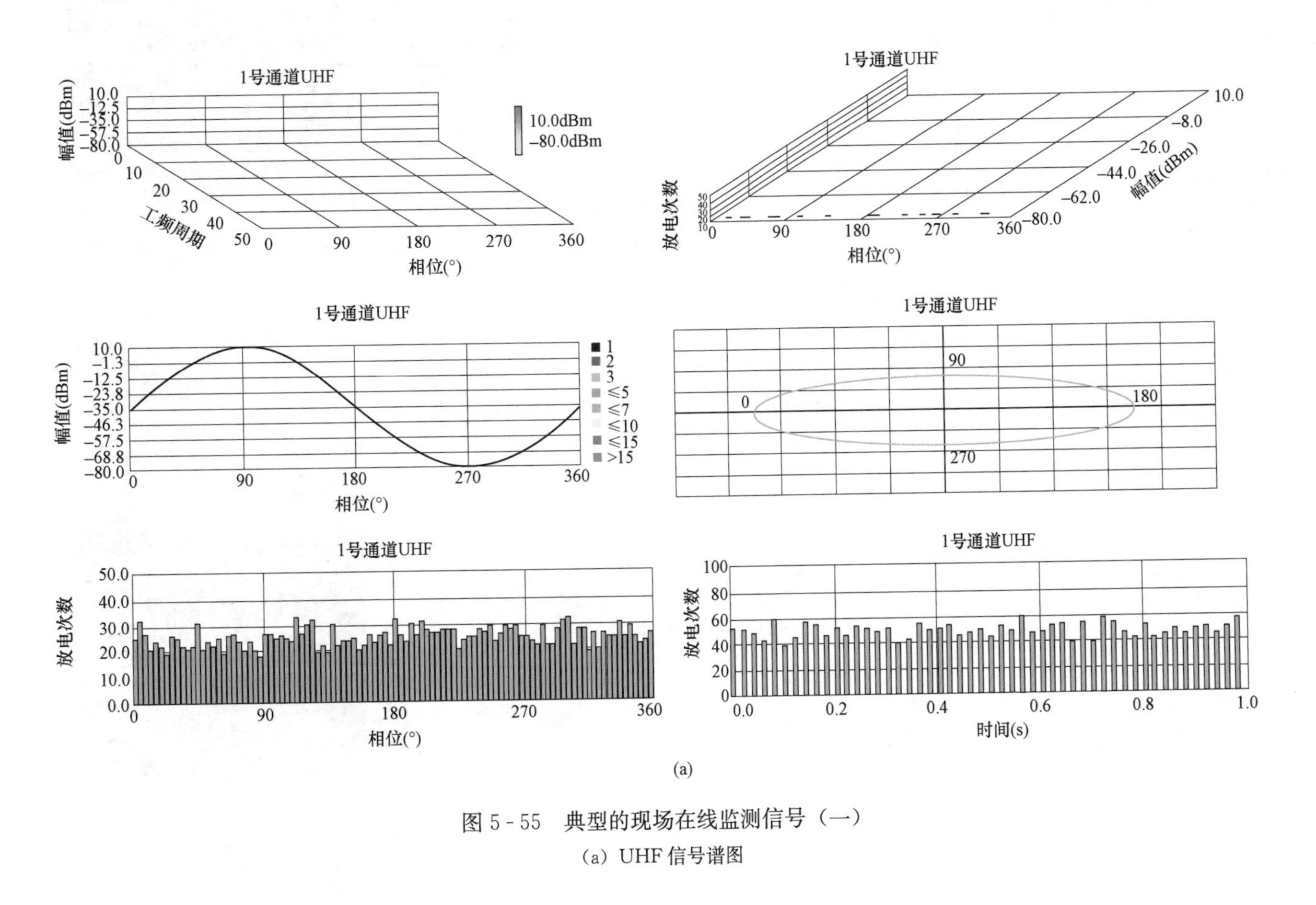

图 5-55 典型的现场在线监测信号（一）

（a）UHF 信号谱图

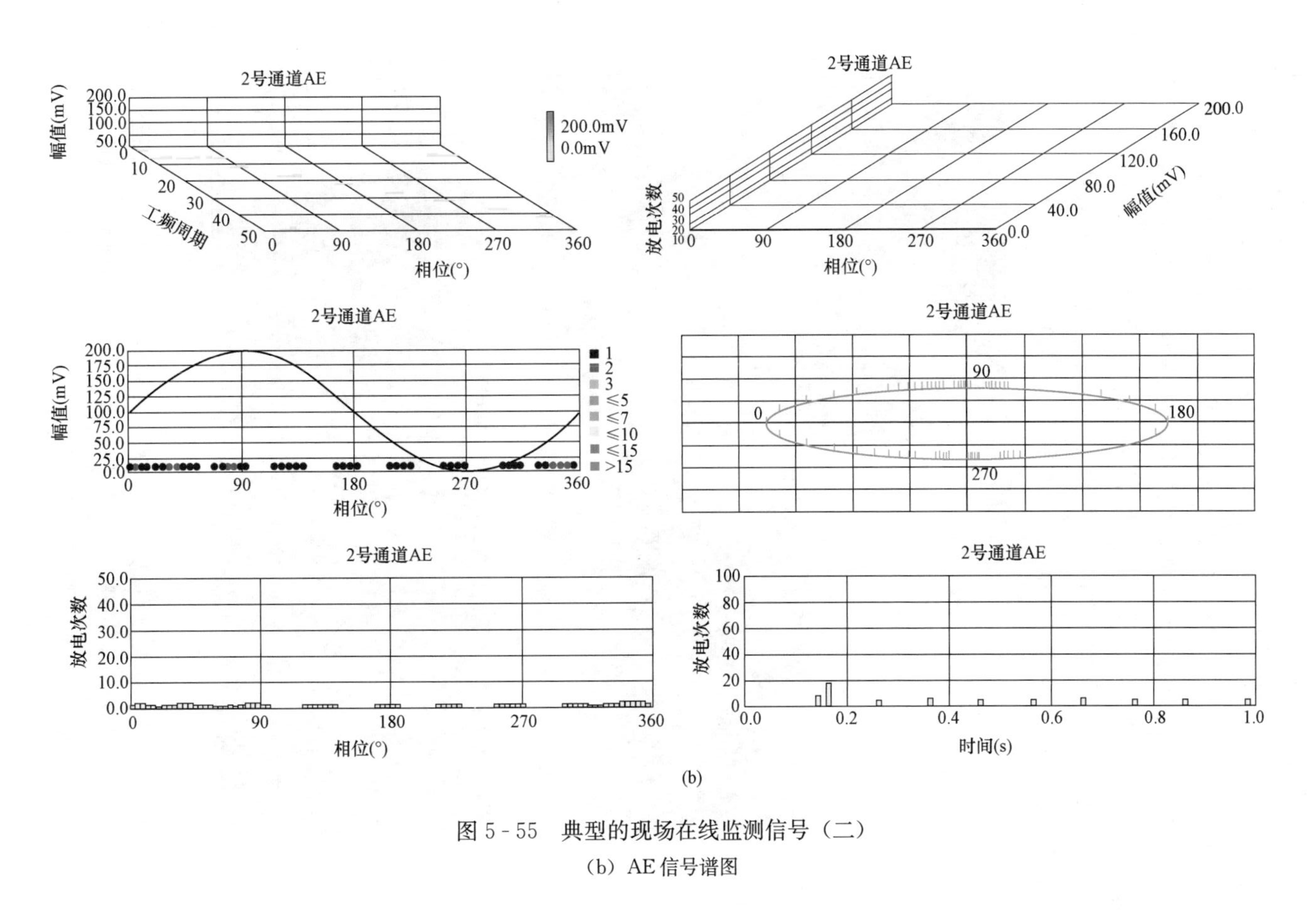

图 5-55　典型的现场在线监测信号（二）

（b）AE 信号谱图

（四）返厂诊断性试验

2022 年 1 月 6 日和 1 月 19 日，工作人员将内置式变压器用局部放电超声波、特高频一体化综合传感器安装于某 220kV 主变压器，在该变压器进行带局部放电测量的感应耐压试验（见图 5-56）和过电流试验（见图 5-57）时，进行了 AE 和 UHF 信号的同步监测。该 220kV 主变压器局部放电试验数据（脉冲电流法）符合标准要求，AE 和 UHF 信号正常（见图 5-58），在进行带局部放电测量的感应耐压试验时 AE 和 UHF 信号与脉冲电流法信号表征一致，但在进行过电流试验时有异常信号（见图 5-59 和图 5-60）。

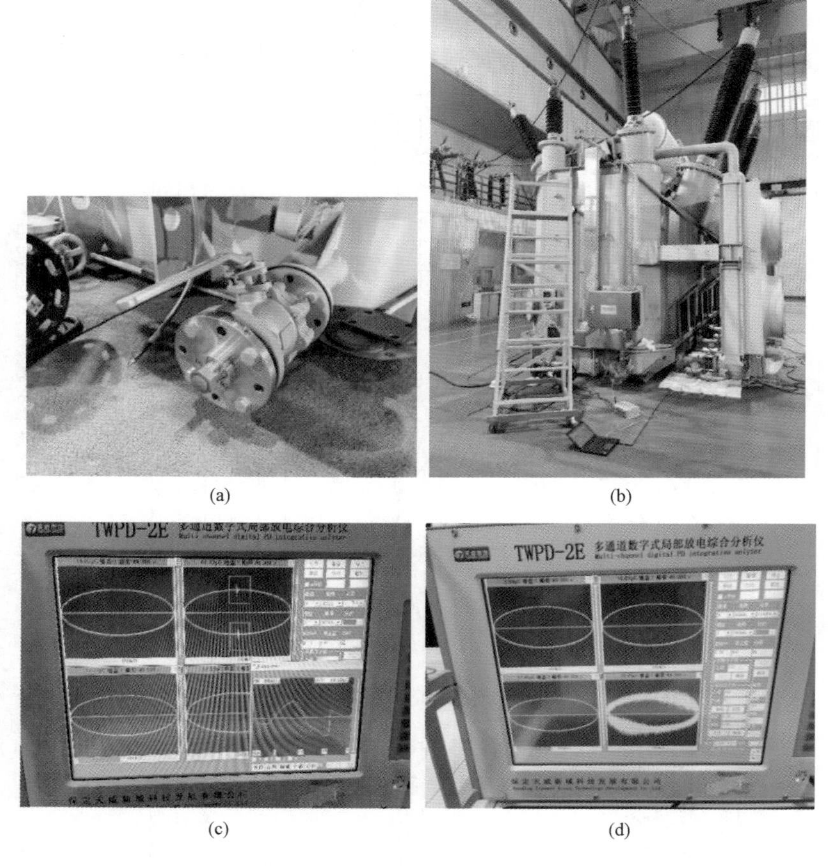

图 5-56　220kV 变压器返厂诊断试验（带局部放电测量的感应耐压试验）

（a）DN80 油阀（闸阀）；（b）1 月 6 日现场；（c）均压帽处的电晕放电；
（d）加压过程最大 78pC，试验频率 200Hz

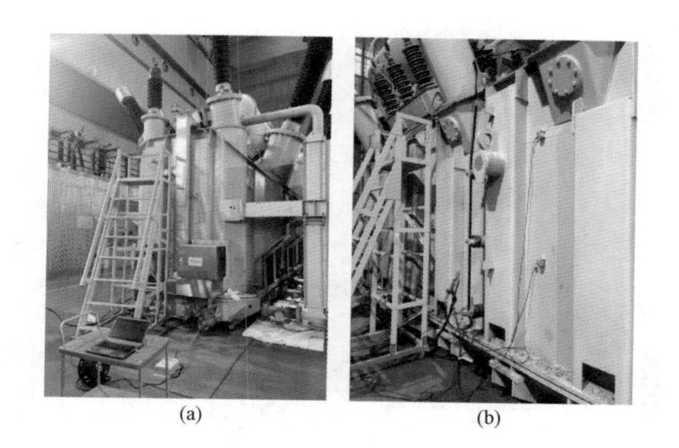

图 5-57　220kV 变压器返厂诊断试验（过电流）

（a）1 月 19 日现场；（b）外置超声、特高频以及高频传感器加压过程最大 78pC，试验频率 200Hz

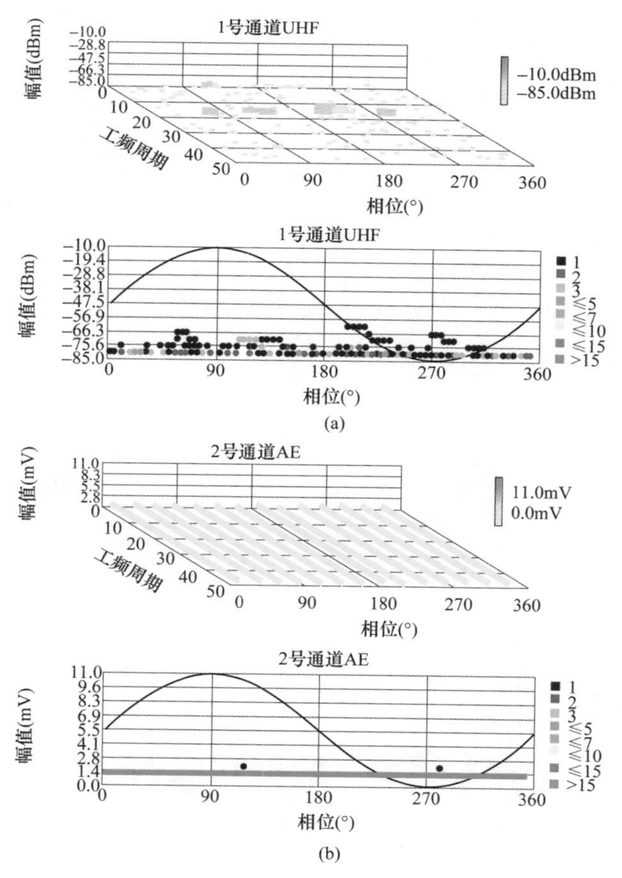

图 5-58　图 5-56 对应的现场试验结果（3 个典型测试数据）（一）

（a）UHF-1；（b）AE-1

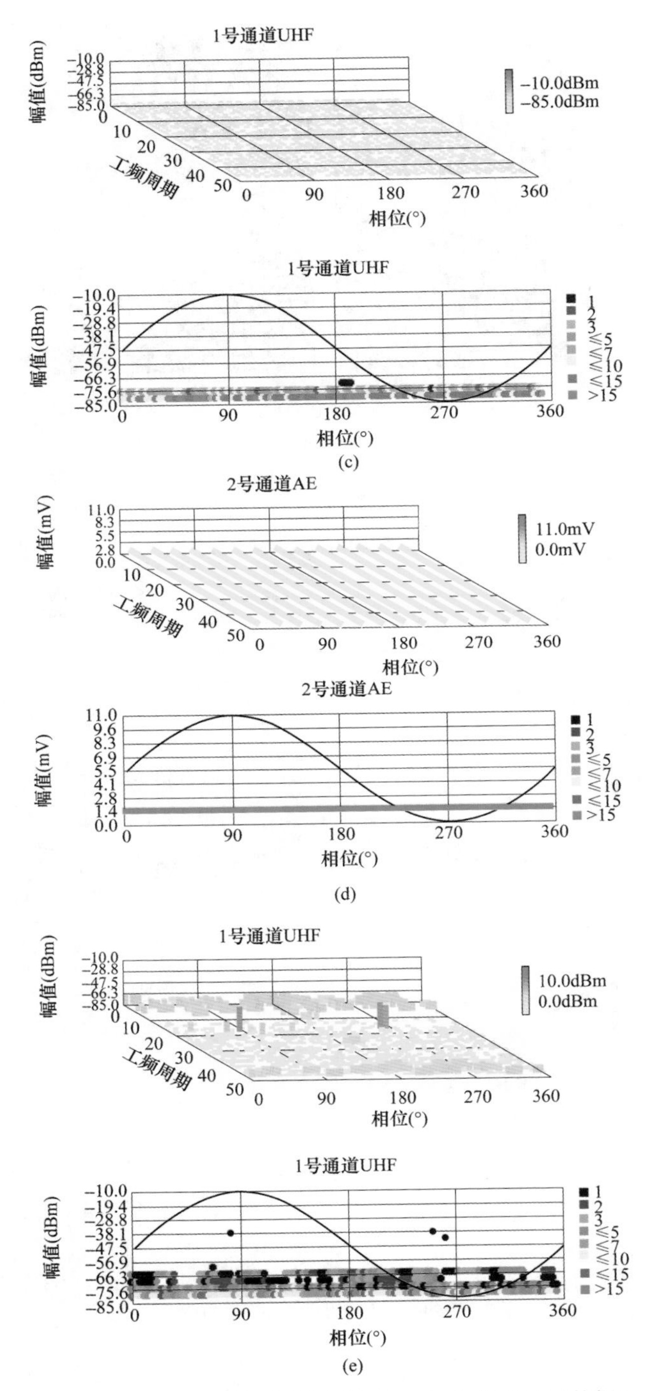

图 5-58　图 5-56 对应的现场试验结果（3 个典型测试数据）（二）

（c）UHF-2；（d）AE-2；（e）UHF-3

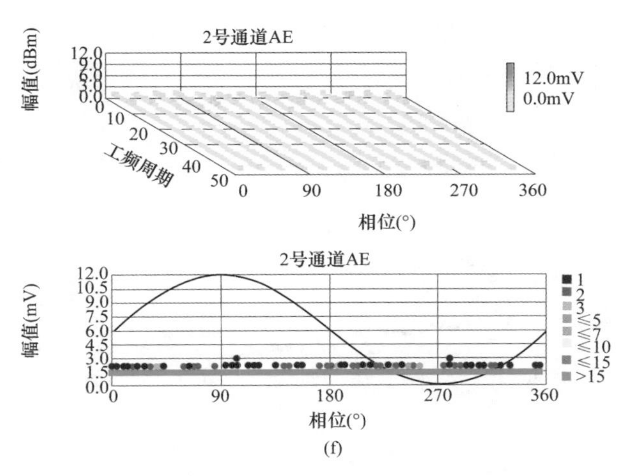

(f)

图 5-58　图 5-56 对应的现场试验结果（3 个典型测试数据）（三）

（f）AE-3

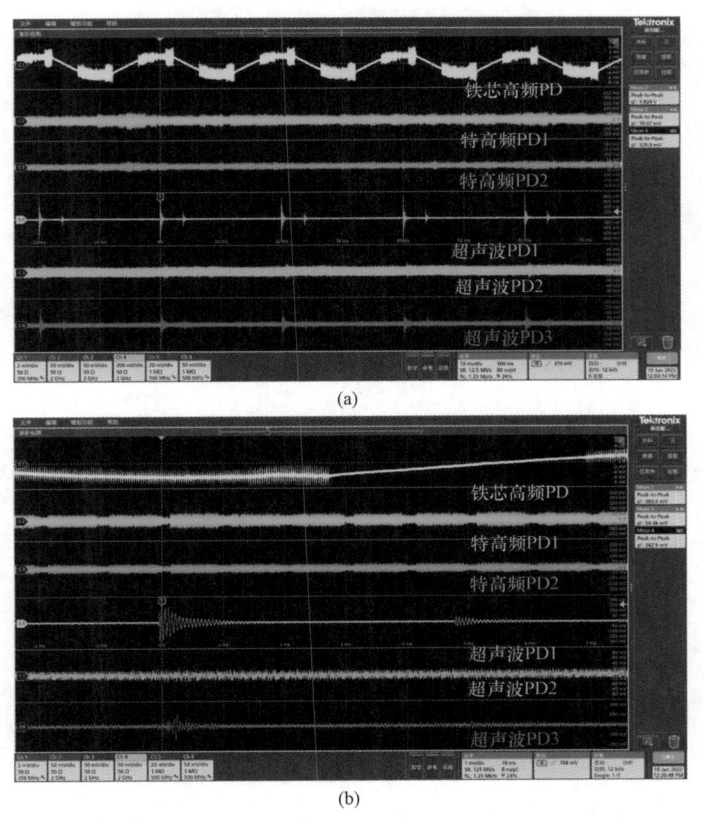

(a)

(b)

图 5-59　220kV 变压器返厂诊断试验期间的信号（过电流）

（a）不同传感器的输出信号；（b）输出信号局部放大图

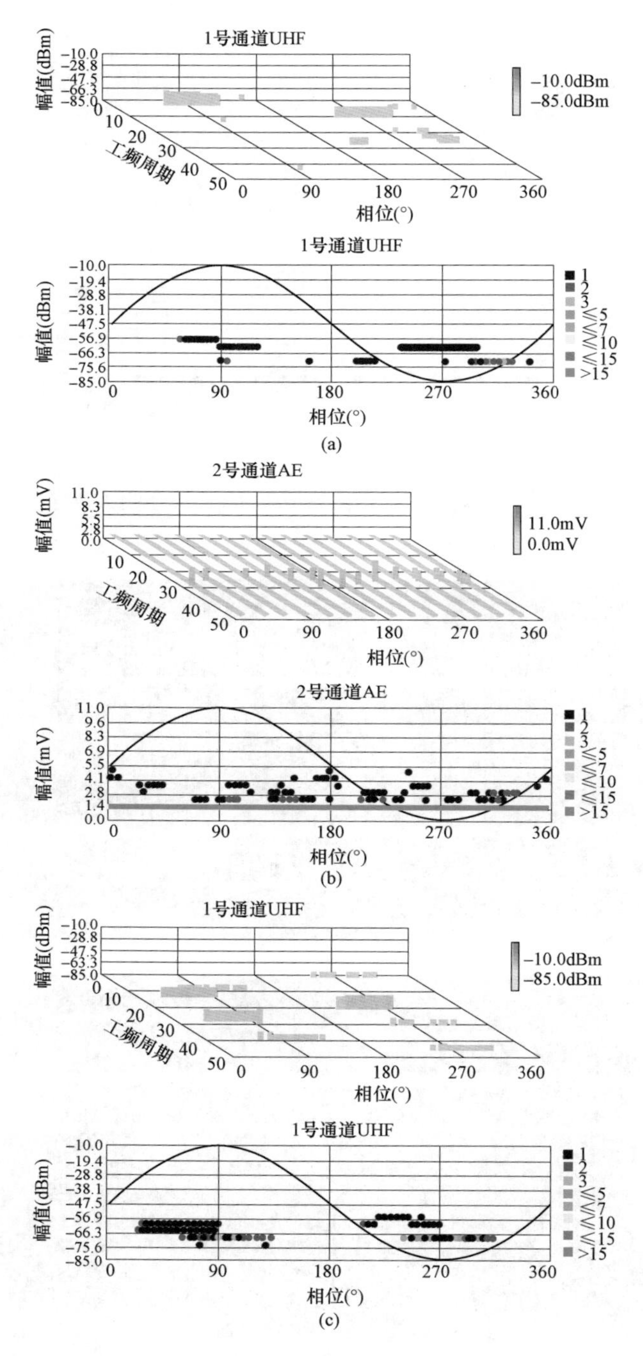

图 5-60　图 5-58 对应的现场试验结果（3 个典型测试数据）（一）

(a) UHF-1；(b) AE-1；(c) UHF-2

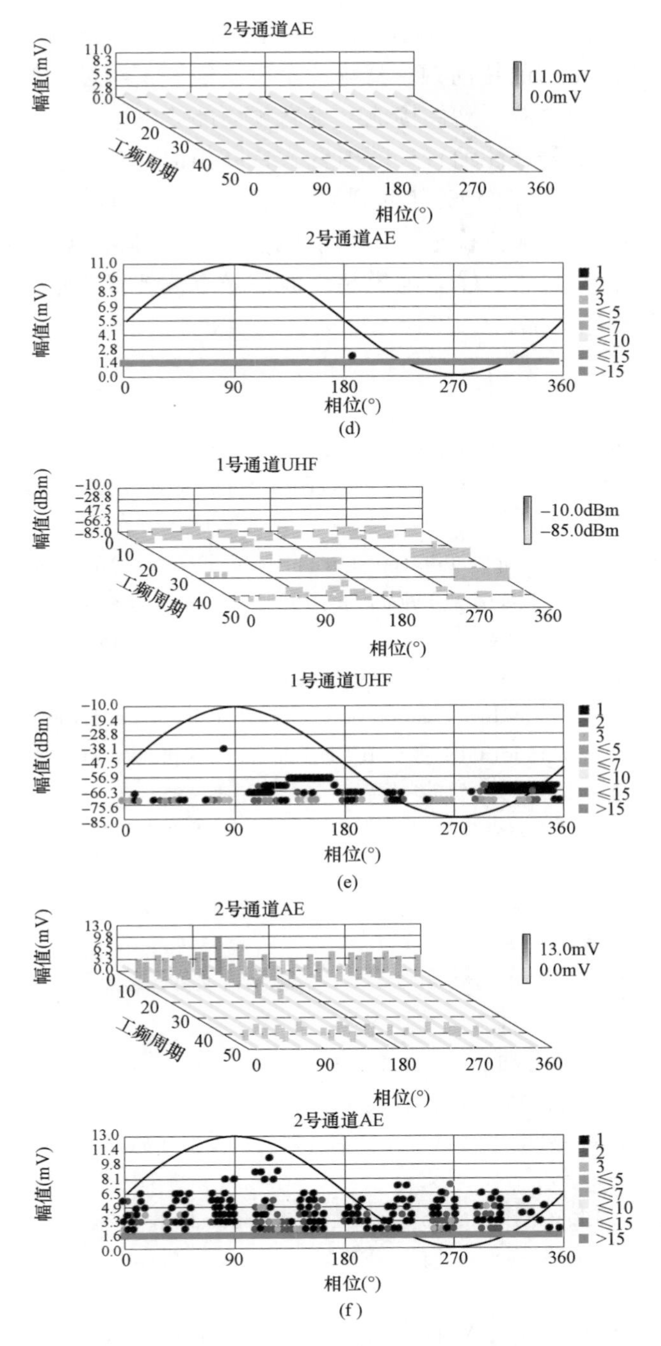

图 5-60　图 5-58 对应的现场试验结果（3 个典型测试数据）（二）

（d）AE-2；（e）UHF-3；（f）AE-3

图 5-59 给出了 220kV 金阳站原 2 号主变压器 1.1 倍额定电流试验期间，针对变压器本体监测得到的特高频、高频、超声波信号。经过分析，可以得到以下结论：①未检测到铁芯、夹件接地电流高频局部放电信号；②变压器油箱底部接缝处的特高频信号、注油管处的内置式特高频信号未有异常；③在变压器高压侧 A、B 相之间的油箱壁处检测到超声波异常信号，且信号在该油箱壁 1 处附近（PD1 测点）幅值大且稳定，1 周期两簇，信号幅值及出现频次极为规律，初步推断为内部振动异常；④多通道超声波信号定位装置显示，异常信号位于 A、B 相之间的油箱中部。

参考文献

[1] JUDD M，FARISH O，PEARSON J，et al. Dielectric windows for UHF partial discharge detection [J]. IEEE Transactions on Dielectrics and Electrical Insulation，2001，8（2）：953-958.

[2] MANGERET R，AI B. Optical detection of partial discharges using fluorescent fiber [J]. IEEE Transactions on Electrical Insulation，1991，26（4）：783-789.

[3] LUNDGAARD L. Particles in GIS characterization from acoustic signatures [J]. IEEE Transactions on Dielectrics and Electrical Insulation，2001，8（6）：1064-1074.

[4] SI W，LI J，LI Y，et al. Investigation of a comprehensive identification method used in acoustic detection system for GIS [J]. IEEE Transactions on Dielectrics and Electrical Insulation，2010，17（3）：723-735.

[5] 罗勇芬，李彦明. 基于超高频和超声波相控阵接收原理的油中局部放电定位法的仿真研究 [J]. 电工技术学报，2004，19（1）：35-39.

[6] 王国利，郝艳捧，李彦明. 光纤技术在电力变压器绝缘监测中的应用 [J]. 高压电器，2001，37（2）：32-34.

[7] 司文荣，李军浩，李彦明，等. 超声—光法在高压电器设备局部放电检测中的应用 [J]. 高压电器，2008，44（1）：59-63.

[8] BOCZAR T，ZMARZLY D. Optical spectra of surface discharge in oil [J]. IEEE Transactions on Dielectrics and Electrical Insulation，2006，13（3）：632-639.

[9] 马良柱，常军，刘统玉，等. 基于光纤耦合器的声发射传感器 [J]. 应用光学，2008，29（6）：990-994.

[10] ZARGARI A，BLACKBURN T. A non-invasive optical fiber sensor for detection of partial discharges in GIS systems [J]. IEEE Transactions Power Delivery，2000，16（4）：868-873.

[11] KIM T，SUH K. Acoustic Monitoring of HV equipment with optical fiber sensors [J]. IEEE Transactions on Dielectrics and Electrical Insulation，2003，10（2）：266-270.

[12] LIMA S，FRAZAO O，FARIAS R，et al. Fiber Fabry-Perot sensors for acoustic detec-

tion of partial discharges in transformers [C]. IEEE MTT-S International Microwave and Optoelectronics Conference，Belem，Brazil，2009：307 - 311.

[13] DENG J，XIAO H，HUO W，et al. Optical fiber sensor-based detection of PDs in power transformers [J]. Optics & Laser Technology，2001，33 (5)：305 - 311.

[14] 郭少朋，韩立，高莹莹，等．光纤传感器在局部放电检测中的研究进展综述 [J]. 电工电能新技术，2016，35 (3)：47 - 53.

[15] ZARGARI A，BLACKBURN T. Application of optical fiber sensor for partial discharge detection in high-voltage power equipment [C]. IEEE Annual Report of the Conference on Electrical Insulation and Dielectric Phenomena，San Francisco，USA，1996，2：541 - 544.

[16] ZARGARI A，BLACKBURN T. A non-invasive optical fiber sensor for detection of partial discharges in SF6 GIS systems [C]. Proceedings of 2001 International Symposium on Electrical Insulating Materials，Himeji，Japan，2001：359 - 362.

[17] FRACAROLLI J，FLORIDIA J，DINI D，et al. Fiber optic interferometric method for acoustic emissions detection on power transformer's bushing [C]. IEEE MTT-S International Microwave & Optoelectronics Conference，Rio de Janeiro，Brazil，2013：1 - 5.

[18] KUNG P，WANG L，PAN S，et al. Adapting the FBG cavity sensor structure to monitor and diagnose PD in large power transformer [C]. IEEE Electrical Insulation Conference，Ottawa，ON，Canada，2013：318 - 322.

[19] 毕卫红．本征不对称光纤法布里 - 珀罗干涉仪的理论模型 [J]. 光学学报，2007，20 (7)：873 - 878.

[20] 朱小龙．用于变压器局部放电在线监测的光纤 F-P 传感器的研究 [D]. 武汉：武汉理工大学，2013.

[21] YU B，KIM D，DENG J，et al. Fiber Fabry-Perot sensors for detection of partial discharges in power transformers [J]. Applied Optics，2003，42 (16)：3241 - 3250.

[22] 李敏．液体电解质局放声测的光纤非本征法珀型传感器的研究 [D]. 哈尔滨：哈尔滨理工大学，2009.